21世纪高等教育计算机规划教材

# 计算机网络基础

## Basic of Computer Network

何凯霖 陈轲 主编

丁晓峰 徐力 陈迪舸 副主编

人民邮电出版社

北 京

图书在版编目（CIP）数据

计算机网络基础 / 何凯霖，陈轲主编. -- 北京：
人民邮电出版社，2018.2（2021.12重印）
21世纪高等教育计算机规划教材
ISBN 978-7-115-47672-2

Ⅰ. ①计… Ⅱ. ①何… ②陈… Ⅲ. ①计算机网络—
高等学校—教材 Ⅳ. ①TP393

中国版本图书馆CIP数据核字(2018)第001071号

## 内 容 提 要

本书共 8 章，内容包括概述、物理层、数据链路层、局域网技术、网络层、运输层、网络应用、网络安全。各章均附有本章重要概念和习题。

本书的特点是概念准确、论述严谨、图文并茂、容易理解。以通俗易懂的方式来阐述计算机网络最基本的原理和概念，注重分析各种技术背后的原理和方法。

本书既可以作为本科各专业网络基础课程的教材，也可以作为计算机网络培训或技术人员自学的参考资料。

◆ 主　　编　何凯霖　陈　轲
　　副主编　丁晓峰　徐　力　陈迪舸
　　责任编辑　李　召
　　责任印制　沈　蓉　彭志环
◆ 人民邮电出版社出版发行　　北京市丰台区成寿寺路 11 号
　　邮编　100164　电子邮件　315@ptpress.com.cn
　　网址　http://www.ptpress.com.cn
　　北京虎彩文化传播有限公司印刷
◆ 开本：787×1092　1/16
　　印张：13.25　　　　　　　　　2018 年 2 月第 1 版
　　字数：344 千字　　　　　　　2021 年 12 月北京第 9 次印刷

定价：39.80 元

读者服务热线：(010)81055256　印装质量热线：(010)81055316
反盗版热线：(010)81055315

# 前　言

随着技术的不断发展和进步，计算机网络越来越广泛应用于各个领域，并深刻地影响着社会的科学、经济、军事和文化的发展，影响着人们的工作、学习和生活，以网络为核心的信息化时代已经到来。

计算机网络技术的发展日新月异，将不断涌现的新概念、新技术、新协议和新应用全部纳入到一本教材和一门课程中是不现实的。实际上，只要具备了计算机网络的基本原理和知识，学生就有能力不断学习各种新的网络技术。因此，本教材以计算机网络中最基本和最关键的问题为核心，以互联网和成熟流行的网络技术为实例，讲解和分析计算机网络中的基本原理、方法和技术。

本课程的教学时数为 48 学时，各章的参考教学课时见以下的课时分配表。

课时分配表

| 章　节 | 课 程 内 容 | 课　时 |
|---|---|---|
| 第 1 章 | 概述 | 4 |
| 第 2 章 | 物理层 | 4 |
| 第 3 章 | 数据链路层 | 6 |
| 第 4 章 | 局域网技术 | 8 |
| 第 5 章 | 网络层 | 8 |
| 第 6 章 | 运输层 | 6 |
| 第 7 章 | 网络应用 | 6 |
| 第 8 章 | 网络安全 | 6 |
| 课时总计 | | 48 |

本书由电子科技大学成都学院何凯霖编写第 1～4 章，陈轲编写第 5～8 章，丁晓峰进行了校稿工作，四川大学锦江学院的徐力编写各章节课后练习，成都工业职业技术学院陈迪舸进行了资料收集及书稿图片整理工作。此外，我们在编写本书的过程中得到了学院领导的大力支持，向所有关心和支持本书出版的人表示衷心的感谢！

由于时间仓促，编者水平和经验有限，书中难免有欠妥和疏漏之处，恳请读者批评指正，来信请至 hema001@163.com

编者<br>2017 年 12 月

# 目 录

# 第 1 章　概述

本章先介绍计算机网络在信息时代的作用，接着对计算机网络进行了概述，包括因特网发展的三个阶段，以及今后的发展趋势；然后讨论了因特网的组成，指出了因特网的边缘部分和核心部分的重要区别；最后论述了整个课程都要用到的重要概念——计算机网络的体系结构。

**本章重要内容如下。**

① 因特网的边缘部分和核心部分的作用，包含分组交换的概念。

② 计算机网络分层次的体系结构，包含协议和服务的概念。

## 1.1　计算机网络在信息时代的作用

我们知道，21 世纪的一些重要特征就是数字化、网络化和信息化，它是一个以网络为核心的信息时代。要实现信息化就必须依靠完善的网络，因为网络可以非常迅速地传递信息。因此，网络现在已经成为信息社会的命脉和发展知识经济的重要基础。网络对社会生活的很多方面以及对社会经济的发展已经产生了不可估量的影响。

这里所说的网络是指"三网"，即电信网络、有线电视网络和计算机网络。这三种网络向用户提供的服务不同。电信网络可向用户提供电话、电报（现在电报业务已基本上消失了）及传真等服务。有线电视网络可向用户提供各种电视节目。计算机网络则可使用户能够迅速传送数据文件，以及从网络上查找并获取各种有用资料，包括图像和视频文件。这三种网络在信息化过程中都起到十分重要的作用，其中发展最快的并起到核心作用的是计算机网络，而这正是本书所要讨论的内容。

随着技术的发展，电信网络和有线电视网络逐渐融入了现代计算机网络的技术，这就产生了"网络融合"的概念。现在计算机网络不仅能够传送数据，同时也能够向用户提供打电话、听音乐和观看视频节目的服务，而电信网络和有线电视网络也都能够连接到计算机网络上。然而，网络融合实际上还有许多非技术性的复杂问题有待有关部门来协调解决。

由于因特网已经成为世界上最大的计算机网络，因此下面先简单地介绍什么是因特网，同时介绍因特网的主要构件，这样就可以对计算机网络有一个最初步的了解。

自从 20 世纪 90 年代以后，以因特网（Internet）为代表的计算机网络得到了飞速的发展，从最初的教育科研网络逐步发展成为商业网络，并已成为仅次于全球电话网的世界第二大网络。不少人认为现在已经是因特网的时代，这是因为因特网正在改变着我们工作和生活的各个方面，它已经给很多国家带来了巨大的好处，并加速了全球信息革命的进程。可以毫不夸大地说，因特网是人类自印刷术发明以来在通信方面最大的变革。现在人们的生活、工作、学习和交往都已离不开因特网。

计算机网络其实与电信网络和有线电视网络一样，都是一种通信基础设施，但与这两个网络最大的不同在于，计算机网络的端设备是功能强大的智能计算机。利用计算机网络这个通信基础设施，计算机上运行的各种应用程序通过彼此间的通信能为用户提供更加丰富多彩的服务和应用。

计算机网络向用户提供的最重要的功能有两个，即：①连通性；②共享。

所谓连通性（connectivity），就是计算机网络使上网用户之间可以交换信息，好像这些用户的计算机都可以彼此直接连通一样。用户之间的距离也似乎因此而变得更近了。

所谓共享，就是指资源共享。资源共享的含义是多方面的，可以是信息共享、软件共享，也可以是硬件共享。例如，计算机网络上的许多主机存储了大量有价值的电子文档，可供上网的用户自由读取或下载（无偿或有偿）。由于网络的存在，这些资源好像就在用户身边一样。

现在人们的生活、工作、学习和交往都已离不开计算机网络。设想在某一天我们的计算机网络突然出故障不能工作了，会出现什么结果呢？这时，我们将无法购买机票或火车票，因为售票员无法知道还有多少票可供出售；我们也无法到银行存钱或取钱，无法交纳水电费和煤气费等；股市交易都将停顿；在图书馆我们也无法检索所需要的图书和资料。网络出了故障后，我们既不能上网查询有关的资料，也无法使用电子邮件和朋友及时交流信息。总之，这时的社会将会是一片混乱。由此还可看出，人们的生活越是依赖于计算机网络，计算机网络的可靠性也就越重要。

计算机网络也是向广大用户提供休闲娱乐的场所。例如，计算机网络可以向用户提供多种音频和视频的节目。用户可以利用鼠标随时点击各种在线节目。计算机网络还可提供一对一或多对多的网上聊天（包括视频图像的传送）的服务。计算机网络提供的网络游戏已经成为许多人（特别是年轻人）非常喜爱的一种娱乐方式。

当然，计算机网络也给人们带来了一些负面影响，有人肆意利用网络传播计算机病毒，破坏计算机网络上数据的正常传送和交换；有的犯罪分子甚至利用计算机网络窃取国家机密和盗窃银行或储户的钱财；网上欺诈或在网上肆意散布不良信息和播放不健康的视频节目也时有发生；有的青少年弃学而热衷沉溺于网吧的网络游戏中等。

虽然如此，但计算机网络的负面影响还是次要的（这需要有关部门加强对计算机网络的管理），计算机网络给社会带来的积极作用仍然是主要的。

# 1.2　计算机网络的定义

什么是计算机网络？多年来一直没有一个严格的定义，并且随着计算机技术和通信技术的发展而具有不同的内涵。目前一些较为权威的看法如下。

所谓计算机网络，就是通过线路互连起来的、自治的计算机集合，确切地讲，就是将分布在不同地理位置上的具有独立工作能力的计算机、终端及其附属设备用通信设备和通信线路连接起来，并配置网络软件，以实现计算机资源共享的系统。

所谓网络资源共享，就是通过连在网络上的工作站（个人计算机）让用户可以使用网络系统的所有硬件和软件（通常根据需要被适当授予使用权），这种功能称为网络系统中的资源共享。

首先，计算机网络是计算机的一个群体，是由多台计算机组成的；其次，它们之间是互连的，即它们之间能彼此交换信息。其基本思想是：通过网络环境实现计算机相互之间的通信和资源共享（包括硬件资源、软件资源和数据信息资源）。

所谓自治，是指每台计算机的工作是独立的，任何一台计算机都不能干预其他计算机的工作（例如：启动、关闭计算机或控制其运行等），任何两台计算机之间没有主从关系。

概括起来说，一个计算机网络必须具备以下3个基本要素。

（1）至少有两个具有独立操作系统的计算机，且它们之间有相互共享某种资源的需求。

（2）两个独立的计算机之间必须有某种通信手段将其连接。

（3）网络中的各个独立的计算机之间要能相互通信，必须制定相互可确认的规范标准或协议。

以上3条是组成一个网络的必要条件，三者缺一不可。

在计算机网络中，能够提供信息和服务能力的计算机是网络的资源，而索取信息和请求服务的计算机则是网络的用户。由于网络资源与网络用户之间的连接方式、服务类型及连接范围的不同，从而形成了不同的网络结构及网络系统。

随着计算机通信网络的广泛应用和网络技术的发展，计算机用户对网络提出了更高的要求，既希望共享网内的计算机系统资源，又希望调用网内其他计算机系统共同完成某项任务。这就要求用户对计算机网络中的其他主机资源像使用自己的主机系统资源一样方便。为了实现这个目的，除了要有可靠的、有效的计算机和通信系统外，还要求制定一套全网一致遵守的通信规则以及用来控制协调资源共享的网络操作系统。

# 1.3　计算机网络的发展与分类

## 1.3.1　计算机网络的产生

计算机网络是通信技术和计算机技术相结合的产物，它是信息社会最重要的基础设施，并将构筑成人类社会的信息高速公路。

### 1. 通信技术的发展

通信技术的发展经历了一个漫长的过程，1835年莫尔斯发明了电报，1876年贝尔发明了电话，从此开辟了近代通信技术发展的历史。通信技术在人类生活和两次世界大战中都发挥了极其重要的作用。

### 2. 计算机网络的产生

1946年诞生了世界上第一台电子数字计算机，从而开创了向信息社会迈进的新纪元。

20世纪50年代，美国利用计算机技术建立了半自动化的地面防空系统（SAGE），它将雷达信息和其他信号经远程通信线路送至计算机进行处理，第一次利用计算机网络实现远程集中控制，这是计算机网络的雏形。

1969年美国国防部的高级研究计划局（DARPA）建立了世界上第一个分组交换网——ARPANET，即Internet的前身，这是一个只有4个结点的存储转发方式的分组交换广域网。1972年在首届国际计算机通信会议（ICCC）上首次公开展示了ARPANET的远程分组交换技术。1976年美国Xerox公司开发了基于载波监听多路访问/冲突检测（CSMA/CD）原理的、用同轴电缆连接多台计算机的局域网，取名以太网。计算机网络是半导体技术、计算机技术、数据通信技术和网络技术相互渗透、相互促进的产物。数据通信的任务是利用通信介质传输信息。

通信网为计算机网络提供了便利而广泛的信息传输通道，而计算机和计算机网络技术的发展也促进了通信技术的发展。

### 1.3.2 计算机网络的发展

随着计算机技术和通信技术的不断发展，计算机网络也经历了从简单到复杂、从单机到多机的发展过程，其发展过程大致可分为以下 5 个阶段。

**1. 具有通信功能的单机系统**

该系统又称终端-计算机网络，是早期计算机网络的主要形式。它将一台计算机经通信线路与若干终端直接相连，如图 1.1 所示。

**2. 具有通信功能的多机系统**

在简单的"终端-通信线路-计算机"这样的单机系统中，主计算机负担较重，既要进行数据处理，又要承担通信功能。为了减轻主计算机负担，20 世纪 60 年代出现了在主计算机和通信线路之间设置通信控制处理机（或称为前端处理机，简称前端机）的方案，前端机专门负责通信控制的功能。此外，在终端聚集处设置多路器（或称集中器），组成终端群-低速通信线路-集中器-高速通信线路-前端机-主计算机结构，如图 1.2 所示。

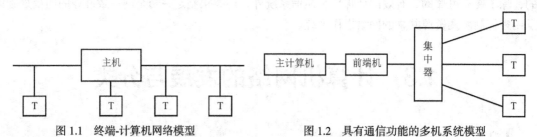

图 1.1　终端-计算机网络模型　　　　　　图 1.2　具有通信功能的多机系统模型

**3. 以共享资源为主要目的计算机网络阶段（计算机-计算机网络）**

计算机-计算机网络是 20 世纪 60 年代中期发展起来的，它是由若干台计算机相互连接起来的系统，即利用通信线路将多台计算机连接起来，实现了计算机与计算机之间的通信，如图 1.3 所示。

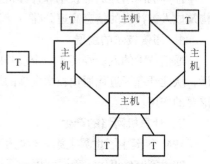

20 世纪 60 年代至 70 年代，美国和前苏联两个超级大国一直处于相互对立的冷战阶段，美国国防部为了保证不会因其军事指挥系统中的主计算机遭受来自前苏联的核打击而使整个系统瘫痪，委托其所属的高级研究计划局于 1969 年成功研制了世界上第一个计算机网络——

图 1.3　计算机—计算机网络模型

ARPANET，该网络是一个典型的以实现资源共享为目的的计算机-计算机网络，它为计算机网络的发展奠定了基础。

这一阶段结构上的主要特点是：以通信子网为中心，多主机多终端。1969 年在美国建成的 ARPANET 是这一阶段的代表。在 ARPANET 上首先实现了以资源共享为目的不同计算机互连的网络，它奠定了计算机网络技术的基础，成为今天 Internet 的前身。

**4. 标准、开放的计算机网络阶段**

局域网是继远程网之后发展起来的小型计算机网络，它继承了远程网的分组交换技术和计算机的 I/O 总线结构技术，并具有结构简单、经济实用、功能强大和方便灵活等特点，是随着微型计算机的广泛应用而发展起来的。

20 世纪 70 年代末至 80 年代初，微型计算机得到了广泛的应用，各机关和企事业单位为了适应办公自动化的需要，迫切要求将自己拥有的为数众多的微机、工作站、小型机等连接起来，以达到资源共享和相互传递信息的目的，而且迫切要求降低连网费用，提高数据传输效率，为此，有力地推动了计算机局域网的发展。

另一方面，局域网的发展也导致了计算机模式的变革。早期的计算机网络是以主计算机为中心的，主要强调对计算机资源的共享，主计算机在计算机网络系统中处于绝对的支配地位，计算机网络的控制和管理功能都是集中式的，也称为集中式计算模式。

由于微机是构成局域网的基础，特别是随着个人计算机（PC）功能的增强，用户个人就可以在微机上处理所需要的作业，PC 方式呈现出的计算能力已发展成为独立的平台，从而导致了一种新的计算结构——分布式计算模式的诞生。

这个时期，虽然不断出现的各种网络极大地推动了计算机网络的应用，但是众多不同的专用网络体系标准给不同网络间的互连带来了很大的不便。鉴于这种情况，国际标准化组织（ISO）于 1977 年成立了专门的机构从事"开放系统互连"问题的研究，目的是设计一个标准的网络体系模型。1984 年 ISO 颁布了"开放系统互连基本参考模型"，这个模型通常被称作 OSI 参考模型。只有标准的才是开放的，OSI 参考模型的提出引导着计算机网络走向开放的标准化的道路，同时也标志着计算机网络的发展步入了成熟的阶段。

**5. 高速、智能的计算机网络阶段**

近年来，随着通信技术，尤其是光纤通信技术的发展，计算机网络技术得到了迅猛的发展。光纤作为一种高速率、高带宽、高可靠性的传输介质，在各国的信息基础建设中使用越来越广泛，这为建立高速的网络铺垫了基础。千兆位乃至万兆位传输速率的以太网已经被越来越多地用于局域网和城域网中，而基于光纤的广域网链路的主干带宽也已达到 10Gbit/s 数量级。网络带宽的不断提高，更加刺激了网络应用的多样化和复杂化，多媒体应用在计算机网络中所占的份额越来越高。同时，用户不仅对网络的传输带宽提出越来越高的要求，对网络的可靠性、安全性和可用性等也提出了新的要求。为了向用户提供更高的网络服务质量，网络管理也逐渐进入了智能化阶段，包括网络的配置管理、故障管理、计费管理、性能管理和安全管理等在内的网络管理任务都可以通过智能化程度很高的网络管理软件来实现。计算机网络已经进入了高速、智能化的发展阶段。

# 1.3.3 计算机网络的分类

计算机网络可按不同的分类标准进行划分。

**1. 按网络拓扑结构划分**

计算机网络的物理连接方式叫做网络的拓扑结构。按照网络的拓扑结构，计算机网络可分为：总线、星状、环状、网状、树状和星环网络。

**2. 按网络的覆盖范围划分**

根据计算机网络所覆盖的地理范围、信息的传输速率及其应用目的，计算机网络通常被分为接入网（AN）、局域网（LAN）、城域网（MAN）、广域网（WAN）。这种分类方法也是目前较为流行的一种分类方法。

（1）广域网（Wide Area Network，WAN）

广域网指的是实现计算机远距离连接的计算机网络，可以把众多的城域网、局域网连接起来，也可以把全球的区域网、局域网连接起来。广域网涉及的范围较大，一般从几百千米到几万千米，用于通信的传输装置和介质一般由电信部门提供，能实现大范围的资源共享。

（2）城域网（Metropolitan Area Network，MAN）

城域网有时又称为城市网、区域网、都市网。城域网介于 LAN 和 WAN 之间，其覆盖范围通常为一个城市或地区，距离从几十千米到上百千米。城域网中可包含若干个彼此互连的局域网，可以采用不同的系统硬件、软件和通信传输介质构成，从而使不同类型的局域网能有效地共享信息资源。城域网通常采用光纤或微波作为网络的主干通道。

（3）局域网（Local Area Network，LAN）

局域网也称局部网，是指将有限的地理区域内的各种通信设备互连在一起的通信网络。它具有很高的传输速率（几十至上吉比特每秒），其覆盖范围一般不超过几十千米，通常将一座大楼或一个校园内分散的计算机连接起来构成 LAN。

（4）接入网（Access Network，AN）

接入网又称为本地接入网或居民接入网。它是近年来由于用户对高速上网需求的增加而出现的一种网络技术。如图 1.4 所示，接入网是局域网（或校园网）和城域网之间的桥接区。接入网提供多种高速接入技术，使用户接入到 Internet 的瓶颈得到某种程度的解决。

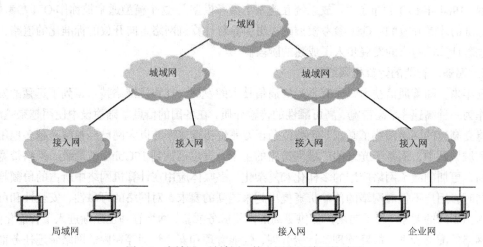

图 1.4　广域网、城域网、接入网和局域网的关系

### 3. 按数据传输方式分类

根据数据传输方式的不同，计算机网络又可以分为"广播网络"和"点对点网络"两大类。

广播网络（Broadcasting Network）中的计算机或设备使用一个共享的通信介质进行数据传播，网络中的所有结点都能收到任何结点发出的数据信息。广播网络中的传输方式目前有以下 3 种方式。

① 单播（Unicast）：发送的信息中包含明确的目的地址，所有结点都检查该地址。如果与自己的地址相同，则处理该信息；如果不同，则忽略。

② 组播（Multicast）：将信息传输给网络中的部分结点。

③ 广播（Broadcast）：在发送的信息中使用一个指定的代码标识目的地址，将信息发送给所有的目标结点。当使用这个指定代码传输信息时，所有结点都接收并处理该信息。

点对点网络（Point to Point Network）中的计算机或设备以点对点的方式进行数据传输，两个结点间可能有多条单独的链路。这种传播方式应用于广域网中。

### 4. 按通信传输介质划分

按通信传输介质不同可分为有线网络和无线网络。所谓有线网络，是指采用有形的传输介质，如双绞线、同轴电缆、光纤等组建的网络。而使用微波、红外线等无线传输介质作为通信线路的网络就属于无线网络和卫星网络等。

### 5. 按使用网络的对象分类

按使用网络的对象不同可分为专用网和公用网。专用网一般由某个单位或部门组建，使用权限属于单位或部门内部所有，不允许外单位或部门使用，如银行系统的网络。而公用网由电信部门组建，网络内的传输和交换设备可提供给任何部门和单位使用，如 Internet。

### 6. 按网络组件的关系分类

按照网络中各组件的功能来划分，常见的有两种类型的网络：对等网络和基于服务器的网络。

对等网络是网络的早期形式，它使用的典型操作系统有 DOS、Windows 95/98。网络上的计算机在功能上是平等的，没有客户/服务器之分，每台计算机既可以提供服务，又可以索取服务。这类网络具有各计算机地位平等、网络配置简单、网络的可管理性差等特点。

基于服务器的网络采用客户/服务器模型，在这种模型中，服务器给予服务，不索取服务；客户机则是索求服务，不提供服务。这类网络具有网络中计算机地位不平等、网络管理集中、便于网络管理、网络配置复杂等特点。

# 1.4 计算机网络的主要性能指标

性能指标从不同的方面来度量计算机网络的性能。下面介绍常用的 4 个性能指标。

### 1. 速率

我们知道，计算机发送出的信号都是数字形式的。比特（bit）是计算机中数据量的单位，也是信息论中使用的信息量的单位。英文单词 bit 来源于 binary digit，意思是一个"二进制数字"，因此一个比特就是二进制数字中的一个 1 或 0。网络技术中的速率指的是连接在计算机网络上的主机在数字信道上传送数据的速率，它也称为数据率（data rate）或比特率（bit rate）。速率是计算机网络中最重要的一个性能指标。速率的单位是比特每秒（bit/s）。当数据率较高时，就可以用 kbit/s ($k = 10^3 =$千)、Mbit/s ($M=10^6=$兆)、Gbit/s ($G=10^9=$吉)或 Tbit/s ($T=10^{12}=$太 T)。现在人们常用更简单的但很不严格的记法来描述网络的速率，如 100M 以太网，省略了单位中的 bit/s，它的意思是速率为 100Mbit/s 的以太网。顺便指出，上面所说的速率往往是指额定速率或标称速率。

### 2. 带宽

"带宽"（Bandwidth）有以下两种不同的意义。

带宽本来是指某个信号具有的频带宽度。信号的带宽是指该信号所包含的各种不同频率成份所占据的频率范围。例如，在传统的通信线路上传送的电话信号的标准带宽是 3.1kHz（从 300Hz 到 3.4kHz，即话音的主要成份的频率范围）。这种意义的带宽的单位是赫（或千赫、兆赫、吉赫等）。在过去很长的一段时间，通信的主干线路传送的是模拟信号（即连续变化的信号）。因此，表示通信线路允许通过的信号频带范围就称为线路的带宽（或通频带）。

在计算机网络中，带宽用来表示网络的通信线路传送数据的能力，因此网络带宽表示在单位时间内从网络中的某一点到另一点所能通过的"最高数据率"。本书在提到"带宽"时，主要是指这个意思。这种意义的带宽的单位是"比特每秒"，记为 bit/s。在这种单位的前面也常常加上千（k）、兆（M）、吉（G）或太（T）这样的倍数。

在"带宽"的两种表述中，前者为频域称谓，而后者为时域称谓，其本质是相同的。也就是说，一条通信链路的"带宽"越宽，其所能传输的"最高数据率"也越高。

**3. 吞吐量**

吞吐量（Throughput）表示在单位时间内通过某个网络（或信道、接口）的数据量。吞吐量经常用于对现实世界中的网络的一种测量，以便知道实际上到底有多少数据量能够通过网络。显然，吞吐量受网络的带宽或网络的额定速率的限制。例如，对于一个 100Mbit/s 的以太网，其额定速率是 100Mbit/s，那么这个数值也是该以太网吞吐量的绝对上限值。因此，对于 100Mbit/s 的以太网，其典型的吞吐量可能只有 70Mbit/s。请注意，有时吞吐量还可用每秒传送的字节数或帧数来表示。

**4. 时延**

时延（Delay 或 Latency）是指数据（一个报文或分组，甚至比特）从网络（或链路）的一端传送到另一端所需的时间。时延是个很重要的性能指标，它也称为延迟或迟延。需要注意的是，网络中的时延由以下几个不同的部分组成。

① 发送时延。发送时延是主机或路由器发送数据帧所需要的时间，也就是从发送数据帧的第一个比特算起，到该帧的最后一个比特发送完毕所需的时间。因此发送时延也叫做"传输时延"。

② 传播时延。传播时延是电磁波在信道中传播一定的距离而花费的时间。

③ 处理时延。主机或路由器在收到分组时要花费一定的时间进行处理，例如分析分组的首部、从分组中提取数据部分、进行差错检验或查找适当的路由等，这就产生了处理时延。

④ 排队时延。分组在进行网络传输时，要经过许多的路由器，但分组在进入路由器后要先在输入队列排队等待处理。在路由器确定了转发接口后，还要在输出队列中排队等待转发。这就产生了排队时延。

分组从一个结点转发到另一个结点所经历的总时延就是以上 4 种时延之和：

分组时延=发送时延+传播时延+处理时延+排队时延

# 1.5 计算机网络体系结构

## 1.5.1 网络协议

在计算机网络中要做到有条不紊地交换数据，就必须遵守一些事先约定好的规则。这些规则明确规定了所交换的数据的格式以及有关的同步问题。这里所说的同步不是狭义的（即同频或同频同相），而是广义的，即在一定的条件下应当发生什么事件（如发送一个应答信息），因而同步含有时序的意思。这些为进行网络中的数据交换而建立的规则、标准或约定称为网络协议（Network Protocol）。网络协议也可简称为协议。更进一步讲，网络协议主要由以下三个要素组成。

① 语法，即数据与控制信息的结构或格式。

② 语义，即需要发出何种控制信息，完成何种动作以及做出何种响应。

③ 同步，即事件实现顺序的详细说明。

由此可见，网络协议是计算机网络不可缺少的组成部分。实际上，只要让连接在网络上的另一台计算机做点什么事情（例如，从网络上的某个主机下载文件），都需要有协议。但是，当我们经常在自己的 PC 上进行文件存盘或读取操作时，就不需要任何网络协议，除非这个用来存储文件的磁盘是网络上的某个文件服务器的磁盘。

协议通常有两种不同的形式，一种是使用便于人来阅读和理解的文字描述，另一种是使用让计算机能够理解的程序代码。这两种不同形式的协议，都必须能够对网络上的信息交换过程做出精确的解释。

## 1.5.2 层次模型与计算机网络体系结构

为了能够使不同地理分布且功能相对独立的计算机之间组成网络实现资源共享，计算机网络系统需要涉及和解决许多复杂的问题，包括信号传输、差错控制、寻址、数据交换和提供用户接口等一系列问题。计算机网络体系结构是为简化这些问题的研究、设计与实现而抽象出来的一种结构模型。

结构模型有多种，如平面模型、层次模型和网状模型等。对于复杂的计算机网络系统，一般采用层次模型。在层次模型中，往往将系统所要实现的复杂功能分化为若干个相对简单的细小功能，每一项分功能以相对独立的方式去实现。这样，就有助于将复杂的问题简化为若干个相对简单的问题，从而达到分而治之、各个击破的目的。

将上述分层的思想或方法运用于计算机网络中，就产生了计算机网络的分层模型。在实施网络分层时要依据以下原则。

① 根据功能进行抽象分层，每个层次所要实现的功能或服务均有明确的规定。
② 每层功能的选择应有利于标准化。
③ 不同的系统分成相同的层次，对等层次具有相同功能。
④ 高层使用下层提供的服务时，下层服务的实现是不可见的。
⑤ 层的数目要适当，层次太少功能不明确，层次太多体系结构过于庞大。

图1.5给出了计算机网络分层模型，该模型将计算机网络中的每台机器抽象为若干层（Layer），每层实现一种相对独立的功能。分层模型涉及下面一些重要的术语。

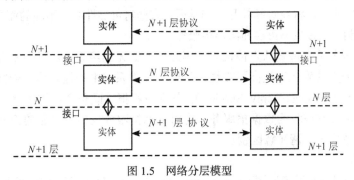

图1.5 网络分层模型

**1. 实体与对等实体**

每一层中，用于实现该层功能的活动元素被称为实体（Entity），包括该层上实际存在的所有硬件与软件，如终端、电子邮件系统、应用程序、进程等。不同机器上位于同一层次、完成相同功能的实体被称为对等（Peer to Peer）实体。

**2. 协议**

为了使两个对等实体之间能够有效地通信，对等实体需要就交换什么信息、如何交换信息等问题制定相应的规则或进行某种约定。这种对等实体之间交换数据或通信时所必须遵守的规则或标准的集合称为协议（Protocol）。

协议由语法、语义和语序三大要素构成。语法包括数据格式、信号电平等；语义指协议语法成份的含义，包括协调用的控制信息和差错管理；语序包括时序控制和速度匹配关系。

#### 3. 服务与接口

在网络分层结构模型中，每一层为相邻的上一层所提供的功能称为服务。$N$ 层使用 $N-1$ 层所提供的服务，向 $N+1$ 层提供功能更强大的服务。$N$ 层使用 $N-1$ 层所提供的服务时并不需要知道 $N-1$ 层所提供的服务是如何实现的，而只需要知道下一层可以为自己提供什么样的服务，以及通过什么形式提供。$N$ 层向 $N-1$ 层提供的服务通过 $N$ 层和 $N+1$ 层之间的接口来实现。接口定义下一层向其相邻的上一层提供的服务及原语操作，并使下一层服务的实现细节对上一层是透明的。

#### 4. 服务类型

在计算机网络协议的层次结构中，层与层之间具有服务与被服务的单向依赖关系，下层向上层提供服务，而上层调用下层的服务。因此，可称任意相邻两层的下层为服务提供者，上层为服务调用者。下层为上层提供的服务可分为两类：面向连接服务（Connection Oriented Service）和无连接服务（Connectionless Service）。

面向连接服务：面向连接服务以电话系统为模式。要和某个人通话，先拿起电话，拨号码，通话，然后挂断。同样在使用面向连接的服务时，用户首先要建立连接，使用连接，然后释放连接。连接本质上像个管道：发送者在管道的一端放入物体，接收者在另一端按同样的次序取出物体。其特点是收发的数据不仅顺序一致，而且内容也相同。

无连接服务：无连接服务以邮政系统为模式。每个报文（信件）带有完整的目的地址，并且每一个报文都独立于其他报文，由系统选定的路线传递。在正常情况下，当两个报文发往同一目的地时，先发的先到。但是，也有可能先发的报文在途中延误了，后发的报文反而先收到。而这种情况在面向连接的服务中是绝对不可能发生的。

一般用可靠性指标来衡量不同服务类型的质量和特性。在计算机网络中，可靠性一般通过确认和重传机制来实现。多数面向连接的服务都支持确认重传机制，因此，多数面向连接的服务是可靠的。但由于确认重传将导致额外开销和延迟，有些对可靠性要求不高的面向连接服务系统不支持确认重传机制，即提供不可靠面向连接服务。

多数无连接服务不支持确认重传机制，因此，多数无连接服务可靠性不高。但也有些特殊的无连接传输服务支持确认以提高可靠性，如电子邮件系统中的挂号信，网络数据库系统中的请求——应答服务（Request-Reply Service），其中应答报文既包含应答信息，也是对请求报文的确认。无连接服务常被称为数据报服务，有时数据报服务仅指不可靠的无连接服务。尽管并不严格，但经常被采用，请注意区别。

#### 5. 服务原语

相邻层之间通过一组服务原语（Service Primitive）建立相互作用，完成服务与被服务的过程。这些原语供用户和其他实体访问该服务。这些原语通知服务提供者采取某些行动或报告某个对等实体的活动。服务原语可被划分为 4 类，分别是请求（Request）、指示（Indication）、响应（Response）、确认（Confirm）。由不同层发出的每条原语各完成确定的功能，参见表 1.1。

表 1.1            4 类服务原语

| 原 语 | 功能（含义） |
| --- | --- |
| 请求 | 服务调用者请求服务提供者提供某种服务 |
| 指示 | 服务提供者告知服务调用者某事件发生 |
| 响应 | 服务调用者通知服务提供者响应某事件 |
| 确认 | 服务提供者告知服务调用者关于它的请求的答复 |

下面考虑一个连接是如何被建立和释放的，以说明原语的用法。某实体发出连接请求（Connect.request）以后，一个分组就被发送出去。接收方就收到一个连接指示（Connect.indication），被告之某处的一个实体希望和它建立连接。收到连接指示的实体就使用连接响应（Connect.response）原语表示它是否愿意建立连接。但无论是哪一种情况，请求建立连接的一方都可以通过接收连接确认（Connect.confirm）原语获知接收方的态度。

# 1.6　网络体系结构的发展

引入分层模型后，将计算机网络系统中的层、各层中的协议以及层次之间接口的集合称为计算机网络体系结构。但是，即使遵循了网络分层原则，不同的网络组织机构或生产厂商所给出的计算机网络体系结构也不一定是相同的，关于层的数量、各层的名称、内容与功能都可能会有所不同。

网络体系结构是从体系结构的角度来研究和设计计算机网络体系的，其核心是网络系统的逻辑结构和功能分配定义，即描述实现不同计算机系统之间互连和通信的方法和结构，是层和协议的集合。通常采用结构化设计方法，将计算机网络系统划分成若干功能模块，形成层次分明的网络体系结构。

在计算机网络的发展历史中，曾出现过多种不同的计算机网络体系结构，其中包括 IBM 公司在 1974 年提出的 SNA（系统网络结构）模型、DEC 公司于 1975 年提出的 DNA（分布式网络的数字网络体系）模型等。这些由不同厂商自行提出的专用网络模型，在体系结构上差异很大，甚至相互之间互不兼容，更谈不上将运用不同厂商产品的网络相互连接起来构成更大的网络系统。体系结构的专用性实际上代表了一种封闭性，尤其在 20 世纪 70 年代末至 80 年代初，一方面是计算机网络规模与数量的急剧增长，另一方面是许多按不同体系结构实现的网络产品之间难以进行互操作，严重阻碍了计算机网络的发展。于是，关于计算机网络体系结构的标准化工作被提上了国际标准组织的议事日程。

# 1.7　ISO/OSI 开放系统互连参考模型

国际标准化组织（ISO）在 1977 年建立了一个分委员会来专门研究体系结构，提出了开放系统互连（Open System Interconnection，OSI）参考模型，这是一个定义连接异种计算机标准的主体结构，OSI 解决了已有协议在广域网和高通信负载方面存在的问题。

"开放"表示能使任何两个遵守参考模型和有关标准的系统进行连接。"互连"是指将不同的系统互相连接起来，以达到相互交换信息、共享资源、分布应用和分布处理的目的。

## 1.7.1　OSI 参考模型

开放系统互连（OSI）参考模型采用分层的结构化技术，共分为 7 层，从低到高依次为：物理层、数据链路层、网络层、传输层、会话层、表示层、应用层。无论什么样的分层模型，都基于一个基本思想，遵守同样的分层原则：即目标站第 $N$ 层收到的对象应当与源站第 $N$ 层发出的对象完全一致，如图 1.6 所示。它由 7 个协议层组成，最低 3 层（1~3）是依赖网络的，涉及到将两台通信计算机连接在一起所使用的数据通信网的相关协议，实现通信子网的功能。高3 层（5～7）是面向应用的，涉及到允许两个终端用户应用进程交互作用的协议，通常是由本地操作系统提供的一套服务，实现资源子网的功能。中间的传输层为面向应用的上 3 层遮蔽了跟网络有关的下 3 层的详细操作。从实质上讲，传输层建立在由下 3 层提供服务的基础上，为面向应用的高层提供与网络无关的信息交换服务。

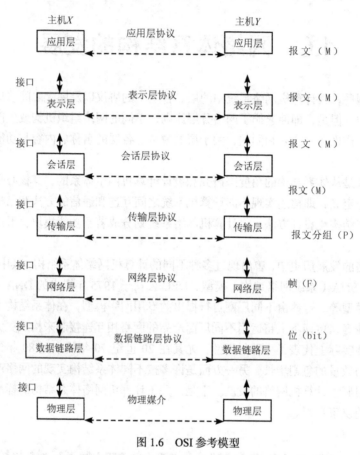

图 1.6  OSI 参考模型

## 1.7.2  OSI 参考模型各层的功能

OSI 参考模型的每一层都有它自己必须实现的一系列功能，以保证数据报能从源传输到目的地。下面简单介绍 OSI 参考模型各层的功能。

### 1. 物理层（Physical Layer）

物理层位于 OSI 参考模型的最低层，它直接面向原始比特流的传输。为了实现原始比特流的物理传输，物理层必须解决好包括传输介质、信道类型、数据与信号之间的转换、信号传输中的衰减和噪声等在内的一系列问题。另外，物理层标准要给出关于物理接口的机械、电气功能和规程特性，以便于不同的制造厂家既能够根据公认的标准各自独立地制造设备，又能使各个厂家的产品相互兼容。

### 2. 数据链路层（Data Link Layer）

数据链路层涉及相邻结点之间的可靠数据传输，数据链路层通过加强物理层传输原始比特的功能，使之对网络层表现为一条无错线路。为了能够实现相邻结点之间无差错的数据传输，数据链路层在数据传输过程中提供了确认、差错控制和流量控制等机制。

### 3. 网络层（Network Layer）

网络中的两台计算机进行通信时，中间可能要经过许多节点甚至不同的通信子网。网络层的任务就是在通信子网中选择一条合适的路径，使发送端传输层所传下来的数据能够通过所选择的路径到达目的端。

为了实现路径选择，网络层必须使用寻址方案来确定存在哪些网络以及设备在这些网络中所处的位置，不同网络层协议所采用的寻址方案是不同的。在确定了目标结点的位置后，网络层还要负责引导数据报正确地通过网络，找到通过网络的最优路径，即路由选择。如果子网中同时出现过多的分组，它们将相互阻塞通路并可能形成网络瓶颈，所以网络层还需要提供拥塞控制机制以避免此类现象的出现。另外，网络层还要解决异构网络互连问题。

### 4. 传输层（Transport Layer）

传输层是 OSI 参考模型中唯一负责端到端结点间数据传输和控制功能的层。传输层是 OSI 参考模型中承上启下的层，它下面的 3 层主要面向网络通信，以确保信息被准确有效地传输；它上面的 3 个层次则面向用户主机，为用户提供各种服务。

传输层通过弥补网络层服务质量的不足，为会话层提供端到端的可靠数据传输服务。它为会话层屏蔽了传输层以下的数据通信的细节，使会话层不会受到下 3 层技术变化的影响。但同时，它又依靠下面的 3 个层次控制实际的网络通信操作，来完成数据从源到目标的传输。传输层为了向会话层提供可靠的端到端传输服务，也使用了差错控制和流量控制等机制。

### 5. 会话层（Session Layer）

会话层的主要功能是在两个结点间建立、维护和释放面向用户的连接，并对会话进行管理和控制，保证会话数据可靠传输。

在会话层和传输层都提到了连接，那么会话连接和传输连接到底有什么区别呢？会话连接和传输连接之间有 3 种关系：一对一关系，即一个会话连接对应一个传输连接；一对多关系，即一个会话连接对应多个传输连接；多对一关系，即多个会话连接对应一个传输关系。

会话过程中，会话层需要决定到底使用全双工通信还是半双工通信。如果采用全双工通信，则会话层在对话管理中要做的工作就很少；如果采用半双工通信，会话层则通过一个数据令牌来协调会话，保证每次只有一个用户能够传输数据。当会话层建立一个会话时，先让一个用户得到令牌，只有获得令牌的用户才有权进行发送。如果接收方想要发送数据，可以请求获得令牌，由发送方决定何时放弃。一旦得到令牌，接收方就转变为发送方。

当进行大量的数据传输时，例如正在下载一个 100MB 的文件，当下载到 95MB 时，网络断线了，为了解决这个问题，会话层提供了同步服务，通过在数据流中定义检查点（Checkpoint）来把会话分割成明显的会话单元。当网络故障出现时，从最后一个检查点开始重传数据。

常见的会话层协议有：结构化查询语言（SQL）、远程进程呼叫（RPC）、X-Windows 系统、AppleTalk 会话协议、数字网络结构会话控制协议（DNA SCP）等。

### 6. 表示层（Presentation Layer）

在 OSI 模型中，表示层以下的各层主要负责数据在网络中传输时不要出错。但数据的传输没有出错，并不代表数据所表示的信息不会出错。表示层专门负责有关网络中计算机信息表示方式的问题。表示层负责在不同的数据格式之间进行转换操作，以实现不同计算机系统间的信息交换。

如图 1.7 所示，基于 ASCII 码的计算机将信息 "HELLO" 的 ASCII 编码发送出去。但因为接收方使用 EBCDIC 编码，所以数据必须加以转换。因此，传输的是十六进制字符 48454C4C4F，接收到的却是 C8C5D3D3D6。两台计算机交换的不是数据；相反的，同时也是更重要的，它们以单词"HELLO"的方式交换了信息。

图 1.7　两台计算机之间的信息交换

表示层用抽象的方式来定义交换中使用的数据结构，并且在计算机内部表示法和网络的标准表示法之间进行转换。

表示层还负责数据的加密，以在数据的传输过程中对其进行保护。数据在发送端被加密，在接收端被解密。使用加密密钥来对数据进行加密和解密。

表示层还负责文件的压缩，通过算法来压缩文件的大小，降低传输费用。例如，假设要传输一个包含 $N$ 个字符的文件，采用 EBCDIC 编码，那就有 $8N$ 个比特位。如果会话层重新定义代码，用 0 代表 A，1 代表 B，依此类推，一直到 25 代表 Z，那么用 5 位（存储 0～25 所需要的最少位数）就可以表示一个大写字母。这样一来，实际上可以少传输 38% 的比特位。

**7. 应用层（Application Layer）**

应用层是 OSI 参考模型中最靠近用户的一层，负责为用户的应用程序提供网络服务。与 OSI 参考模型其他层不同的是，它不为任何其他 OSI 层提供服务，而只为 OSI 模型以外的应用程序提供服务，如电子表格程序和文字处理程序，包括为相互通信的应用程序或进程之间建立连接、进行同步，建立关于错误纠正和控制数据完整性过程的协商等。应用层还包含大量的应用协议，如远程登录（Telnet）、简单邮件传输协议（SMTP）、简单网络管理协议（SNMP）和超文本传输协议（HTTP）等。

虽然 OSI 在一开始由 ISO 来制定，但后来的许多标准都是 ISO 与原来的国际电报电话咨询委员会联合制定的。随着科学技术的发展，通信与信息处理的界限变得越来越模糊。于是，通信与信息处理就都称为伙计电报电话咨询委员会与 ISO 所共同关心的领域。OSI 只获得了一些理论研究的成果，但在市场化方面 OSI 则失败了。现今规模最大的覆盖全球的因特网并未使用 OSI 标准。

# 1.8　TCP/IP 模型

尽管 OSI 参考模型得到了全世界的认同，但是互联网历史上和技术上的开发标准都是 TCP/IP（传输控制协议/网际协议）模型。TCP/IP 模型及其协议族使得世界上任意两台计算机间的通信成为可能，并且通信速度接近光速。

## 1.8.1　TCP/IP 模型

TCP/IP 模型是由美国国防部创建的，所以有时又称 DoD（Department of Defense）模型，是至今为止发展最成功的通信协议，它被用于构筑目前最大的、开放的互联网络系统 Internet。TCP/IP 是一组通信协议的代名词，这组协议使任何具有网络设备的用户能访问和共享 Internet 上的信息，其中最重要的协议族是传输控制协议（TCP）和网际协议（IP）。

TCP 和 IP 是两个独立且紧密结合的协议，负责管理和引导数据报文在 Internet 上的传输。二者使用专门的报文头定义每个报文的内容。TCP 负责和远程主机的连接，IP 负责寻址，使报文被送到其该去的地方。

TCP/IP 也分为不同的层次开发，每一层负责不同的通信功能。但 TCP/IP 协议简化了层次设备（只有 4 层），由下而上分别为网络接口层、网络层、传输层、应用层，如图 1.8 所示。应该指出，TCP/IP 是 OSI 模型之前的产物，所以两者间不存在严格的层对应关系。在 TCP/IP 模型中并不存在与 OSI 中的物理层与数据链路层相对应的部分。相反，由于 TCP/IP 的主要目标是致力于异构网络的互连，所以同 OSI 中的物理层与数据链路层相对应的部分没有作任何限定。

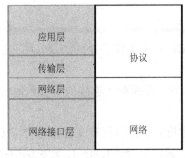

图 1.8　OSI 模型和 TCP/IP 模型

在 TCP/IP 模型中，网络接口层是 TCP/IP 模型的最低层，负责接收从网络层交来的 IP 数据报并将 IP 数据报通过底层物理网络发送出去，或者从底层物理网络上接收物理帧，抽出 IP 数据报，交给网络层。网络接口层使采用不同技术和网络硬件的网络之间能够互连，它包括属于操作系统的设备驱动器和计算机网络接口卡，以处理具体的硬件物理接口。

网络层负责独立地将分组从源主机送往目的主机，涉及为分组提供最佳路径的选择和交换功能，并使这一过程与它们所经过的路径和网络无关。TCP/IP 模型的网络层在功能上非常类似于 OSI 参考模型中的网络层，即检查网络拓扑结构，以决定传输报文的最佳路由。

传输层的作用是在源结点和目的结点的两个对等实体间提供可靠的端到端的数据通信。为保证数据传输的可靠性，传输层协议也提供了确认、差错控制和流量控制等机制。传输层从应用层接收数据，在必要的时候把它分成较小的单元传递给网络层，并确保到达对方的各段信息正确无误。

应用层涉及为用户提供网络应用，并为这些应用提供网络支撑服务，把用户的数据发送到低层，为应用程序提供网络接口。由于 TCP/IP 将所有与应用相关的内容都归为一层，所以在应用层要处理高层协议、数据表达和对话控制等任务。

## 1.8.2　各层主要协议

TCP/IP 事实上是一个协议系列或协议族，目前包含了 100 多个协议，用来将各种计算机和数据通信设备组成实际的 TCP/IP 计算机网络。

### 1. 网络接口层协议

TCP/IP 的网络接口层中包括各种物理网协议，例如 Ethernet、令牌环、帧中继、ISDN 和分组交换网 X.25 等。当各种物理网被用做传输 IP 数据报的通道时，就可以认为是属于这一层的内容。

### 2. 网络层协议

网络层包括多个重要协议，主要协议有 4 个，即 IP、ARP、RARP 和 ICMP。

网际协议（Internet Protocol，IP）：是其中的核心协议，IP 协议规定网际层数据分组的格式。

Internet 控制消息协议（Internet Control Message Protocol，ICMP）：提供网络控制和消息传递功能。

地址解释协议（Address Resolution Protocol，ARP）：用来将逻辑地址解析成物理地址。

反向地址解释协议（Reverse Address Resolution Protocol，RARP）：通过 RARP 广播，将物理地址解析成逻辑地址。

### 3. 传输层协议

传输层的主要协议有 TCP 和 UDP。

传输控制协议（Transport Control Protocol，TCP）：是面向连接的协议，用三次握手和滑动窗口机制来保证传输的可靠性和进行流量控制。

用户数据报协议（User Datagram Protocol，UDP）是面向无连接的不可靠传输层协议。

### 4. 应用层协议

应用层包括了众多的应用与应用支撑协议。常见的应用协议有文件传输协议（FTP）、超文本传输协议（HTTP）、简单邮件传输协议（SMTP）、远程登录（Telnet）。常见的应用支撑协议包括域名服务（DNS）和简单网络管理协议（SNMP）等。

# 1.9  OSI 模型和 TCP/IP 模型的区别

### 1. 相似点

OSI 模型和 TCP/IP 模型有许多相似之处，具体表现在：两者均采用了层次结构并存在可比的传输层和网络层；两者都有应用层，虽然所提供的服务有所不同；均是一种基于协议数据单元的包交换网络，而且分别作为概念上的模型和事实上的标准，具有同等重要性。

### 2. 不同点

OSI 模型和 TCP/IP 模型还有许多不同之处。

（1）OSI 模型包括了 7 层，而 TCP/IP 模型只有 4 层。虽然它们具有功能相当的网络层、传输层和应用层，但其他层并不相同。

TCP/IP 模型中没有专门的表示层和会话层，它将与这两层相关的表达、编码和会话控制等功能包含到了应用层中去完成。另外，TCP/IP 模型还将 OSI 的数据链路层和物理层包括到了一个网络接口层中。

（2）OSI 参考模型在网络层支持无连接和面向连接的两种服务，而在传输层仅支持面向连接的服务。TCP/IP 模型在网络层则只支持无连接的一种服务，但在传输层支持面向连接和无连接两种服务。

（3）TCP/IP 由于有较少的层次，因而显得更简单。TCP/IP 一开始就考虑到多种异构网的互连问题，并将网际协议（IP）作为 TCP/IP 的重要组成部分，它作为从 Internet 上发展起来的协议，已经成了网络互连的事实标准。

就目前而言还没有实际网络是建立在 OSI 参考模型基础上的，OSI 仅仅作为理论的参考模型被广泛使用。

# 本章重要概念

1. 计算机网络（可简称为网络）把许多计算机连接在一起；而互联网则把许多网络连接在一起，是网络的网络。因特网是世界上最大的互联网。

2. 以小写字母 i 开始的 internet（互联网或互连网）是通用名词，它泛指由多个计算机网络互连而成的网络。在这些网络之间的通信协议（即通信规则）可以是任意的。

3. 以大写字母 I 开始的 Internet（因特网）是专用名词，它指当前全球最大的、开放的、由众多网络相互连接而成的特定计算机网络，它采用 TCP/IP 协议族作为通信规则，且其前身是美国的 ARPANET。

4. 因特网现在采用存储转发的分组交换技术，以及三层因特网服务提供者（ISP）结构。

5. 计算机通信是计算机中的进程（即运行着的程序）之间的通信。计算机网络采用的通信方式是客户-服务器方式和对等连接方式（P2P 方式）。

6. 客户和服务器都是指通信中所涉及的两个应用进程。客户是服务请求方，服务器是服务提供方。

7. 按作用范围的不同，计算机网络分为广域网 WAN、城域网 MAN、局域网 LAN 和接入网 AN。

8. 网络协议即协议，是为进行网络中的数据交换而建立的规则。计算机网络的各层及其协议的集合称为网络的体系结构。

# 习　　题

1. 计算机网络可以向用户提供哪些服务？
2. 为什么说因特网是自印刷术以来人类通信方面最大的变革？
3. 因特网的发展大致分为哪几个阶段？请指出这几个阶段最主要的特点。
4. 简述因特网标准制定的几个阶段。
5. 计算机网络都有哪些类别？各种类别的网络都有哪些特点？
6. 计算机网络中的主干网和本地接入网的主要区别是什么？
7. 为什么一个网络协议必须把各种不利的情况都考虑到？
8. 计算机网络有哪些常用的性能指标？
9. 网络体系结构为什么要采用分层次的结构？试举出一些与分层体系结构的思想相似的日常生活。
10. 协议与服务有何区别？有何关系？
11. 网络协议的三个要素是什么？各有什么含义？

# 第 **2** 章 物理层

本章首先讨论物理层的基本概念；然后介绍有关数据通信的重要概念，以及各种传输 媒体的主要特点，常用传输介质、多路复用技术以及常用的物理层协议以及物理层的网络设备（中继器和集线器）等内容。

**本章重要内容如下。**

① 物理层的任务。

② 几种常用的信道复用技术。

# 2.1 数据通信的基础知识

从某种意义上讲，计算机网络是建立在数据通信系统之上的资源共享系统。因为计算机网络的主要功能是为了实现信息资源的共享与交换，而信息是以数据形式来表达的，所以计算机网络必须要解决数据通信的问题。

## 2.1.1 数据通信的基本概念

### 1. 信息、数据和信号

信息是指有用的知识或消息，计算机网络通信的目的就是为了交换信息。而数据则是运送信息的实体，是信息的表达方式，可以是数字、文字、声音、图形和图像多种不同形式。在计算机系统中，统一以二进制代码表示数据的不同形式。而当这些二进制代码表示的数据要通过物理介质和器件进行传输时，还需要将其转变成物理信号，信号（Signal）是数据在传输过程中的电磁波表示形式。

### 2. 模拟信号与数字信号

作为数据的电磁波表达形式，信号一般以时间为自变量，以表示数据的某个参量如振幅、频率或相位为因变量，并且按其因变量对时间的取值是否连续被分为模拟信号和数字信号。

模拟信号是指信号的因变量随时间连续变化的信号，如图 2.1 所示。电视图像信号、语音信号、温度压力传感器的输出信号以及许多遥感遥测信号都是模拟信号。数字信号是指信号的因变量不随时间连续变化的信号，通常表现为离散的脉冲形式，可表示为 $x(nt)$，如图 2.2 所示。显然，在数字信号中，因变量取值状态是有限的。计算机数据、数字电话和数字电视等都可看成是数字信号。

虽然模拟信号与数字信号有着明显的差别，但二者之间在一定条件下是可以相互转化的，转换可以通过调制解调器来完成。模拟信号可以通过采样、编码等步骤变成数字信号，而数字信号也可以通过解码、平滑等步骤转变为模拟信号。

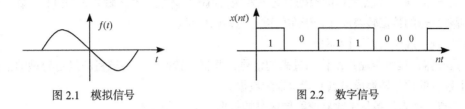

图 2.1  模拟信号                        图 2.2  数字信号

### 3. 数据通信

发送方将要发送的数据转换成信号通过物理信道传输到数据接收方的过程称为数据通信。因为信号可以是离散变化的数字信号，也可以是连续变化的模拟信号，所以与之相对应，数据通信被分为模拟数据通信和数字数据通信。所谓模拟数据通信是指在模拟信道上以模拟信号形式来传输数据；而数字数据通信则是指利用数字信道以数字信号方式来传输数据。

### 4. 源点、终点和信道

在数据通信中，通常将数据的发送方称为源点，而将数据的接收方称为终点。源点和终点一般是计算机或其他一些数据终端设备。

为了在源点和终点之间实现有效的数据传输，必须在源点和终点之间建立一条传输信号的物理通道，这条通道被称为物理信道，简称信道。信道建立在传输介质之上，但包括了传输介质和附属的通信设备。通常，同一传输介质上可提供多条信道，一条信道允许一路信号通过。按传输介质的类型来划分，信道被分为有线信道和无线信道；按信道中所传输的信号类型来划分，信道可被分为模拟信道和数字信道。

## 2.1.2  数据通信系统的模型

数据通信系统是指通过通信线路和通信控制处理设备将分布在各处的数据终端设备连接起来，执行数据传输功能的系统。图 2.3 给出了数据通信系统的模型。

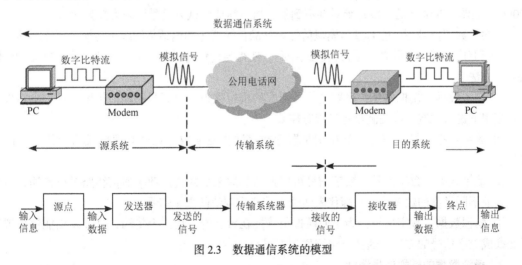

图 2.3  数据通信系统的模型

一个数据通信系统由源系统（或发送端）、传输系统（或传输网络）和目的系统（或接收端）3 个部分组成。

源系统一般包括以下两部分。

① 源点：源点设备发送要传输的数据，又称源站，发送输出的数字比特流。

② 发送器：通常源点发送的数据要通过发送器编码后才能够在传输系统中进行传输。发送器把源点所要发送的数据转换成适合于在信道上传输的信号。

目的系统一般包括以下两部分。

① 接收器：接收传输系统传输过来的信号，并将其转换为能够被目的设备处理的信息。把从信道上接收的信号转换成终点所能识别的数据。

② 终点：终点设备从接收器获取传输来的数据，又称目的站。

源点和终点分别是数据的出发点和目的地，又被称为数据终端设备（Data Terminal Equipment，DTE）。DTE 通常属于资源子网的设备，如资源子网中的计算机、数据输入/输出设备和通信处理机等。

发送器和接收器又称为数据线路端接设备（Data Circuit-terminating Equipment，DCE）。DCE 为DTE 提供了入网的连接点，通常被认为是通信子网中的设备。

## 2.1.3 数据调制与编码

### 1. 调制与编码原理

调制是载波信号的某些特性根据输入信号而变化的过程。所有调制技术涉及到载波信号的幅度、频率和相位其中一个或几个参数的变化。

无论是模拟数据还是数字数据，原始输入数据经过调制作为模拟信号通过传输介质发送出去，并将在接收端进行解调，变换成原来的形式。

编码是将模拟数据或数字数据变换成数字信号，以便通过数字传输介质传输出去。在接收端，数字信号将变换成原来形式。前一种变换称编码，后一种变换称解码。

那么为什么要进行调制或编码？

首先，对调制的需要是用无线电通过空间传输低频信号而产生的。为了有效地传输这种信号，天线尺寸必须与所辐射的信号波长的尺寸大致相同。因为约 1000Hz 的低频模拟信号的波长约 300km，显然，300km 的天线是绝对办不到的，所以需要将低频信号调制为高频信号。

其次，数字信号不可能通过为模拟信号设计的传输线（如电话传输线）传输，反之亦然。

由于上述原因，信号必须进行调制或编码，使得与传输介质相适应。一般说来，有 4 种传输数据的方法。

① 模拟数据，模拟信号：采取电信号形式的模拟数据可以原封不动地传输出去，也可以在较高频率下进行调制，以便满足各种带宽需要。

② 数字数据，模拟信号：利用调制器把数字数据变换成能在现有模拟线路上传输的模拟信号。

③ 数字数据，数字信号：数字信号可以按照其原来形式通过数字通信线路进行传输，也可以编码成不同类型的数字信号，即代表两个不同二进制值的数字信号。

④ 模拟数据，数字信号：为了使模拟信号能在数字通信线路上传输，已开发出能将模拟数据变换成数字信号的方法，这些方法称为编码。

### 2. 模拟数据的模拟信号调制

模拟数据经由模拟信号传输时不需进行变换，但是由于考虑到前面谈到的天线尺寸问题，模拟形式的输入数据要在甚高频下进行调制。输出信号是一种带有输入数据的频率极高的模拟信号。最常用的两种调制技术是幅度调制（AM）和频率调制（FM）。

（1）幅度调制

幅度调制如图 2.4（a）所示，它是一种载波的幅度会随着原始模拟数据的幅度变化而变化的技术。载波的幅度会在整个调制过程中变动，而载波的频率是不变的。将接收到的幅度调制信号进行解调，就可以恢复成原始的模拟数据。

（2）频率调制

频率调制如图 2.4（b）所示，它是一种高频载波的频率会随着原始模拟信号的幅度变换而变化的技术。因此，载波频率会在整个调制过程中波动，而载波的幅度是不变的。将接收到的频率调制信号进行解调，就可以恢复成原始的模拟数据。

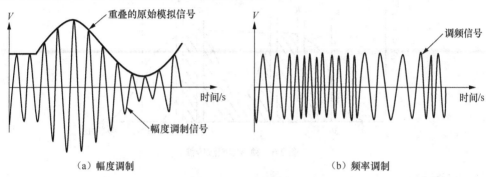

（a）幅度调制　　　　　　　　　　（b）频率调制

图 2.4　幅度调制和频率调制

### 3. 数字数据的模拟信号调制

模拟信号发送的基础是一种称为载波信号的、连续的、频率恒定的信号。通过振幅、频率和相位 3 种载波特性之一来对数字数据进行调制，或者这些特性的某种组合。图 2.5 给出了对数字数据的模拟信号进行调制的 3 种基本形式。

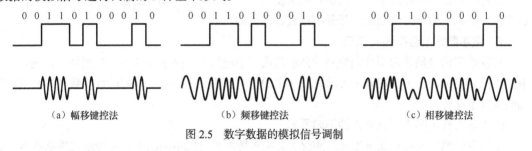

（a）幅移键控法　　　　　（b）频移键控法　　　　　（c）相移键控法

图 2.5　数字数据的模拟信号调制

① 幅移键控法（Amplitude-Shift Keying，ASK）。

② 频移键控法（Frequency-Shift Keying，FSK）。

③ 相移键控法（Phase-Shift Keying，PSK）。

（1）幅移键控法

在幅移键控法方式下，用载波频率的两个不同的振幅来表示两个二进制值。在有些情况下，用振幅恒定载波的存在来表示一个二进制数字，而用载波的不存在表示另一个二进制数字。ASK方式容易受增益变化的影响，因此，是一种效率相当低的调制技术。在音频线路上，其通常只能达到 1200bit/s。

（2）频移键控法

在频移键控法方式下，用载波频率附近的两个不同频率来表示两个二进制值。这种方案与

ASK 方式相比，不容易受干扰的影响。在音频线路上，通常可达 1200bit/s。这种方式一般也用于高频（3 MHz～30MHz）的无线电传输，它甚至也能用于较高频率使用同轴电缆的局部网络。

图 2.6 表示在音频线路上使用频移键控法进行全双工操作的例子。为了实现这个目的，一个带宽用于发送，而另一个带宽用于接收。在一个方向（发送和接收）上调制解调器可以通过 300～1700Hz 频率范围内的信号。用来表示 1 和 0 的两个频率以 1170Hz 为中心，两边各有 100Hz 的移位。与此类似，对于另一个方向（接收和发送）来说，调制解调器可以通过频率为 1700～3000Hz 的信号，并且使用 2125Hz 为中心频率。在每对频率周围的阴影区指出了每个信号的实际带宽。值得注意的是，几乎不存在什么重叠，因此也几乎没有什么干扰。

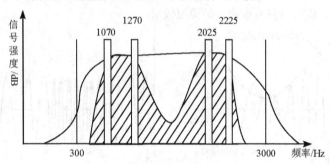

图 2.6  频移键控法传输

（3）相移键控法

在相移键控法方式下，利用载波信号的相位移动来表示数据。图 2.5（c）是一个两相系统的例子。在这个系统中，0 表示发送与以前所发送信号串同相的信号，1 表示发送与以前发送信号串反相的信号。PSK 也可以使用多于两相的位移，四相系统能把每个信号串编码为两位。PSK 技术有较强的抗干扰能力，而且比 FSK 方式更有效。在音频线路上，传输速率可达 9600bit/s。

上述所讨论的各种技术也可以组合起来使用。常见的组合是相移键控法和幅移键控法，组合后在两个振幅上均可以分别出现部分相移或整体移动。

**4. 数字数据的数字信号编码**

传输数字信号最普遍而且最容易的办法是用两个电压电平来表示两个二进制数字。例如，无电压（也就是无电流）常用 0 来表示，而恒定的正电压用 1 来表示。常用的数字数据的数字信号编码有以下几种。

（1）单极性不归零码和双极性不归零码

不归零编码（Non-Return Zero，NRZ）分别采用两种高低不同的电平来表示二进制数字 "0" 和 "1"。例如，高电平表示 "1"，低电平表示 "0"。

① 单极性码：如图 2.7（a）所示的单极性码，在每一码元时间间隔内，有电流发出表示二进制数字 1，无电流发出则表示二进制数字 0。每一个码元时间的中心是采样时间，判决门限为半幅度电平，即 0.5。若接收信号的值在 0.5 与 1.0 之间，就判为 1；若在 0.5 与 0 之间，就判为 0。每秒发送的二进制码元数称为码速，其单位为波特（Baud）。在二进制情况下，1 波特相当于信息传输速率为 1 比特每秒（bit/s），此时码元速率等于信息速率。

② 双极性码：如图 2.7（b）所示的双极性码，在每一码元时间间隔内，发出正电流表示二进制数字 1，发出负电流表示二进制数字 0。正的幅值和负的幅值相等，所以称为双极性码。这种情况的判决门限定为零电平。接收信号的值如在零电平以上，判为 1；如在零电平以下，判为 0。

图 2.7 所示的两种情形表示的二进制数字序列均为 01101001。

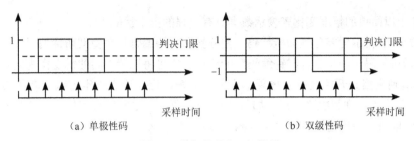

图 2.7　单极性码和双极性码

以上两种信号是在一个码元全部时间内发出或不发出电流，或在全部码元时间内发出正电流或负电流，这两种码属于全宽码，即每一位码占用全部的码元宽度，如重复发送 1，就要连续发送正电流；如重复发送 0，就要连续不发送电流或连续发送负电流。这样，上一位码元和下一位码元之间没有间隙，不易互相识别。对应于后面的归零码，全宽码属于不归零码。

（2）单极性归零码和双极性归零码

① 单极性归零码：如图 2.8（a）所示的单极性归零码，在每一码元时间间隔内，当发 1 时，发出正电流，但是发电流的时间短于一个码元的时间，也就是说，发一个窄脉冲；当发 0 时，仍然完全不发送电流。这样发 1 时有一部分时间不发电流，幅度降为回零电平。所以称这种码为归零码。

② 双极性归零码：如图 2.8（b）所示的双极性归零码，在每一码元时间间隔内，当发 1 时，发出正的窄脉冲；当发 0 时，发出负的窄脉冲。两个码元之间的间隔时间可以大于每一个窄脉冲的宽度。采样时间总是对准中心。

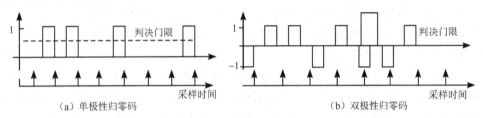

图 2.8　单极性归零码和双极性归零码

图 2.8 所示的两种情形表示的二进制数字序列均为 01101001。

双极性归零码的另一种形式称为交替双极性归零码。在发送过程中，发 1 时窄脉冲的极性总是交替的，即如果发前一个 1 时是正脉冲，则发后一个 1 时是负脉冲；而发 0 时不发脉冲。这种交替的双极性码元也可用全宽码，采样定时信号仍对准每一脉冲的中心位置。NRZ 编码虽然简单，但其抗干扰能力较差。另外，由于接收方不能正确判断位的开始与结束，从而收发双方不能保持同步，需要采取另外的措施来保证发送时钟与接收时钟的同步，如需要用另一个信道同时传输同步时钟信号。

（3）曼彻斯特码和差分曼彻斯特码

图 2.9（a）所示为曼彻斯特码。曼彻斯特编码将每比特信号周期 $T$ 分为前 $T/2$ 和后 $T/2$，用前 $T/2$ 传输该比特的反（原）码，用后 $T/2$ 传输该比特的原（反）码。所以在这种编码方式中，每一位电信号的中点（即 $T/2$ 处）都存在一个电平跳变，如图 2.9（a）所示。由于任何两次电平跳变的时间间隔是 $T/2$ 或 $T$，所以提取电平跳变信号就可作为收发双方的同步信号，而不需要另外的同步信号，故曼彻斯特编码又被称为"自含时钟编码"。另外，曼彻斯特编码采用跳变方式表达

数据较 NRZ 中以简单的幅度变化来表示数据具有更强的抗干扰能力。

如图 2.9（b）所示为差分曼彻斯特码。差分曼彻斯特编码是对曼彻斯特编码的一种改进。其保留了曼彻斯特编码作为"自含时钟编码"的优点，仍将每比特中间的跳变作为同步之用，但是每比特的取值则根据其开始处是否出现电平的跳变来决定。通常规定有跳变者代表二进制数字"0"，无跳变者代表二进制数字"1"，如图 2.9（b）所示。之所以采用位边界的跳变方式来决定二进制数字的取值，是因为跳变更易于检测。

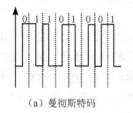
（a）曼彻斯特码

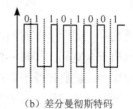
（b）差分曼彻斯特码

图 2.9　曼彻斯特码和差分曼彻斯特码

以上编码各有优缺点：第一，脉冲宽度越大，发送信号的能量就越大，这对提高接收端的信噪比有利；第二，脉冲时间宽度与传输频带宽度成反比关系，归零码的脉冲比全宽码的窄，因此它们在信道上占用的频带就较窄，归零码在频谱中包含了码元的速率，也就是说，发送频谱中包含码元的定时信息；第三，双极性码与单极性码相比，直流分量和低频成分减少了，如果数据序列中 1 的位数和 0 的位数相等，那么双极性码就根本没有直流输出，交替双极性码也没有直流输出，这一点对在实践上的传输是有利的；第四，曼彻斯特码和差分曼彻斯特码在每个码元中间均有跃变，没有直流分量，利用这些跃变可以自动计时，因而便于同步，称为自同步。在这些编码中曼彻斯特码和差分曼彻斯特码的应用很普遍，已成为局域网的标准编码。

**5. 模拟数据的数字信号编码**

利用数字信号来对模拟数据进行编码的最常见的例子是脉冲代码调制（Pulse Code Modulation，PCM），它常用于对声音信号进行编码。脉冲代码调制是以采样定理为基础的，采样定理指出：如果在规则的时间间隔内，以高于两倍最高有效信号频率的速率对信号 $f(t)$ 进行采样，那么这些采样值就包含了原始信号的全部信息。利用低通滤波器可以从这些采样中重新构造出函数 $f(t)$。

如果声音数据限于 4000Hz 以下的频率，那么每秒 8000 次的采样就可以完整地表示声音信号的特征。然而，值得注意的是，这只是模拟采样。为了转换成数字采样，必须给每一个模拟采样值指定一个二进制代码。图 2.10 表示这样一个例子，每个采样值都被近似地量化为 16 个不同级中的一个，这样，每个采样值都能用 4 位二进制数来表示，当然，再精确地恢复成原始信号是不可能的了。如果使用 7 位二进制表示采样，就允许有 128 个量化级，那么所恢复的声音信号的质量就比得上模拟传输所达的质量。这就意味着，仅仅是声音信号就需要有每秒 8000 次采样×每个采样 7 位 56000bit/s 的数据传输率。

一般来说，人们使用称之为非线性编码（Nonlinear Encoding）的技术来改进脉冲代码调制方案。实际上，这种技术的含义是 128 个量化级不等分。等分是指不管信号的幅度大小，每个采样的绝对误差是同样的，因此，低幅值的地方相对容易变形。如果在低幅值处使用较多的量化步，而在较高幅值处使用较少的量化步，那么就可使整个信号的变形显着减小。

脉冲代码调制（PCM）有两种体制：一种是北美的 24 路 PCM，简称 T1（1.544Mbit/s）；另一种是欧洲的 30 路 PCM，简称 E1（2.048Mbit/s）。在我国采用 E1 标准。

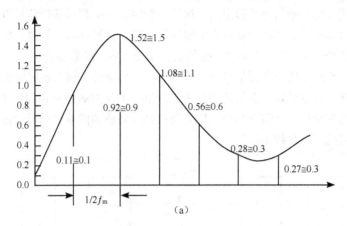

（a）

| 数字 | 等效二进制数 | 脉冲代码波形 |
|---|---|---|
| 0 | 0000 | |
| 1 | 0001 | |
| 2 | 0010 | |
| 3 | 0011 | |
| 4 | 0100 | |
| 5 | 0101 | |
| 6 | 0110 | |
| 7 | 0111 | |
| 8 | 1000 | |
| 9 | 1001 | |
| 10 | 1010 | |
| 11 | 1011 | |
| 12 | 1100 | |
| 13 | 1101 | |
| 14 | 1110 | |
| 15 | 1111 | |

（b）

图 2.10　脉冲代码调制

## 2.1.4　基带传输

在计算机系统中，通常用二进制比特来表示各类数据。而脉冲信号是二进制比特的典型表达方式，按傅里叶分析，脉冲信号由直流、基频、低频和高频等多个分量组成，随着频率的升高，其相应的幅度减小直至趋于零。在脉冲信号的整个频谱中，从零开始有一段能量相对集中的频率范围被称为基本频带（Base Band），简称基频或基带，基频等于脉冲信号的固有频率。与基频对应的数字信号称为基带信号。

当在数字信道上使用数字信号传输数据时，通常不会将与脉冲信号有关的所有直流、基频、低频和高频分量全部放在数字信道上传输，因为那要占据很大的信道带宽。更合适的做法是将占据脉冲信号大部分能量的基带信号传输出去。这种在数字信道中利用基带信号直接传输的方式被称为基带传输。基带信号的能量在传输过程中很容易衰减，在没有信号再放大的情况下一般不大于 2.5km，因此基带传输多用于短距离的数据传输，如局域网中的数据传输。

采用基带信号进行传输的数字通信系统的模型如图 2.11 所示，该系统要解决的关键问题是数字数据的编解码问题。在发送端，要解决如何将二进制数据序列通过某种编码（Encoding）方式转化为可直接传输的基带信号；而在接收端，则要解决如何将收到的基带信号通过解码（Decoding）恢复为与发送端相同的二进制数据序列。

图 2.11　数字数据通信系统基本模型

## 2.1.5　频带传输

因为基带传输受到近距离限制，所以在远距离传输中通常采用模拟通信。利用模拟信道传输二进制数据的方式称为频带传输。采用模拟信号传输的模拟数据通信系统的模型如图 2.3 所示。频带传输的关键问题是如何将计算机中的二进制数据转化为适合模拟信道传输的模拟信号。为了将数字化的二进制数据转化为适合模拟信道传输的模拟信号，需要选取某一频率范围的正（余）弦模拟信号作为载波，然后将要传输的数字数据"寄载"在载波上，利用数字数据对载波的某些特性（振幅 $A$、频率 $f$、相位 $\phi$）进行控制，使载波特性发生变化，然后将变化的载波送往线路进行传输。也就是说，在发送端，需要将二进制数据变换成能在电话线或其他传输线路上传输的模拟信号，即所谓的调制（Modulation）；而在接收端，则需要将收到的模拟信号重新还原成原来的二进制数据，即所谓的解调（Demodulation）。通常将在发送端承担调制功能的设备称为调制器（Modulator），而将在接收端承担解调功能的设备称为解调器（Demodulator）。由于数据通信是双向的，所以实际上在数据通信的任何一方都要同时具备调制和解调功能，我们将同时具备这两种功能的设备称为调制解调器（Modem）。调制解调器俗称为"猫"，当同学们通过传统电话线上网时就要用到该设备。目前，调制解调器已逐渐被 ADSL 取代。

## 2.1.6　数据通信系统的主要质量指标

数据通信的任务是传输数据，希望实现速度快、出错率低、信息量大、可靠性高，并且既经济，又便于使用维护。为了衡量通信系统的质量优劣，必须使用通信系统的性能指标，即质量指标。通信系统的性能指标涉及到通信的有效性、可靠性、适应性、标准性、经济性及维护使用等。但从研究信息的传输来说，通信的有效性和可靠性是最重要的指标。有效性是指传输一定的信息量所消耗的信息资源（带宽或时间），而可靠性是指接收信息的准确程度。这两项指标体现了对通信系统最基本的要求。有效性和可靠性这两个要求通常是矛盾的，因此只能根据需要及技术发展水平尽可能取得适当的统一。例如，在一定的可靠性指标下，尽可能提高信息的传输速度；或者在一定有效性条件下，使消息的传输质量尽可能提高。模拟通信和数据通信对这两个指标要求的具体内容有较大差异。

1. **模拟通信系统的质量指标**

（1）有效性

模拟通信系统的有效性是用有效传输带宽来度量的，同样的信息采用不同的调制方式，则需要不同的频带宽度。频带宽度越窄，有效性越好。

（2）可靠性

模拟通信系统的可靠性是用接收端最终的输出信噪比来度量的，信噪比越大，通信质量越高。如普通电话要求信噪比在 20dB 以上，电视图像则要求信噪比在 40dB 以上。

2. **数字通信系统的质量指标**

数据通信系统中，有效性用传输速率来表示，可靠性用差错率（误码率）来衡量。

（1）数据传输速率

数据传输速率有两种度量单位：波特率和比特率。

① 波特率：波特率又称为波形速率或码元速率，指在数据通信系统中，线路上每秒传输的波形个数，其单位是"波特"（Baud）。

设一个波形的持续周期为 $T$，则波特率 $B$ 可以由下式给出：

$$B=1/T（波特）$$

② 比特率：比特率又称为信息速率，简称数据率，是指发送端和接收端之间单位时间内传输数据的平均比特数，其单位是比特每秒（bit/s），或千比特每秒（kbit/s），或兆比特每秒（Mbit/s），其换算关系为 $1kbit/s=10^3bit/s$，$1Mbit/s=10^6bit/s$（$\neq 2^{20}bit/s$）。数据传输速率反映了终端设备之间的信息处理能力，它是一段时间的平均值。它的计算与数据传输过程中的同步方式、差错编码及控制方式、多冗余字符的填充、通信控制规程等多种因素有关，通常用它来描述数据通信系统的性能。

比特率直接与波形速率和一个波形所携带的信息量有关，因此比特率 $S$ 可以按下式计算：

$$S=B\log_2 n$$

式中，$n$ 指一个波形代表的有效状态数，是 2 的整数倍。比如：二进制数的一个波形可以表示"0""1"两种状态，故 $n=2$。因此，$\log_2 n$ 表示一个波形能表示的二进制位数。当 $n=2$ 时，$S=B$，即在二元制调制方式中，信号传输速率和调制速率相等。但在多元调制中，$S$ 和 $B$ 不相同。比如 8 进制中 $n=8$，如果 $B=1200$ 波特，则信号传输速率 $S=1200\times\log_2 8=3600bit/s$，请注意这一区别。

（2）数据传输的质量

由于数据信息都是由离散的二进制数信号序列来表示的，因此在传输过程中不论它经历何种变换、产生了什么样的失真，只要信号到达接收端后，接收端能正确地还原出数据源发出的原始二进制数字信号序列，就达到了传输的目的。但如果有的二进制位或数由于失真而得不到恢复就产生了差错，它将影响数据传输的质量。衡量数据传输质量的指标是差错率，通常用误码率来表示：

误码率=（接收方出现差错的比特数（位数）/总的传输比特数（位数））×100%

误码率是一个统计平均值，在统计和测试时应采用统计学的方法，在足够时间和足够统计的数量后方可正确得出。

在计算机网络通信系统中，要求误码率低于 $10^{-6}$。如果实际传输的不是二进制码元，则需折合成二进制码元计算。

## 2.1.7　多路复用技术

为了提高通信线路传输信息的效率，通常采用在一条物理线路上建立多条通信信道的多路复用（Multiplexing）技术，多路复用技术使得在同一传输介质上可传输多个不同信源发出的信号，从而可充分利用通信线路的传输容量，提高传输介质的利用率。

图 2.12 给出了多路复用的数据传输系统的工作原理。在输入端，多路复用器将若干个彼此无关的输入信号合并为在一条物理线路上传输的复合信号，从而多个数据源共享同一个传输介质，就像每个数据源都有自己的信道一样。而在输出端，则由多路解复用器将复合信号按通道号分离出来。

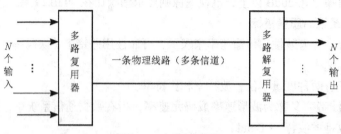

图 2.12　多路复用原理

当前采用的多路复用方式有频分多路复用（Frequency Division Multiplexing，FDM）、时分多路复用（Time Division Multiplexing，TDM）和波分复用（Wavelength Division Multiplexing，WDM）等。下面分别予以介绍。

**1. 频分多路复用技术**

当介质的有效带宽超过被传输的信号带宽时，可以把多个信号调制在不同的载波频率上，从而在同一介质上同时传输多路信号，即将信道的可用频带（带宽）按照频率不同，把传输频带分成若干个互不交叠的频段，每个信号占据其中一个频段，从而形成许多个子信道，如图 2.13 所示。在接收端用适当的滤波器将多路信号分开，分别进行解调和终端处理，这种技术称为频分多路复用技术（Frequency Division Multiplexing，FDM）。

FDM 系统的原理示意图如图 2.14 所示，假设有 6 个输入源，分别输入 6 路信号到频分复用器（FDM-MUX），频分复用器将每路信号调制在不同的载波频率上（例如，$f_1$，$f_2$，…$f_6$），每路信号以其载波频率为中心，占用一定的带宽，此带宽范围称做一个信道，各信道之间通常用保护频带隔离，以保证各路信号的频带间不发生重叠。输入信号可以是模拟的，也可以是数字的。

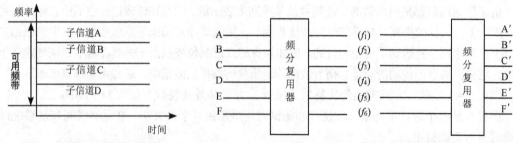

图 2.13　FDM 子信道示意图　　　　　图 2.14　频分多路复用示意图

频分多路复用的优点是信道的利用率高，允许复用的路数多，分路也很方便，并且频带宽度大，则在此频带宽度内所容纳的用户数就越多；缺点是设备复杂，不仅需要大量的调制器、解调器和滤波器，而且还要求接收端提供相干载波；此外，由于在传输过程中的非线性失真及频分复用信号抗干扰性能差，不可避免地会产生路际串音干扰。一般情况下，都采用多级调制的方法。

### 2. 时分多路复用技术

如果传输介质能达到的传输速率超过单一信源要求的数据传输速率，可以采用时分多路复用技术（Time Division Multiplexing，TDM）。这种多路复用技术的出发点是将一条线路按工作时间划分周期 $T$，每一周期再划分成若干时间片 $t_1, t_2, t_3, \cdots, t_n$，轮流分配给多个信源来使用公共线路，在每一周期的每一时间片 $t_i$ 内，线路供一对终端使用，在时间片 $t_j$ 内，线路供另一对终端使用。

例如 A 与 A' 通信时占用时间片 $t_1$，当 A 需要与 A' 交换数据时，它们只能在每一个周期的第一个时间片 $t_1$ 内进行通信，而在其他的时间片内这一用户不能进行通信。如果 A 与 A' 需要交换的信息很多，一个时间片内不能完成，则必须将信息分割成一个个小信息段，在每次占用线路的时间片里交换一段信息。6 路时分复用的示意图如图 2.15 所示。

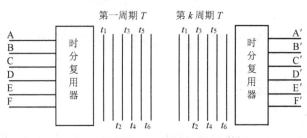

图 2.15　6 路时分多路复用示意图

时分多路复用又分为同步时分多路复用和异步时分多路复用。

**（1）同步时分多路复用**

同步时分多路复用是指分配给每个终端数据源的时间片是固定的，不管该终端是否有数据发送，属于该终端的时间片都不能被其他终端占用。

**（2）异步时分多路复用**

异步时分多路复用允许动态地分配时间片，如果某个终端不发送信息，则其他的终端可以占用该时间片。

TDM 适用于数字信号，而 FDM 适用于模拟信号；TDM 在时域上各路信号是分隔开的，但在频域上各路信号是混叠在一起的；FDM 在频域上各路信号是分隔开的，但在时域上各路信号是混叠在一起的；TDM 信号的形成和分离都可通过数字电路实现，比 FDM 信号使用调制器和滤波器要简单得多。在宽带局域网中，可以把 TDM 和 FDM 结合起来，将整个信道频分成几个子信道，每条子信道再使用时分多路复用技术。

### 3. 波分多路复用

波分多路复用（Wave-length Division Multiplexing，WDM）是频分多路复用在光纤信道上使用的一个变种。

如图 2.16 所示，WDM 系统的核心器件是棱柱或衍射光栅。多根光纤发出的光信号到达同一个棱柱或衍射光栅时，每根光纤里的光波处于不同的波段上，多束光信号通过棱柱或衍射光栅合到一根共享的光纤上，到达目的地后，再由一个棱柱或衍射光栅将光重新分解为多路光信号。作为 FDM 的一个变种，WDM 与 FDM 的唯一区别就是：在 WDM 中使用的衍射光栅是无源的，因此可靠性非常高。

由于受到目前电/光和光/电转换速度限制，因此对于带宽可达 25000GHz 的光纤来说，目前一般可以利用的数据传输率可达 10Gbit/s。如采用密集波分多路复用技术，在一根光纤上可以发送 8 个波长的光波，假设每个波长可以支持 10Gbit/s 的数据传输率，则一根光纤所能支持的最大数据传输率可达到 80Gbit/s 以上。

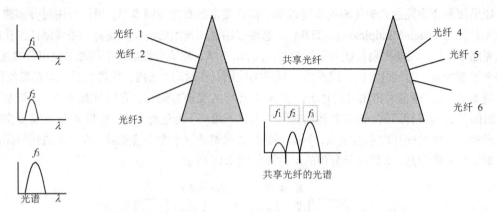

图 2.16 波分多路复用系统

## 2.1.8 数据通信技术

### 1. 数据传输方式

数据传输有两种方式：并行通信和串行通信。通常情况下，并行通信用于距离较近的情况，串行通信用于距离较远的情况。尽管这两种方式的目的都是实现数据通信，但是两者之间有很大差别，下面将讨论这两种通信方式。

（1）并行通信

一个数据代码由若干位组成，在数据设备内进行近距离传输（1 米或数米之内）时，为了获得高的数据传输速率，使每个代码的传输延迟尽量小，可以采用并行传输方式，即数据的每一位各占一条信号线并行传输。如图 2.17 所示，两数据设备之间一次传输 $n$ 位并行数据，每条连线对应一条信道，用于传输代码的对应位，$N$ 条信道组成了 $N$ 位并行信号。计算机内的数据总线都是以并行方式进行的，并行的数据传输线也叫总线，如并行传输 8 位数据就叫 8 位总线，并行传输 16 位数据就叫 16 位总线。

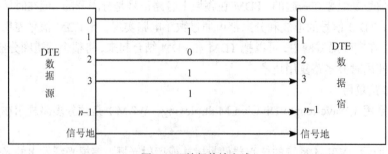

图 2.17 并行传输方式

在并行数据传输中所使用的并行数据总线的物理形式有几种，但功能都一样，如下。

① 很多计算机内部的数据总线直接就是电路板。

② 扁平带状电缆，如硬盘驱动器、软盘驱动器上的电缆。

③ 圆形屏蔽电缆，用于与计算机外设相连的并行通信电缆，通常有屏蔽以防干扰。

（2）串行传输

串行传输指的是代码的若干位顺序按位串行排列成数据流，在一条信道上传输。如图 2.18 所示，数据源向数据宿发出了"01001101"的串行数据。由于代码采取了串行传输方式，其传输速度与并行传输相比要低得多，但是在硬件信号的连接上节省了信道，利于远程传输，所以广泛用于远程数据传输中。通信网和计算机网络中的数据传输都是以串行传输方式进行的。

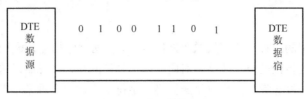

图 2.18　串行传输方式

**2. 数据同步方式**

无论是并行传输还是串行传输，数据发送方发出数据后，接收方如何在合适的时刻正确地接收数据，即从发送方连续不断地送来的数据中，正确地区分出每一个代码，即收发两端保持同步（同步是指接收端要按发送端所发送的每个码元的重复频率和起止时间接收数据），完成传输任务是一个必须解决的问题。

在并行传输中由于其距离近，可以增加一根控制线（又称握手信号线），由数据发送方控制此信号线，通过电平（或边沿）变化来通知接收方数据是否有效，这就是计算机中的写控制。当然收发双方的握手办法很多，通常有写控制、读控制、发送端数据准备好、接收端空闲等方法。一般情况下，上述握手信号单独或组合使用，且在使用时都有专设的信号线。在通信网和计算机网络中，仅用于通信设备和计算机内部。

在串行通信中，为了节省信道，通常不能设立专用的握手信号线进行收发双方的数据同步，必须在串行数据信道上传输的数据编码中解决此问题。在数据串行传输过程中，传输的是已编码的各种传输码形，接收到的是变化的电平信号，为了正确识别和恢复代码，必须解决以下问题。

① 正确区分和识别每个比特（即每位）。

② 区分出每个代码（如一个 ASCII 码字符），即区分出每个代码的起始和结束位。

③ 区分出完整的报文数据块（数据帧）的开始和结束位。

以上 3 个问题对应着 3 个概念：位同步、字符同步和帧同步。通常解决上述问题的办法有两种：同步传输方式和异步传输方式。这两种传输方式的区别在于发送和接收设备的时钟是异步的还是同步的。下面就同步传输和异步传输分别加以说明。

（1）异步传输

在这种方式中，每个字符都独立传输，接收设备每收到一个字符的开始位后进行同步，如图 2.19 所示。每个字符在传输时都在前后分别加上起始位和结束位，以表示一个字符的开始和结束。起始位为"0"，结束位为"1"，结束位的长度可以为 1 位、1.5 位或 2 位。起始位和结束位的作用是实现字符同步，字符之间的间距（时间）是任意的，但发送一个字符时，发送每一位占用的时间长度都是双方约定好的，且保持各位都恒定不变。每位占用时间的倒数称为波特率。如果没有发送的数据，那么发送方就发送连续的停止位。接收方根据从 1 到 0 的跳变来识别一个新字符的开始。这样收发双方的收发速率按编程约定而基本保持一致，从而实现位同步；通过起始位和结束位而实现字符同步；帧同步靠传输特殊控制字符来实现。在异步传输方式中，由于不需要发送和接收设备之间另外传输定时信号，因此实现起来比较简单。其缺点是：一方面，由于每个字符都要加上起始位和结束位，因此传输效率较低；另一方面，由于收发双方时钟的差异（异步）使得传输效率不宜过高，因比传输效率低，常用于低速数据传输中。

1 位起始位　　　　8 位数据位　　　　结束位

图 2.19　异步传输

（2）同步传输

这种方式中以固定的时钟节拍来发送数据信号，字符间顺序相连，既无间隙，也没有插入位。收发双方的时钟信号与传输的每一位严格对应，以达到位同步，在开始发送一帧数据前须发送固定长度的帧同步字符，发送完数据后再发送帧终止字符，这样就实现了字符和帧的同步，之后连续发送空白字符，直到发送下一帧时重复上述过程，如图 2.20 所示。

图 2.20　同步传输

接收端在接收到数据流后，为了能区分出每一位，即进行位同步，首先必须收到发送端的同步时钟，这就是与异步传输相比的复杂之处。在近距离传输时，可附加一条时钟信号线，用发方的时钟驱动接收设备以完成位同步。在远距离传输时，则不允许另设时钟信号线，必须在发送的数据流中附加同步时钟信号，由接收端提取同步时钟信号，以完成位同步。同步传输具有较高的传输效率和速率，但实现较为复杂，常用于高速数据传输。

**3．数据传输方式**

当数据通信在点对点之间进行时，按照信息的传输方向，其通信方式有 3 种。

（1）单工通信（Simplex）

单工通信中传输的信息始终是一个方向。像无线电广播、计算机与打印机、键盘之间的数据传输均属单工传输。单工通信只需要一条信道。

（2）半双工通信（Half-duplex）

通信双方都可以发送（接收）信息，但不能同时双向发送。这种方式得到广泛应用，因为它具有控制简单、可靠、通信成本低等优越性。半双工通信的双方具备发送装置和接收装置，但要按信息流向轮流使用这两个装置。

（3）全双工通信（Full-duplex）

通信双方可以同时发送和接收信息。这要求通信双方具有同时运作的发送和接收结构，且要求有两条性能对称的传输信道。全双工通信的效率最高，但控制相对复杂一些，系统造价也较高。随着通信技术及大规模集成电路的发展，这种方式正越来越广泛地应用于计算机通信之中。全双工通信一般采用多条线路或频分法来实现。

# 2.2　传输介质及其主要特性

传输介质也称传输媒体，泛指计算机网络中用于连接各个计算机的物理媒体，特指用来连接各个通信处理设备的物理介质。传输介质是构成物理信道的重要组成部分，计算机网络中使用各种传输介质来组成物理信道。

## 2.2.1 传输介质的主要类型

传输介质包括有线传输介质和无线传输介质两大类。有线传输介质将信号约束在一个物理导体之内，如双绞线、同轴电缆和光纤等，故又被称做有界介质；而无线传输介质如无线电波、红外线、激光等由于不能将信号约束在某个空间范围之内，故又被称为无界介质。究竟选择哪一种传输介质，必须考虑到价格、安装难易程度、容量、抗干扰能力、衰减等方面的因素，同时还要根据具体的运行环境全面考虑。

## 2.2.2 有线传输介质

### 1. 双绞线

双绞线（Twisted Pair，TP）是目前使用最广泛、价格最低廉的一种有线传输介质。

"Twisted"源于双绞线电缆的内部结构。在内部由若干对两两绞在一起的相互绝缘的铜导线组成，导线的典型直径为1mm（在0.4～1.4mm之间）。采用两两相绞的绞线技术可以抵消相邻线对之间的电磁干扰和减小近端串扰。

双绞线既可以传输模拟信号，又能传输数字信号。用双绞线传输数字信号时，其数据传输速率与电缆的长度有关。距离短时，数据传输速率可以高一些。典型的数据传输速率为10Mbit/s和100Mbit/s，也可高达1000Mbit/s。

双绞线电缆一般由多对双绞线外包缠护套组成，其护套称为电缆护套。电缆的对数可分为4对双绞线电缆、大对数双绞线电缆（包括25对、50对、100对等）。铜电缆的直径通常用AWG（American Wire Gauge）单位来衡量。AWG数越小，电线直径却越大。直径越大的电线越有用，它们具有更大的物理强度和更小的电阻。UTP 5类电缆的直径是24AWG。双绞线电缆中的每一根绝缘线路都用不同颜色加以区分，这些颜色构成标准的编码，因此很容易识别和正确端接每一根线路。每个线对都有两根导线。其中一根导线的颜色为线对的颜色加一个白色条纹，另一根导线的颜色是白色底色加线对颜色的条纹，即电缆中的每一对双绞线对称电缆都是互补颜色。4对UTP电缆的4对线具有不同的颜色标记，这4种颜色是蓝色、橙色、绿色、棕色。

双绞线按照是否有屏蔽层又可以分为非屏蔽双绞线（UTP，如图 2.21 所示）和屏蔽双绞线（STP，如图 2.22 所示）。STP由于采用了良好的屏蔽层，所以抗干扰性较好，但由于价格较贵，因此在实际组网中用得不是很多。

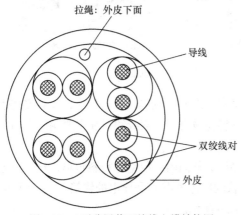

图 2.21 4 对非屏蔽双绞线电缆结构图

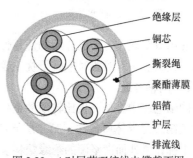

图 2.22 4 对屏蔽双绞线电缆截面图

到目前为止，EIA/TIA 已颁布了 6 类（Category，Cat）线缆的标准。

① Cat 1：适用于电话和低速数据通信。

② Cat 2：适用于 ISDN 及 T1/E1，支持 16MHz 的数据通信。

③ Cat 3：适用于 10Base-T 或 100Mbit/s 的 100Base-T4，支持 20MHz 的数据通信。

④ Cat 5：适用于 100Mbit/s 的 100Base-TX 和 100Base-T4，支持 100MHz 的数据通信。

⑤ Cat 5e：既适用于 100Mbit/s 的 100Base-TX 和 100Base-T4，支持 100MHz 的数据通信；又适用于 1000Mbit/s 的 1000Base-TX，支持 1000 MHz 的数据通信。

⑥ Cat 6：适用于 1000Mbps 的 1000Base-TX，支持 1000MHz 的数据通信。

6 类双绞线电缆为了减小线对间的串扰，通常在线对间采用了圆形、片形、十字星形、十字骨架等填充物，如图 2.23 所示。十字星形填充的双绞线对称电缆构造是在电缆中建一个十字交叉中心，把 4 个线对分成不同的信号区，这样就可以提高电缆的抗近端串扰性能，减小在安装过程中由于电缆连接和弯曲引起的电缆物理上的失真，十字骨架构造在保证前后位置精准方面进行了更多的改进。

图 2.23　6 类双绞线结构图

双绞线电缆连接硬件包括电缆配线架、信息插座和接插软线等。它们用于端接或直接连接电缆，使电缆和连接件组成一个完整的信息传输通道。常用的有 RJ45 头（俗称水晶头，如图 2.24 所示）和信息插座（信息模块，如图 2.25 所示）。

（a）RJ45 信息模块　　　　（b）屏蔽 RJ45 信息模块

图 2.24　RJ45 水晶头　　　　　　　图 2.25　信息插座

使用双绞线作为传输介质的优越性在于其技术和标准非常成熟，价格低廉，而且安装也相对容易；其缺点是双绞线对电磁干扰比较敏感，并且容易被窃听。双绞线目前主要用于室内。

**2. 同轴电缆**

同轴电缆中央是一根比较硬的铜导线或多股导线，外面由一层绝缘材料包裹，这一层绝缘材料又被第二层导体所包住，第二层导体可以是网状的导体（有时是导电的铝箔），主要用来屏蔽电磁干扰，最外面由坚硬的绝缘塑料包住，如图 2.26 所示。

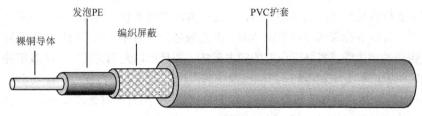

图 2.26　同轴电缆结构截面图

　　同轴电缆通常使用的有 50Ω和 75Ω两种类型。50Ω同轴电缆又称基带同轴电缆，仅用于数字信号传输，既可组成粗缆以太网，即 10Base-5 以太网，又可组成细缆以太网，即 10Base-2 以太网，传输最高速率为 10Mbit/s。75Ω同轴电缆又称为宽带同轴电缆，既可以传输模拟信号，又可以传输数字信号。

　　为了确保导线传输信号的良好电气特性，电缆必须接地，接地是为了构成一个必要的电气回路。另外，还要对电缆的端头进行处理，通常要在端头连接终端匹配电阻以起到削弱信号反射的作用。

　　双绞线与光纤作为两大类主流的有线传输介质被广泛使用，目前最新的布线标准中已不再推荐使用同轴电缆。

### 3. 光纤

（1）光纤的组成

　　光纤是光缆的纤芯，光纤主要由光纤芯、包层和涂覆层等部分组成。最里面的是光纤芯，包层将光纤芯围裹起来，使光纤芯与外界隔离，以防止与其他相邻的光导纤维相互干扰。包层的外面涂覆一层很薄的涂覆层，涂覆材料为硅酮树酯或聚氨基甲酸乙酯，涂覆层的外面套塑（或称二次涂覆），套塑的原料大都采用尼龙、聚乙烯或聚丙烯等塑料，从而构成光纤纤芯，如图 2.27 所示。

　　① 光纤芯：光纤芯是光的传导部分。

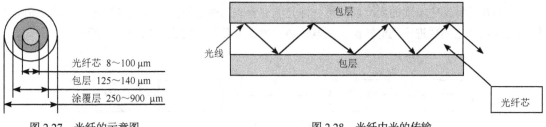

图 2.27　光纤的示意图　　　　　　　图 2.28　光纤中光的传输

　　② 包层的作用是将光封闭在光纤芯内，光纤芯和包层的成分都是玻璃，光纤芯的折射率高，包层的折射率低，这样可以把光封闭在光纤芯内。如图 2.28 所示。

　　③ 涂覆层：涂覆层是光纤的第一层保护，它的目的就是保护光纤的机械强度，是第一缓冲层（Primary Buffer），由一层或几层聚合物构成，厚度约为 250μm，在光纤的制造过程中就已经涂覆到光纤上。光纤涂覆层在光纤受到外界震动时保护光纤的光学性能和物理性能，同时又可以隔离外界水汽的侵蚀。

　　④ 缓冲保护层：在涂覆层外面还有一层缓冲保护层，给光纤提供附加保护。在光缆中这层保护分为紧套管缓冲和松套管缓冲两类。紧套管是直接在涂覆层外加的一层塑料缓冲材料，约650μm，与涂覆层合在一起，构成一个 900μm 的缓冲保护层。松套管缓冲光缆使用塑料套管作为

缓冲保护层，套管直径是光纤直径的几倍，在这个大的塑料套管的内部有一根或多根已经有涂覆层保护的光纤。光纤在套管内可以自由活动，并且通过套管与光缆的其他部分隔离开来。这种结构可以防止因缓冲层收缩或扩张而引起的应力破坏，并且可以充当光缆中的承载组件。

⑤ 光缆加强组件：为保护光缆的机械强度和刚性，光缆通常包含一个或几个加强元件。在光缆被牵引的时侯，加强组件使得光缆有一定的抗拉强度，同时还对光缆有一定的支持保护作用。光缆加强组件有芳纶砂、钢丝和纤维玻璃棒等 3 种。

⑥ 光缆护套：光缆护套是光缆的外围部件，它是非金属组件，作用是将其他的光缆部件加固在一起，保护光纤和其他的光缆部件免受损害。

光纤既不受电磁干扰，也不受无线电的干扰，由于可以防止内外的噪声，所以光纤中的信号可以比其他有线传输介质传得更远。由于光纤本身只能传输光信号，为了使光纤传输电信号，光纤两端必须配有光发射机和光接收机，光发射机完成从电信号到光信号的转换，光接收机则完成从光信号到电信号的转换。光电转换通常采用载波调制方式，光纤中传输的是经过调制的光信号。

根据使用的光源和传输模式，光纤可分为多模光纤和单模光纤两种。多模光纤采用发光二极管 LED 作为光源，定向性较差。当光纤芯线的直径比光波波长大很多时，由于光束进入芯线中的角度不同，传播路径也不同，这时光束是以多种模式在芯线内不断反射而向前传播的。多模光纤的传输距离一般在 2km 以内。单模光纤采用注入式激光二极管 ILD 作为光源，激光的定向性强。单模光纤的芯线直径一般为几个光波的波长，当激光束进入芯线中的角度差别很小时，能以单一的模式无反射地沿轴向传播。单模光纤的传输率较高，但比多模光纤更难制造。通常在室内采用多模光纤，而在室外采用单模光纤。

光纤的主要优点是支持极高的频带宽度，数据传输速率高（大于 100Mbit/s），衰减极低，传输距离远，且抗干扰能力和保密性能强，但是光纤的线缆成本高并且连接比较复杂。光缆目前主要用于长距离的数据传输和网络的主干线，或被用于有危险的、高压的或容易泄露信号的恶劣环境。但随着光纤的价格不断降低，其使用范围也越来越广。

（2）光纤通信系统

目前在局域网中实现的光纤通信是一种光电混合式的通信结构。通信终端的电信号与光缆中传输的光信号之间要进行光电转换，光电转换通过光电转换器完成，如图 2.29 所示。

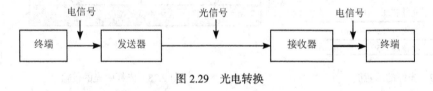

图 2.29　光电转换

在发送端，电信号通过发送器转换为光脉冲在光缆中传输。到了接收端，接收器把光脉冲还原为电信号送到通信终端。由于光信号目前只能单方向传输，所以，目前光纤通信系统通常都用二芯，一芯用于发送信号，一芯用于接收信号。

（3）光纤连接器

光纤连接部件主要有配线架、端接架、接线盒、光缆信息插座、各种连接器（如 ST、SC、FC 等）以及用于光缆与电缆转换的器件。它们的作用是实现光缆线路的端接、接续、交连和光缆传输系统的管理，从而形成光缆传输系统通道。常用的光纤适配器如图 2.30 所示。常用的光纤连接器如图 2.31 所示。

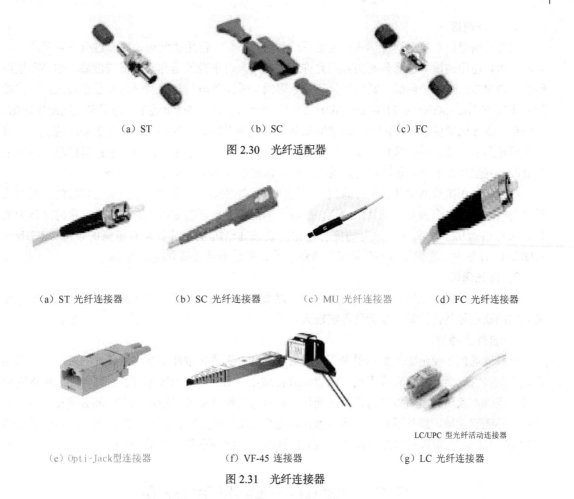

(a) ST    (b) SC    (c) FC

图 2.30 光纤适配器

(a) ST 光纤连接器  (b) SC 光纤连接器  (c) MU 光纤连接器  (d) FC 光纤连接器

LC/UPC 型光纤活动连接器

(e) Opti-Jack型连接器  (f) VF-45 连接器  (g) LC 光纤连接器

图 2.31 光纤连接器

（4）与光纤连接的设备

与光纤连接的设备目前主要有光纤收发器、光接口网卡和带光纤接口的交换机等。

① 光纤收发器：光纤收发器是一种光电转换设备，主要用于设备本身没有光纤收发器的情况，例如普通的交换机和网卡。图 2.32 所示为一款光纤收发器。

② 光接口网卡：有些服务器需要与交换机之间进行高速的光纤连接，这时，服务器中的网卡应该具有光纤接口。光接口网口主要有 Intel、IBM、3COM 和 D-Link 等大公司的产品系列。

③ 带光纤接口的交换机：许多中高档的交换机为了满足连接速率与连接距离的需求，一般都带有光纤接口。有些交换机为了适

图 2.32 光纤收发器

应单模和多模光纤的连接，还将光纤接口与收发器设计成通用接口的光纤模块，根据不同的需要选用，把这些光纤模块插入交换机的扩展插槽中。

## 2.2.3　无线传输介质

在自由空间利用电磁波发送和接收信号进行通信就是无线传输。地球上的大气层为大部分无线传输提供了物理通道，就是常说的无线传输介质。无线传输所使用的频段很广，人们现在已经利用了好几个波段进行通信，紫外线和更高的波段目前还不能用于通信。无线通信的方法有微波、激光和红外线通信。

### 1. 微波通信

微波数据通信系统有两种形式：地面系统和卫星系统。使用微波传输要经过有关管理部门的批准，而且使用的设备也需要有关部门允许才能使用。由于微波是在空间直线传播，如果在地面传播，地球表面是一个曲面，其传播距离受到限制，采用微波传输的站必须安装在视线内，传输的频率为 4GHz～6GHz 和 21GHz～23GHz，传输距离一般只有 50km 左右。为了实现远距离通信，必须在一条无线通信信道的两个终端之间增加若干个中继站。中继站把前一站送来的信息经过放大后再送到下一站。通过这种"接力"通信，可以传输电话、电报、图像、数据等信息。采用卫星微波，卫星在发送站和接收站之间反射信号，传输的频率为 11GHz～14GHz。

目前，利用微波通信建立的计算机局域网络也日益增多。由于微波是沿直线传播的，所以长距离传输时要有多个微波中继站组成通信线路，而通信卫星可以看做是悬挂在太空中的微波中继站，可通过通信卫星实现远距离的信息传输。微波通信的主要特点是有很高的带宽（1GHz～11GHz），容量大，通信双方不受环境位置的影响，并且不需要事先铺设电缆。

### 2. 激光通信

激光通信的优点是带宽更高、方向性好、保密性能好等，激光通信多用于短距离的传输。激光通信的缺点是其传输效率受天气影响较大。

### 3. 红外线通信

红外线通信不受电磁干扰和射频干扰的影响。红外无线传输建立在红外线光的基础上，采用光发射二极管、激光二极管或光电二极管来进行站点与站点之间的数据交换。红外无线传输既可以进行点到点通信，也可以进行广播式通信。但这种传输技术要求通信结点之间必须在直线视距之内，不能穿越墙。红外线传输技术数据传输速率相对较低，在面向一个方向通信时，数据传输率为 16Mbit/s。如果选择数据向各个方向上传输时，速度将不能超过 1Mbit/s。

## 2.3 常见的物理层标准

物理层是 OSI 参考模型的最低层，它向下直接与传输介质相连接，是开放系统和物理传输介质的接口，向上相邻且服务于数据链路层。它的作用是在数据链路层实体之间提供必需的物理连接，按顺序传输数据位，并进行差错检查。在发现错误时，向数据链路层提出报告。它是连接两个物理设备，为数据链路层提供透明位流传输所必须遵循的协议。物理层协议要解决的是主机、工作站等数据终端设备与通信线路上通信设备之间的接口问题。

数据终端设备（Data Terminal Equipment，DTE）指数据输入、输出设备和传输控制器或计算机等数据处理装置及其通信控制器。数据电路端接设备（Data Circuit Equipment，DCE）指自动呼叫设备、调制解调器以及其他一些中间装置的集合。

DTE 的基本功能是产生、处理数据，DCE 的基本功能是沿传输介质发送和接收数据。图 2.33 所示为 DTE/DCE 接口框图。

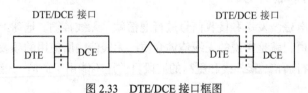

图 2.33　DTE/DCE 接口框图

DTE 与 DCE 之间要连接，需遵循共同的接口标准。接口标准由 4 个接口特性来详细说明。这 4 个接口特性分别为机械特性、电气特性、功能特性和规程特性。接口标准不仅为完成实际通信提供可靠的保证，而且使不同厂家的产品可相互兼容，设备间可有效交换数据。

**1. 机械特性**

机械特性一般是指硬件连接的接口（连接器）的大小、尺寸和形状，即大小和形状合适的电缆、插头或插座。通信电缆可以是圆形的，也可以是扁平带状的。连接器各个引脚的分配，具体地说，就是插头（或插座）的线（芯）数及线的排列，两设备间接线的数目。连接器一般都是插接式的。表 2.1 列出了已被 ISO 标准化了的机械接口，说明了使用场合，以及与之兼容的其他标准。

表 2.1 ISO 标准化的机械接口

| 接插件类型 | 引线数 | 使 用 场 合 | 兼 容 标 准 |
| --- | --- | --- | --- |
| ISO 2110 | 25 | 语音频带 Modem | |
| | | 公共数据网接口 | |
| | | 电报网接口 | EIA RS-232-C |
| | | 自动呼叫设备 | EIA RS-399-A |
| ISO 2593 | 34 | CCITT 建议的宽带 Modem，V.35 | |
| ISO 4902 | 37/9 | 语音频带 Modem | EIA RS-499 |
| | | 宽带 Modem | |
| ISO 4903 | 15 | CCITT X.20、X.21 和 X.22 建议中规定的 | |
| | | 公共数据网接口 | |

**2. 电气特性**

电气特性规定了数据交换信号以及有关电路的特性，一般包括最大数据传输速率的说明，信号状态（逻辑电平、通/断、传号/空号）的电压和电流的识别，以及电路特性的说明以及与互连电缆相关的规定。例如，位信号 1 和 0 电压的大小和 1 比特占多少微秒。电气特性决定了传输速率和传输距离。

**3. 功能特性**

功能特性规定接口信号所具有的特定功能，即 DTE 与 DCE 之间各信号的信号含义。通常信号线可分为 4 类：数据线、控制线、同步线和地线。

**4. 规程特性**

规程特性就是协议规定了使用交换电路进行数据交换时应遵循的控制步骤，即完成连接的建立、维持、拆除时，DTE 和 DCE 双方在各线路上的动作序列或动作规则。它涉及 DTE 与 DCE 双方在各线路上的动作规程以及执行的先后顺序，如怎样建立和拆除物理线路的连接，信号的传输采用单工、半双工还是全双工方式等。

只有符合相同特性标准的设备之间才能有效地进行物理连接的建立、维持和拆除。

# 2.4 常见物理层设备与组件

## 2.4.1 常见物理层组件

常见的物理层组件除了物理线缆外，还包括连接头、连接插座、转换器等。连接头和连接插座是配对使用的组件，其基本作用是为网络线缆连接提供良好的端接。转换器则用于在不同的接口或介质之间进行信号转换的器件，如 DB-25 到 DB-9 的转换器，光纤到 UTP 的转换器等。

### 2.4.2　常见物理层设备

不可避免的信号衰减限制了信号的远距离传输，从而使每种传输介质都存在传输距离的限制。但是，在实际组建网络的过程中，经常会碰到网络覆盖范围超越介质最大传输距离限制的情形。为了解决信号远距离传输所产生的衰减和变形问题，需要一种能在信号传输过程中对信号进行放大和整形的设备，以拓展信号的传输距离，增加网络的覆盖范围。将这种具备物理上拓展网络覆盖范围功能的设备称为网络互连设备。

在物理层通常提供两种类型的网络互连设备，即中继器（Repeater）和集线器（Hub）。

#### 1. 中继器

中继器具有对物理信号进行放大和再生的功能，其将从输入接口接收的物理信号通过放大和整形再从输出接口输出。中继器具有典型的单进单出结构，所以当网络规模增加时，可能会需要许许多多的单进单出结构的中继器作为信号放大之用。

使用中继器应遵守以下两条原则：一是用中继器连接的以太网不能形成环形网；另一个必须遵守 MAC（介质访问控制）协议的定时特性，即用中继器将电缆连接起来的段数是有限的。对于以太网，最多只能使用 4 个中继器，意味着只能连接 5 个网段，即遵守以太网的 5-4-3-2-1 规则。其中：5 是指局域网最多有 5 个网段；4 是指全信道上最多可连 4 个中继器；3 是指其中 3 个网段可连网站；2 是指有两个网段只能用来加长而不连任何网站，其目的是减少竞发网站的个数，而减小发生冲突的几率；1 是指由此组成一个共享局域网，总站数小于 1024，全长小于 500m（双绞线）或 2.5km（粗同轴电缆）。

#### 2. 集线器

集线器在 OSI（开放系统互连）参考模型中处于物理层，其实质是一个中继器，同样必须遵守 MAC（介质访问控制）协议的定时特性，主要功能是对接收到的信号进行再生放大，以扩大网络的传输距离。正因为集线器只是一个信号放大和中转的设备，所以它不具备交换功能，图 2.34 给出了集线器的产品示例分类如下。

图 2.34　集线器

① 按供电方式不同，集线器可分为无源 Hub 和有源 Hub。
② 按网关功能不同，集线器可分为无管理 Hub 和管理式 Hub。
③ 按端口数不同，集线器分为 8 口、12 口、16 口、24 口、48 口等。
④ 按适用的网络类型不同，集线器可分为以太网 Hub、令牌环网 Hub、FDDI Hub、ATM Hub。
⑤ 按提供带宽不同，集线器可分为 10Mbit/s、10/100Mbit/s、100Mbit/s、10/100/1000Mbit/s Hub。
⑥ 按照扩展方式分类，集线器有可堆叠集线器和不可堆叠集线器两种。

# 2.5　专业技能培训

### 2.5.1　三种 UTP 线缆

#### 1. 直连线的作用和线图

直连线用于将计算机连入到 Hub 或交换机，或在结构化布线中由接线面板连到 Hub 或交换机等。

根据 EIA/TIA 568-B 标准（又俗称为端接 B），直连线线图如表 2.2 所示。

表 2.2　　　　　　　　　　　　　　　　直连线线图

| 线端 | | | | | 线　缆 | | | |
| --- | --- | --- | --- | --- | --- | --- | --- | --- |
| 端 1 | 白橙 | 橙 | 白绿 | 蓝 | 白蓝 | 绿 | 白棕 | 棕 |
| 端 2 | 白橙 | 橙 | 白绿 | 蓝 | 白蓝 | 绿 | 白棕 | 棕 |

### 2. 交叉线（Crossover）的作用和线图

交叉线用于将计算机与计算机直接相连、交换机与交换机直接相连，也被用于计算机直接接入路由器的以太网口。

根据 EIA/TIA 568-B 标准，对接线线图如表 2.3 所示。

表 2.3　　　　　　　　　　　　　　　　对接线线图

| 线端 | | | | | 线　缆 | | | |
| --- | --- | --- | --- | --- | --- | --- | --- | --- |
| 端 1 | 白橙 | 橙 | 白绿 | 蓝 | 白蓝 | 绿 | 白棕 | 棕 |
| 端 2 | 白绿 | 绿 | 白橙 | 蓝 | 白蓝 | 橙 | 白棕 | 棕 |

### 3. 反接线（Rollover）的作用和线图

反接线用于将计算机连到交换机或路由器的控制端口，在此计算机起超级终端作用。根据 EIA/TIA 568-B 标准，反接线线图如表 2.4 所示。

表 2.4　　　　　　　　　　　　　　　　反接线线图

| 线端 | | | | | 线　缆 | | | |
| --- | --- | --- | --- | --- | --- | --- | --- | --- |
| 端 1 | 白橙 | 橙 | 白绿 | 蓝 | 白蓝 | 绿 | 白棕 | 棕 |
| 端 2 | 棕 | 白棕 | 绿 | 白蓝 | 蓝 | 白绿 | 橙 | 白橙 |

## 2.5.2　制作步骤

### 1. 制作直连线

步骤如下。

① 用剥线钳在线缆的一端剥出一定长度的线缆。

② 用手将 4 对绞在一起的线缆按白橙、橙、白绿、绿、白蓝、蓝、白棕、棕的顺序拆分开来并小心地拉直（注意：切不可用力过大，以免扯断线缆）。

③ 按表 2.2 端 1 的顺序调整线缆的颜色顺序（即交换蓝线与绿线的位置）。

④ 将线缆整理平直并剪齐（确保平直线缆的最大长度不超过 1.2cm）。

⑤ 将线缆放入 RJ-45 插头，在放置过程中注意 RJ-45 插头的把子朝下，并保持线缆的颜色顺序不变。

⑥ 检查已放入 RJ-45 插头的线缆颜色顺序，并确保线缆的末端已位于 RJ-45 插头的顶端。

⑦ 确认无误后，用压线工具用力压制 RJ-45 插头，以使 RJ-45 插头内部的金属薄片能穿破线缆的绝缘层。

⑧ 重复步骤①～⑦制作线缆的另一端，直至完成直连线的制作。

⑨ 用网线测试仪检查已制作完成的网线。

### 2. 制作交叉线

步骤如下。

① 按制作直连线中的步骤①～⑦制作线缆的一端。

② 用剥线工具在线缆的另一端剥出一定长度的线缆。

③ 用手将 4 对绞在一起的线缆按白绿、绿、白橙、橙、白蓝、蓝、白棕、棕的顺序拆分开来并小心地拉直（注意：切不可用力过大，以免扯断线缆）。

④ 按表 2.3 端 2 的顺序调整线缆的颜色顺序，即交换表 3.4 端 1 橙线与蓝线的位置。

⑤ 将线缆整理平直并剪齐（确保平直线缆的最大长度不超过 1.2cm）。

⑥ 将线缆放入 RJ-45 插头，在放置过程中注意 RJ-45 插头的把子朝下，并保持线缆的颜色顺序不变。

⑦ 检查已放入 RJ-45 插头的线缆颜色顺序，并确保线缆的末端已位于 RJ-45 插头的顶端。

⑧ 确认无误后，用压线工具用力压制 RJ-45 插头，以使 RJ-45 插头内部的金属薄片能穿破线缆的绝缘层，直至完成对接线的制作。

⑨ 用网线测试仪检查已制作完成的网线。

### 3. 制作反接线

步骤如下。

① 按制作直连线中的步骤①～⑦制作线缆的一端。

② 用剥线工具在线缆的另一端剥出一定长度的线缆。

③ 用手将 4 对绞在一起的线缆按白橙、橙、白绿、绿、白蓝、蓝、白棕、棕的顺序拆分开来并小心地拉直（注意：切不可用力过大，以免扯断线缆）。

④ 按表 2.4 端 2 的顺序调整线缆的颜色顺序。

⑤ 将线缆整理平直并剪齐（确保平直线缆的最大长度不超过 1.2cm）。

⑥ 将线缆放入 RJ-45 插头，在放置过程中注意 RJ-45 插头的把子朝下，并保持线缆的颜色顺序不变。

⑦ 检查已放入 RJ-45 插头的线缆颜色顺序，并确保线缆的末端已位于 RJ-45 插头的顶端。

⑧ 确认无误后，用压线工具用力压制 RJ-45 插头，以使 RJ-45 插头内部的金属薄片能穿破线缆的绝缘层，直至完成反接线的制作。

⑨ 用网线测试仪检查已制作完成的网线。

# 本章重要概念

1. 物理层的主要任务就是确定与传输媒体的接口有关的一些特性，如机械特性、电气特性、功能特性和规程特性。

2. 一个数据通信系统可划分为三大部分，即源系统、传输系统和目的系统。源系统包括源点（或源站、信源）和发送器，目的系统包括接收器和终点（或目的站，信宿）。

3. 通信的目的是传送消息，如话音、文字、图像、视频等都是消息。数据是运送消息的实体。信号则是数据的电气或电磁的表现。

4. 来自信源的信号叫做基带信号。信号要在信道上传输就要经过调制。

5. 在脉冲信号的整个频谱中，从零开始有一段能量相对集中的频率范围被称为基本频带

（Base Band），简称基频或基带，基频等于脉冲信号的固有频率。

6. 利用模拟信道传输二进制数据的方式称为频带传输。

7. 通信系统的性能指标涉及到通信的有效性、可靠性、适应性、标准性、经济性及维护使用等。

8. 当前采用的多路复用方式有频分多路复用（Frequency Division Multiplexing，FDM）、时分多路复用（Time Division Multiplexing，TDM）和波分复用（Wavelength Division Multiplexing，WDM）等。

9. 数据传输有两种方式：并行通信和串行通信。

10. 传输介质是构成物理信道的重要组成部分，计算机网络中使用各种传输介质来组成物理信道。

11. 传输介质包括有线传输介质和无线传输介质两大类。

12. 地球上的大气层为大部分无线传输提供了物理通道，就是常说的无线传输介质。

13. 在物理层通常提供两种类型的网络互连设备，即中继器（Repeater）和集线器（Hub）。

14. 直连线用于将计算机连入到 Hub 或交换机，或在结构化布线中由接线面板连到 Hub 或交换机等。

15. 交叉线用于将计算机与计算机直接相连、交换机与交换机直接相连，也被用于计算机直接接入路由器的以太网口。

16. 反接线用于将计算机连到交换机或路由器的控制端口，在此计算机起超级终端作用。

# 习　题

1. 物理层要解决哪些问题？物理层的主要特点是什么？

2. 规程与协议有什么区别？

3. 试给出数据通信系统的模型并说明其主要组成构件的作用。

4. 试解释以下名词：数据，信号，模拟数据，模拟信号，基带信号，带通信号，数字数据，数字信号，码元，单工通信，半双工通信，全双工通信，串行传输，并行传输。

5. 物理层的接口有哪几个方面的特性？各包含些什么内容？

6. 常用的传输介质有哪几种？各有何特点？

7. 数据传输的方式有哪两种？各有何特点？

8. UTP 线缆的连接方式有哪几种？各自应用于什么场合？

# 第3章 数据链路层

数据链路层属于计算机网络的低层。本章讲述了数据链路层使用的信道主要有以下两种类型。

① 点对点信道。这种信道使用一对一的点对点通信方式。

② 广播信道。这种信道使用一对多的广播通信方式，因此过程比较复杂。广播信道上连接的主机很多，因此必须使用专用的共享信道协议来协调这些主机的数据发送。

**本章重要内容如下。**

① 数据链路层的点对点信道和广播信道的特点，以及这两种信道所使用的协议（PPP 协议以及 CSMA/CD 协议）的特点。

② 数据链路层的三个基本问题：封装成帧、透明传输和差错检测。

# 3.1 数据链路层功能

数据链路层是 OSI 参考模型中的第 2 层，在物理层提供服务的基础上向网络层提供服务。数据链路层为物理链路提供可靠的数据传输。数据链路层的主要功能包括帧同步、差错控制、流量控制、链路管理、寻址等。

## 3.1.1 相邻结点

所谓相邻结点是指由同一物理链路连接的所有结点。相邻结点的最主要特征是结点之间的数据通信不需要经过其他交换设备的转发。

为实现相邻结点之间的可靠传输，数据链路层必须解决以下问题：在相邻的结点之间确定一个接收目标，即实现物理寻址；提供一种机制使得接收方能识别数据流的开始与结束；提供相应的差错检测与控制机制以使有差错的物理链路对网络层表现为一条无差错的数据链路；提供流量控制机制以保证源和目标之间不会因发送和接收速率不匹配而引起数据丢失。

## 3.1.2 帧同步

数据链路层采用了被称为帧（Frame）的协议数据单元作为数据链路层的数据传输逻辑单元。不同的数据链路层协议的核心任务就是根据所要实现的数据链路层功能来规定帧的格式。

### 1. 帧的基本格式

尽管不同的数据链路层协议给出的帧格式都存在一定的差异，但它们的基本格式还是大同小异的。图 3.1 给出了帧的基本格式，组成帧的那些具有特定意义的部分被称为域或字段（Field）。

| 帧开始 | 地址 | 长度 / 类型 / 控制 | 数据 | FCS | 帧结束 |
|--------|------|----------------------|------|-----|--------|

图 3.1　帧的基本格式

其中，帧开始字段和帧结束字段分别用以指示帧或数据流的开始和结束。地址字段给出结点的物理地址信息，物理地址可以是局域网网卡地址，也可以是广域网中的数据链路标识，地址字段用于设备或机器的物理寻址。第 3 个字段则提供有关帧的长度或类型的信息，也可能是其他一些控制信息。数据字段承载的是来自高层即网络层的数据分组（Packet）。帧检验序列（Frame Check Sequence，FCS）字段提供与差错检测有关的信息。通常数据字段之前的所有字段被统称为帧头部分，而数据字段之后的所有字段被称为帧尾部分。

**2. 成帧与拆帧**

引入帧机制不仅可以实现相邻结点之间的可靠传输，还有助于提高数据传输的效率。例如，若发现接收到的某一个（或几个）比特出错，可以只对相应的帧进行特殊处理（如请求重发等），而不需要对其他未出错的帧进行这种处理；如果发现某一帧被丢失，也只要请求发送方重传所丢失的帧，从而大大提高了数据处理和传输的效率。但是，引入帧机制后，发送方的数据链路层必须提供将从网络层接收的分组封装成帧的功能，即为来自上层的分组加上必要的帧头和帧尾部分，通常称此为成帧（Framing）；而接收方数据链路层则必须提供将帧重新拆装成分组的拆帧功能，即去掉发送端数据链路层所加的帧头和帧尾部分，从中分离出网络层所需的分组。在成帧过程中，如果上层的分组大小超出下层帧的大小限制，则上层的分组还要被划分成若干个帧才能被传输。

发送端和接收端数据链路层所发生的帧发送和接收过程大致如下：发送端的数据链路层接收到网络层的发送请求之后，便从网络层与数据链路层之间的接口处取下待发送的分组，并封装成帧，然后经过其下层物理层送入传输信道；这样不断地将帧送入传输信道就形成了连续的比特流；接收端的数据链路层从来自其物理层的比特流中识别出一个一个的独立帧，然后利用帧中的 FCS字段对每一个帧进行校验，判断是否有错误。如果有错误，就采取收发双方约定的差错控制方法进行处理；如果没有错误，就对帧实施拆封，并将其中的数据部分即分组通过数据链路层与网络层之间的接口上交给网络层，从而完成了相邻结点的数据链路层关于该帧的传输任务。

**3. 帧的定界**

帧定界就是标识帧的开始与结束。有 4 种常见的定界方法，即字符计数法、带字符填充的首尾界符法、带位填充的首尾标志法和物理层编码违例法。

（1）字符计数法

字符计数法是在帧头部中使用一个字符计数字段来标明帧内字符数。接收端根据这个计数值来确定该帧的结束位置和下一帧的开始位置。

（2）带字符填充的首尾界符法

带字符填充的首尾界符法是在每一帧的开头用 ASCII 字符 DLE STX，在帧末尾用 ASCII 字符 DLE ETX。但是，如果在帧的数据部分也出现了 DLE STX 或 DLE ETX，那么接收端就会错误判断帧边界。为了不影响接收方对帧边界的正确判断，采用了填充字符 DLE 的方法，即如果发送方在帧的数据部分遇到 DLE，就在其前面再插入一个 DLE，这样数据部分的 DLE 就会成对出现。在接收方，若遇到两个连续的 DLE，则认为是数据部分，并删除一个 DLE。

（3）带位填充的首尾标志法

带位填充的首尾标志法一次只填充一个比特"0"而不是一个字符"DLE"。另外，带位填充的首尾标志法用一个特殊的位模式"01111110"作为帧的开始和结束标志，而不是分别用"DLE STX"和"DLE ETX"作为帧的首标志和帧的尾标志。

（4）物理层编码违例法

物理层编码违例法就是利用物理层信息编码中未用的电信号来作为帧的边界。

## 3.1.3 差错控制

所谓差错是指接收端收到的数据与发送端实际发出的数据出现不一致的现象。产生差错主要是因为在通信线路上噪声干扰的结果。根据噪声类型不同，可将差错分为随机错和突发错。热噪声所产生的差错称为随机错，冲击噪声（如电磁干扰、无线电干扰等）所产生的错误称为突发错。

差错的严重程度由误码率来衡量，误码率 $P_e$ 等于错误接收的码元数与所接收的码元总数之比。显然，误码率越低，信道的传输质量越高，但是由于信道中的噪声是客观存在的，所以不管信道质量多高，都要进行差错控制。

### 1. 差错控制的作用与机制

为了提高传输的准确性，采用了专门的校验错误方法，用来发现所产生的错误，并给出出现错误的信号或者校正错误。差错控制是采用可靠、有效的编码以减少或消除计算机通信系统中传输差错的方法，其目的在于提高传输质量。

为了有效地提高传输质量，一种方法是改善通信系统的物理性能，使误码的概率降低到满足要求的程度，但这种方法受经济和技术上的限制。另一种方法是差错控制，它是利用编码的手段将传输中产生的错码检测出来，并加以纠正。差错控制是数据通信中常用的方法。

差错控制的主要作用是通过发现数据传输中的错误，采取相应的措施减少数据传输错误。差错控制的核心是对传输的数据信息加上与其满足一定关系的冗余码，形成一个加强的、符合一定规律的发送序列。所加入的冗余码称为校验码。

校验码按功能的不同被分为纠错码和检错码。纠错码不仅能发现传输中的错误，还能利用纠错码中的信息自动纠正错误，其对应的差错控制措施为自动前向纠错。汉明码（Hamming Code）为典型的纠错码，具有很高的纠错能力。检错码只能用来发现传输中的错误，但不能自动纠正所发现的错误，需要通过反馈重发来纠错。常见的检错码有奇偶校验码和循环冗余校验码。目前计算机网络通信中大多采用检错码方案。

### 2. 常见检错码

（1）奇/偶校验码

奇/偶校验的规则是在原数据位后附加一个校验位，将其值置为"0"或"1"，使附加该位后的整个数据码中"1"的个数成为奇数或偶数。使用奇数个"1"进行校验的方案被称为奇校验，对应于偶数个"1"的校验方案被称为偶校验。奇/偶校验有 3 种使用方式，即水平奇/偶校验、垂直奇/偶校验和水平垂直奇/偶校验。下面以奇校验为例进行介绍。

水平奇校验码是指在面向字符的数据传输中，在每个字符的 7 位信息码后附加一个校验位"0"或"1"，使整个字符中二进制位"1"的个数为奇数。

例如，设待传输字符的比特序列为"1100001"，则采用奇校验码后的比特序列形式为"11000010"。接收方在收到所传输的比特序列后，通过检查序列中的"1"的个数是否仍为奇数来判断传输是否发生了错误。若比特在传输过程中发生错误，就可能会出现"1"的个数不为奇数的情况。水平奇校验只能发现字符传输中的奇数位错，而不能发现偶数位错。例如上述发送序列"11000010"，若接收端收到"11001010"，则可以校验出错误，因为有一位"0"变成了"1"；

但是若收到"11011010"，则不能识别出错误，因为有两位"0"变成了"1"。不难理解，水平偶校验也存在同样的问题。

为了提高奇/偶校验码的检错能力，引入了水平垂直奇/偶校验，即由水平奇/偶校验和垂直奇/偶校验综合构成。

垂直奇/偶校验也称为组校验，是将所发送的若干个字符组成字符组或字符块，形式上相当于是一个矩阵，如图 3.2 所示，每行为一个字符，每列为所有字符对应的相同位。在这一组字符的末尾即最后一行附加一个校验字符，该校验字符中的第 $i$ 位分别对应组中所有字符第 $i$ 位的校验位。显然，如果单独采用垂直奇/偶校验，则只能检出字符块中某一列中的一位或奇数位错。

| 字母 | 前 7 行为对应字母的 ASCII 码，最后一行是垂直奇校验编码（粗体） |
|---|---|
| a | 1100001 |
| b | 1100010 |
| c | 1100011 |
| d | 1100100 |
| e | 1100101 |
| f | 1100110 |
| g | 1100111 |
| 校验位 | **0011111** |

图 3.2　垂直奇校验

但是，如果同时采用了水平奇/偶校验和垂直奇/偶校验，既对每个字符作水平校验，同时也对整个字符块作垂直校验，则奇/偶校验码的检错能力可以明显提高。这种方式的奇/偶校验被称为水平垂直奇/偶校验，图 3.3 给出了一个水平垂直奇/偶校验的例子。但是从总体上讲，奇/偶校验方法的检错能力仍较差，虽然其实现方法简单。故这种校验一般只用于通信质量要求较低的环境。

| 字母 | 最后一行是垂直奇校验码，最后一列是水平奇校验编码（粗体） |
|---|---|
| a | 1100001**0** |
| b | 1100010**0** |
| c | 1100011**1** |
| d | 1100100**0** |
| e | 1100101**1** |
| f | 1100110**1** |
| g | 1100111**0** |
| 校验位 | **00111110** |

图 3.3　水平垂直奇校验

（2）循环冗余校验（CRC）码

循环冗余校验（Cycle Redundancy Check，CRC）码是一种被广泛采用的多项式编码。CRC 码由两部分组成，前一部分是 $k+1$ 个比特的待发送信息，后一部分是 $r$ 个比特的冗余码。由于前一部分是实际要传输的内容，因此是固定不变的，CRC 码的产生关键在于后一部分冗余码的计算。

计算中主要用到两个多项式：$f(x)$ 和 $G(x)$。其中，$f(x)$ 是一个 $k$ 阶多项式，其系数是待发送的 $k+1$ 个比特序列；$G(x)$ 是一个 $r$ 阶的生成多项式，由发收双方预先约定。

例如，设实际要发送的信息序列是 1010001101（10 个比特，$k=9$），则以它们作为 $f(x)$ 的系数，得到对应的 9 阶多项式为

$$f(x)=1\times x^9+0\times x^8+1\times x^7+0\times x^6+0\times x^5+0\times x^4+1\times x^3+1\times x^2+0\times x+1$$
$$=x^9+x^7+x^3+x^2+1。$$

再假设发收双方预先约定了一个 5 阶（$r=5$）的生成多项式 $G(x)=x^5+x^4+x^2+1=1\times x^5+1\times x^4+0\times x^3+1\times x^2+0\times x+1$，则其系数序列为 110101。

CRC 码的产生方法如下。

① 生成 r 个比特的冗余码：用模 2 除法进行 $xrf(x)/G(x)$ 运算，得余式 $R(x)$，其系数即是冗余码。

例如，$x^5 f(x)=x^{14}+x^{12}+x^8+x^7+x^5$，对应的二进制序列为 101000110100000，也就是 $f(x)$ 信息序列向左移动 $r=5$ 位，低位补 0。

$x^5 f(x) / G(x) = (101000110100000)/(110101)$，得余数为 01110，也就是冗余码，对应的余式 $R(x)=0\times x^4+x^3+x^2+x+0\times x$（0 注意：若 $G(x)$ 为 r 阶，则 $R(x)$ 对应的比特序列长度为 r）。

注意，模 2 除法在做减法时不借位，相当于在进行异或运算。

② 得到带 CRC 校验的发送序列：用模 2 减法进行 $x5f(x)-R(x)$ 运算得到带 CRC 校验的发送序列，即 $x5f(x)-R(x)=101000110101110$。从形式上看，也就是简单地在原信息序列后面附加上冗余码。

在接收方，用同样的生成多项式 $G(x)$ 除所收到的序列。若余数为 0，则表示传输无差错，否则说明传输过程出现差错。例如，若收到的序列是 101000110101110，则用它除以同样的生成多项式 $G(x)=x^5+x^4+x^2+1$（即 110101）。因为所得余数为 0，所以收到的序列无差错。

CRC 校验方法是由多个数学公式、定理和推论得出的，尤其是 CRC 中的生成多项式对于 CRC 的检错能力会产生很大的影响。生成多项式 $G(x)$ 的结构及检错效果是在经过严格的数学分析和实验后才确定的，有其国际标准。常见的标准生成多项式如下。

CRC-12：$G(x)=x^{12}+x^{11}+x^3+x^2+1$ CRC-16：$G(x)=x^{16}+x^{15}+x^2+1$

CRC-32：$G(x)=x^{32}+x^{26}+x^{23}+x^{22}+x^{16}+x^{12}+x^{11}+x^{10}+x^8+x^7+x^5+x^4+x^2+x+1$

可以看出，只要选择足够的冗余位，就可以使得漏检率减少到任意小的程度。由于 CRC 码的检错能力强，且容易实现，因此是目前应用最广泛的检错码编码方法之一。CRC 码的生成和校验过程可以用软件或硬件方法来实现，如可以用移位寄存器和半加法器方便地实现。

**3. 反馈重发机制**

由于检错码本身不提供自动的错误纠正能力，所以需要提供一种与之相配套的错误纠正机制，即反馈重发。通常当接收方检出错误的帧时，首先将该帧丢弃，然后给发送方反馈信息请求发送方重发相应的帧。反馈重发又被称为自动请求重传（Automatic Repeat request，ARQ）。反馈重发有两种常见的实现方法，即停止等待方式和连续 ARQ 方式。

## 3.1.4 流量控制

由于系统性能的不同，如硬件能力（包括 CPU、存储器等）和软件功能的差异，会导致发送方与接收方处理数据的速度有所不同。若一个发送能力较强的发送方给一个接收能力相对较弱的接收方发送数据，则接收方会因无能力处理所有收到的帧而不得不丢弃一些帧。如果发送方持续高速地发送，则接收方最终还会被"淹没"。也就是说，在数据链路层只有差错控制机制还是不够的，它不能解决因发送方和接收方速率不匹配所造成的帧丢失问题。

为此，在数据链路层引入了流量控制机制。流量控制的作用就是使发送方所发出的数据流量不要超过接收方所能接收的速率。流量控制的关键是需要有一种信息反馈机制，使发送方能了解接收方是否具备足够的接收及处理能力。

虽然有各种不同的流量控制机制，但大部分已知流量控制方案的基本原理都是相同的。协议中包括了一些定义完整的规则，这些规则描述了发送方在什么时候发送下一帧，在未获得接收方直接或间接允许之前，禁止发送帧。例如，当一个连接建好后，接收方可以说：现在你可以给我发 $n$ 个帧，但是此后，直到我告诉你继续时，你才能再发。如简单停止等协议就可以实现流量控制功能，但其实现效率太低。滑动窗口协议可以将确认机制与流量控制机制巧妙地结合在一起。

### 1. 滑动窗口协议

滑动窗口协议是指一种采用滑动窗口机制进行流量控制的方法。通过限制已经发送但还未得到确认的数据帧的数量，滑动窗口协议可以调整发送方的发送速度。许多使用位填充技术的数据链路层协议（如 HDLC 协议）都使用滑动窗口协议进行流量控制。

滑动窗口协议的基本原理就是在任意时刻，发送方都维持了一个连续的允许发送的帧的序号，称为发送窗口；同时，接收方也维持了一个连续的允许接收的帧的序号，称为接收窗口。发送窗口和接收窗口的序号的上下界不一定要一样，甚至大小也可以不同。不同的滑动窗口协议窗口大小一般不同。发送方窗口内的序列号代表了那些已经被发送，但是还没有被确认的帧，或者是那些可以被发送的帧。如图 3.4 所示的 4、5、6 号数据帧已经被发送出去，但是未收到关联的 ACK，7、8、9 帧则是等待发送。可以看出发送端的窗口大小为 6，这是由接收端告知的（事实上必须考虑拥塞窗口 cwnd，这里暂且考虑 cwnd>rwnd）。此时如果发送端收到 4 号 ACK，则窗口的左边缘向右收缩，窗口的右边缘则向右扩展，此时窗口就向前"滑动了，"即数据帧 10 也可以被发送。

图 3.4　滑动窗口示意图

下面就滑动窗口协议做出更详细的说明，这里为了简单起见设定发送方窗口大小为 2，接受方大小为 1，如图 3.5 所示。

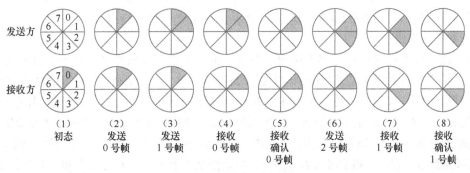

图 3.5　滑动窗口原理图

① 初始态，发送方没有帧发出，发送窗口前后沿相重合。接收方 0 号窗口打开，等待接收 0 号帧。

② 发送方打开 0 号窗口，表示已发出 0 帧但尚确认返回信息。此时接收窗口状态不变。

③ 发送方打开 0、1 号窗口，表示 0、1 号帧均在等待确认之列。至此，发送方打开的窗口数已达规定限度，在未收到新的确认返回帧之前，发送方将暂停发送新的数据帧。接收窗口此时状态仍未变。

④ 接收方已收到 0 号帧，0 号窗口关闭，1 号窗口打开，表示准备接收 1 号帧。此时发送窗口状态不变。

⑤ 发送方收到接收方发来的 0 号帧确认返回信息，关闭 0 号窗口，表示从重发表中删除 0 号帧。此时接收窗口状态仍不变。

⑥ 发送方继续发送 2 号帧，2 号窗口打开，表示 2 号帧也纳入待确认之列。至此，发送方打开的窗口又已达规定限度，在未收到新的确认返回帧之前，发送方将暂停发送新的数据帧，此时接收窗口状态仍不变。

⑦ 接收方已收到 1 号帧，1 号窗口关闭，2 号窗口打开，表示准备接收 2 号帧。此时发送窗口状态不变。

⑧ 发送方收到接收方发来的 1 号帧收毕的确认信息，关闭 1 号窗口，表示从重发表中删除 1 号帧。此时接收窗口状态仍不变。

### 2. 停止等待协议

停止等待协议（Stop-and-Wait Protocol）是一个提供流量和差错控制的面向连接协议。发送方和接收方都使用大小为 1 的滑动窗口。发送方在某一时刻发送一个分组，并且在发送下一个分组之前等待确认。为了发现被破坏分组，需要在每个数据分组中加入校验和。当一个分组到达接收端时，它就被检测。如果校验和不正确，分组就是被破坏的并被悄悄地丢弃。接收方的沉默对发送方来说是一种信号，即那个分组不是被破坏就是丢失了。每当发送方发送一个分组时，它都开启一个计时器。如果在计时器超时之前接收到确认，那么计时器就被关闭并且发送下一个分组（如果它有待发送分组）。如果计时器超时，发送方就认为分组丢失或被破坏，于是重发之前的分组。这意味着在确认到来之前，发送方都需要存储分组的副本。也就是说，传输数据的信道不是可靠的（即不能保证所传的数据不产生差错），并且还需要对数据的发送端进行流量控制。

A. 不出差错的情况

图 3.6（a）所示为数据在传输过程中不出差错的情况。收方在收到一个正确的数据帧后，即交付给主机 B，同时向主机 A 发送一个确认帧 ACK（ACKnowledgment）。当主机 A 收到确认帧 ACK 后才能发送一个新的数据帧。这样就实现了收方对发方的流量控制。

B. 数据帧出错

现在假定数据帧在传输过程中出现了差错。由于通常都在数据帧中加上了循环冗余校验 CRC，所以结点 B 很容易检验出收到的数据帧是否有差错（一般用硬件检验）。当发现差错时，结点 B 就向主机 A 发送一个否认帧 NAK（Negative ACK），以表示主机 A 应当重发出现差错的那个数据帧。图 3.6（b）画出了主机 A 重发数据帧。如果多次出现差错，就要多次重发数据帧，直到收到结点 B 发来的确认帧 ACK 为止。为此，在发送端必须暂时保存已发送过的数据帧的副本。当通信线路质量太差时，则主机 A 在重发一定的次数后（如 8 次或 16 次，要事先设定好），即不再进行重发，而是将此情况向上一层报告。

C.　帧丢失

有时链路上的干扰很严重，结点 B 收不到结点 A 发来的数据帧。这种情况称为帧丢失（如图 3.6（c）所示）。发生帧丢失时结点 B 当然不会向结点 A 发送任何应答帧。

如果结点 A 要等收到结点 B 的应答信息后再发送下一个数据帧，那么就将永远等待下去。于是就出现了死锁现象。同理，若结点 B 发过来的应答帧丢失，也会同样出现这种死锁现象。

要解决死锁问题，可在结点 A 发送完一个数据帧时，就启动一个超时定时器。若到了超时定时器所设立的重发时间 $t_{out}$，而仍收不到结点 B 的任何应答帧，则结点 A 就重传前面所发送的这一数据帧（见图 3.6（c），图 3.6（d））。显然，超时定时器设置的重发时间应仔细选择确定。若重发时间选得太短，则在正常情况下也会在对方的应答信息回到发送方之前就过早地重发数据。若重发时间选得太长，则会浪费时间。一般可将重发时间选为略大于"从发完数据帧到收到应答帧所需的平均时间"。

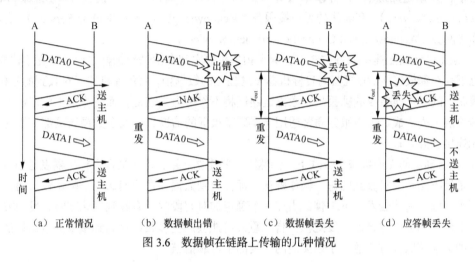

图 3.6　数据帧在链路上传输的几种情况

D.　重复帧

若丢失的是应答帧，则超时重发将使主机 B 收到两个同样的数据帧。由于主机 B 现在无法识别重复的数据帧，因而在主机 B 收到的数据中出现了另一种差错——重复帧。要解决重复帧的问题，必须使每一个数据帧带上不同的发送序号。每发送一个新的数据帧就把它的发送序号加 1。若结点 B 收到发送序号相同的数据帧，就表明出现了重复帧。这时应当丢弃重复帧，因为已经收到过同样的数据帧，并且也交给了主机 B。但应注意，此时结点 B 还必须向结点 A 发送一个确认帧 ACK，因为结点 B 已经知道结点 A 还没有收到上一次发过去的确认帧 ACK。

序号所占用的比特数是有限的。因此，经过一段时间后，发送序号就会重复。例如，当发送序号占用 3 个比特时，就可组成共有 8 个不同的发送序号，从 000 到 111。当数据帧的发送序号为 111 时，下一个发送序号就又是 000。因此，要进行编号就要考虑序号到底要占用多少个比特。序号占用的比特数越少，数据传输的额外开销就越小。对于停止等待协议，由于每发送一个数据帧就停止等待，因此用一个比特来编号就够了。一个比特可以有 0 和 1 两种不同的序号。这样，数据帧中的发送序号（以后记为 N(S)，S 表示发送）就以 0 和 1 交替的方式出现在数据帧中。每发一个新的数据帧，发送序号就和上次发送的不一样。用这样的方法就可以使收方能够区分开新的数据帧和重发的数据帧了。

### 3.1.5 链路管理

链路管理功能主要用于面向连接的服务。在链路两端的结点进行通信前，必须首先确认对方已处于就绪状态，并交换一些必要的信息以对帧序号初始化，然后才能建立连接。在传输过程中则要维持该连接。如果出现差错，需要重新初始化，重新自动建立连接。传输完毕后则要释放连接。数据链路层连接的建立、维持和释放就称做链路管理。

# 3.2 数据链路层所提供的基本服务

通常，数据链路层有 3 种基本服务可供选择，即无确认的无连接服务（Unacknowledged Connectionless Service）、有确认的无连接服务（Acknowledged Connectionless Service）、有确认的面向连接服务（Acknowledged Connection-oriented Service）。

① 在无确认的无连接服务方式下，两个相邻机器之间在发送数据帧之前，事先不建立连接，事后也不存在释放连接。源机器向目标机器发送独立的数据帧，而目标机器不对收到的帧作确认。由于线路上的噪声而造成的帧丢失，数据链路层将不作努力去恢复，而是将该工作留给上层（通常为传输层）去完成。这类服务通常适用于误码率很低的信道，如大多数局域网都使用这种无确认的无连接服务方式。

② 在有确认的无连接服务方式下，仍然不需要建立连接，源机器向目标机器发送独立的数据帧，但是接收站点要对收到的每一帧作确认，即在收到数据帧之后回送一个确认帧，而发送站点在收到确认帧之后才会发送下一帧。当在一个确定的时间段内没有收到确认帧时，发送方就认为所发送的数据帧丢失并自动重发此帧。自动重发可能会产生接收站点收到重复的数据帧的问题。有确认的无连接服务方式适用于像无线网之类的不可靠信道。

③ 在有确认的面向连接服务方式下，发送数据之前，需要首先建立连接，然后才会启动帧的传输。在发送数据阶段，为所传输的每一帧都要编上号，数据链路层提供相应的确认和流量控制机制来保证每一帧都只被正确接收一次，并保证所有帧都按正确的顺序被接收。当数据传输完成之后，还需要拆除或释放所建立的连接。也就是说，面向连接的服务方式分 3 个阶段：链路建立阶段、数据传输阶段和链路拆除阶段。可以这么说，只有有确认的面向连接的服务方式才真正为网络层提供了可靠的无差错传输服务。这类服务实现复杂度及代价很高，通常被用于误码率较高的不可靠信道，如某些广域网链路。

# 3.3 高级数据链路控制协议（HDLC）

高级数据链路控制（规程）（High Level Data Link Control，HDLC）是一个在同步网上传输数据、面向位的数据链路层协议，它是由国际标准化组织（ISO）制定的。HDLC 是 IBM 的同步数据链路控制规程（SDLC）的一个超集。

HDLC 是面向比特的协议，支持全双工通信，采用位填充的成帧技术，以滑动窗口协议进行流量控制。

## 3.3.1　HDLC 的帧格式

HDLC 的功能集中体现在 HDLC 帧格式中，HDLC 的帧格式如图 3.7 所示。

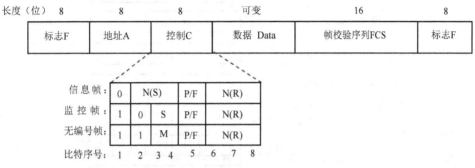

图 3.7　HDLC 帧格式及控制字段的结构

① 帧头和帧尾的位模式串"01111110"为帧的开始和结束标记（Flag）。可以看出，HDLC 协议在帧定界上采用的是带位填充技术首尾界符法。

② A 是地址字段（Address），由 8 位组成。对于命令帧，存放接收站的地址；对于响应帧，存放发送响应帧的站点地址。

③ C 是控制字段（Control），由 8 位组成，该字段是 HDLC 协议的关键部分。它标志了 HDLC 的 3 种类型帧：信息（Information）帧、监控（Supervisory）帧和无序号（Unnumbered）帧。如图 3.6 所示的控制字段结构，若帧的第 1 比特为"0"，则代表这是一个用于发送数据的信息帧，相应地，其第 2 至第 4 比特代表当前发送的信息帧的序号，而第 6 至第 8 比特则代表接收序号即期望收到的帧的发送序号。若帧的第 1 和第 2 比特为"10"，则代表这是一个用于协调双方通信状态的监控帧，相应地，其第 3 和第 4 比特用以代表 4 种不同类型的监控帧。"00"表示接收准备就绪；"01"表示传输出错，并要求采用拉回方式重发；"10"表示接收准备尚未就绪，要求发送方暂停发送；"11"则表示传输出错并要求采用选择重发。监控帧中不包含 Data（数据）部分，若帧的第 1 和第 2 比特为"11"，则代表用于数据链路控制的无序号帧，其第 3、4、6、7 和 8 比特用 M（Modifier）表示，M 的取值不同表示不同功能的无序号帧。无序号帧可用于建立连接和拆除连接。在所有 3 种情况下，第 5 比特是轮询/终止（Poll/Final）比特，简称 P/F，用于询问对方是否有数据要发送或告诉对方数据传输结束。

④ Data 是数据字段，可以包含任意信息且可以是任意长的，但实际上受多种条件的制约，如帧校验效率就会随着数据长度的增加而下降。

⑤ FCS 是校验序列字段，采用 16 位的 CRC 校验，其生成多项式为 CRC-16：$G(x)=x^{16}+x^{12}+x^5+1$，校验的内容包括 A 字段、C 字段和 Data 字段。

## 3.3.2　HDLC 用于实现面向连接的可靠传输

图 3.8 给出了将 HDLC 用于实现有确认的面向连接数据传输服务的例子。图 3.7 为正常传输，其中将无序号帧用于链路连接的建立、维护与拆除，而信息帧用于发送数据并实现捎带的帧确认。图 3.9 所示为出现差错后的处理过程，但省略了关于连接建立的过程。由于 B 方没有数据帧要发送给 A 方，所以不能利用信息帧的捎带来反馈帧出错信息，只能专门发送一个监控帧，用于告诉 A 方数据帧传输出错，并同时给出建议的差错控制方式，显然在该例子中差错控制采用了选择

重发方式。

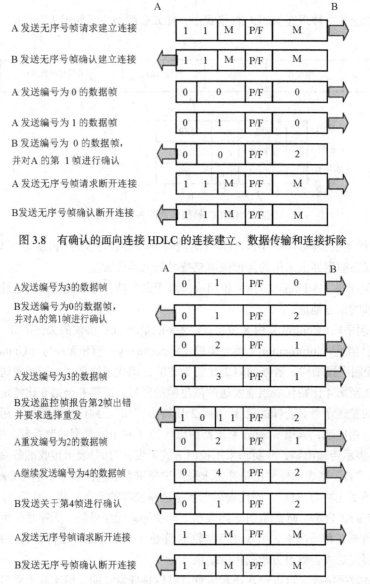

图 3.8　有确认的面向连接 HDLC 的连接建立、数据传输和连接拆除

图 3.9　有确认的面向连接 HDLC 差错控制的实现连接建立、数据传输和连接拆除

# 3.4　点对点协议（PPP）

点对点协议（Point-to-Point Protocol，PPP）是一个工作于数据链路层的广域网协议。PPP 由 IETF（Internet Engineering Task Force）开发，目前已被广泛使用并成为国际标准。无论是同步电路还是异步电路，PPP 协议都能够建立路由器之间或者主机到网络之间的连接，如图 3.10 所示。例如，利用 Modem 进行拨号上网（163、169、165 等）就是使用 PPP 实现主机到网络连接的典型例子。

图 3.10　PPP 提供多种连接

## 3.4.1　PPP 的特性

PPP 协议是目前使用最广泛的广域网协议，这是因为它具有以下特性。

① 能够控制数据链路的建立。

② 能够对 IP 地址进行分配和使用。

③ 允许同时采用多种网络层协议。

④ 能够配置和测试数据链路。

⑤ 能够进行错误检测。

⑥ 有协商选项，能够对网络层的地址和数据压缩等进行协商。

PPP 是现在主流的一种国际标准 WAN 封装协议，可支持如下连接类型。

① 同步串行连接。

② 异步串行连接。

③ ISDN 连接。

④ HSSI 连接。

## 3.4.2　PPP 的组成

PPP 作为第 2 层的协议，在物理上可使用各种不同的传输介质，包括双绞线、光纤及无线传输介质，在数据链路层提供了一套解决链路建立、维护、拆除和上层协议协商、认证等问题的方案；在帧的封装格式上，PPP 采用的是一种 HDLC 的变化形式；其对网络层协议的支持包括了多种不同的主流协议，如 IP 和 IPX 等。图 3.11 所示的是 PPP 的体系结构，其中，链路控制协议（Link Control Protocol，LCP）用于数据链路连接的建立、配置与测试，网络控制协议（Network Control Protocol，NCP）则是一组用来建立和配置不同数据链路的网络层协议。

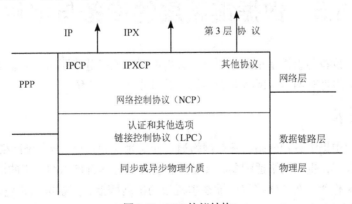

图 3.11　PPP 协议结构

### 3.4.3 PPP 会话建立的过程

PPP 提供了建立、配置、维护和终止点到点连接的方法。PPP 经过以下 4 个阶段在一个点到点的链路上建立通信连接。

① 链路的建立和配置协调：通信的发起方发送 LCP 帧来配置和检测数据链路。LCP 帧有链路建立帧、链路终止帧和链路维护帧 3 种。在链路建立阶段主要是通过发送 LCP 的帧来对链路进行相关的配置，包括数据的最大传输单元、是否采用 PPP 的压缩、PPP 的认证方式等。

② 链路质量检测：在链路建立、协调之后，这一阶段是可选的，主要用于对链路质量进行测试，以确定其能否为上层所选定的网络协议提供足够的支持。另外，若连接的双方已经要求采用安全认证，则在该阶段还要按所选定的认证方式进行相应的身份认证。

③ 网络层协议配置协调：通信的发起方发送 NCP 帧以选择并配置网络层协议。配置完成后，通信双方可以发送各自的网络层协议数据报。通过发送 NCP 包来选择网络层协议并进行相应的配置，不同的网络层协议要分别进行配置。此时，一条完整的 PPP 链路就建立起来了，可在所建立的 PPP 链路上进行数据传输。

④ 关闭链路：通信链路将一直保持到 LCP 或 NCP 帧关闭链路或者是发生一些外部事件（如空闲时间超长或用户干预）。

需要说明的是，尽管 PPP 的验证是一个可选项，但一旦采用身份验证，则必须在网络层协议阶段之前进行。有两种类型的 PPP 验证，即 PAP（Password Authentication Protocol）与 CHAP（Challenge Handshake Authentication Protocol）方式。PAP 采用的是两次握手方式，远程结点提供用户名与密码，由本地结点提供身份验证的确认或拒绝。

用户名与密码由远程网络结点不断地在链路上发送，直到验证被确认或被终结。密码在传输过程中采用的是明文方式，而且发送登录请求的时间和频率完全由远程结点控制，所以这种验证方式虽然实现简单，但易受到攻击。CHAP 所使用的是三次握手的验证方式，本地结点提供一个用于身份验证的挑战值，由远程结点根据所收到的挑战值计算出一个回应值发送回本地结点，若该值与本地结点的计算结果一致，则远程结点被验证通过。显然一个没有获得挑战值的远程结点是不可能尝试登录并建立连接的，也就是说 CHAP 由本地来控制登录的时间与频率，并且由于每次所发送的挑战值都是一个不可预测的随机变量，所以 CHAP 较之 PAP 更加安全有效，因此在通常情况下，更多采用的是 CHAP 验证方式。

# 3.5  数据链路层的设备与组件

数据链路层的设备与组件是指那些同时具有物理层和数据链路层功能的设备或组件。数据链路层的主要设备与组件有网卡、网桥和交换机，下面分别给予介绍。

### 3.5.1  网卡

网卡是局域网中提供各种网络设备与网络通信介质相连的接口，全名是网络接口卡（Network Interface Card，NIC），也叫网络适配器，其品种和质量的好坏直接影响网络的性能和网上所运行软件的效果。网卡作为一种 I/O 接口卡插在主机板的扩展槽上，其基本结构包括接口控制电路、数据缓冲器、数据链路控制器、编码解码电路、内收发器、介质接口装置等 6 大部分。网卡主要实现数据的发送与接收、帧的封装与拆封、编码与解码、介质访问控制和数据缓存等功能。因为网卡的功能涵盖了 OSI 参考模型的物理层与数据链路层，所以通常将其归于数据链路层的组件。

每一网卡在出厂时都被分配了一个全球唯一的地址标识，该标识被称为网卡地址或 MAC 地址，由于该地址是固化在网卡上的，所以又被称为物理地址或硬件地址。网卡地址由 48 位长度的二进制数组成。其中，前 24 位表示生产厂商（由 IEEE 802.3 委员会分配给各网卡生产厂家），后 24 位为生产厂商所分配的产品序列号。若采用 12 位的十六进制数表示，则前 6 个十六进制数表示厂商，后 6 个十六进制数表示该厂商网卡产品的序列号。例如网卡地址 00-90-27-99-11-cc，其中前 6 个十六进制数表示该网卡由 Intel 公司生产，相应的网卡序列号为 99-11-cc。网卡地址主要用于设备的物理寻址，与 IP 地址所具有的逻辑寻址作用有着截然不同的区别。

网卡的分类方法有多种，例如按照传输速率、总线类型、所支持的传输介质、用途或网络技术等来进行分类。

按照网络技术的不同可分为以太网卡、令牌环网卡、FDDI 网卡等。目前以太网网卡最常见。

按照传输速率，单单以太网卡就提供了 10Mbit/s、100Mbit/s、1000Mbit/s 和 10Gbit/s 等多种速率。数据传输速率是网卡的一个重要指标。

按照总线类型分类，网卡可分为 ISA 总线网卡、EISA 总线网卡、PCI 总线网卡及其他总线网卡等。16 位 ISA 总线网卡的带宽一般为 10Mbit/s，没有 100Mbit/s 以上带宽的 ISA 网卡。目前，PCI 网卡最常用，PCI 总线网卡常用的为 32 位，其带宽从 10Mbit/s 到 1000Mbit/s。

按照所支持的传输介质，网卡可分为双绞线网卡、粗缆网卡、细缆网卡、光纤网卡和无线网卡。连接双绞线的网卡带有 RJ-45 接口，连接粗缆的网卡带有 AUI 接口，连接细缆的网卡带有 BNC 接口，连接光纤的网卡则带有光纤接口。当然，有些网卡同时带有多种接口，如同时具备 RJ-45 接口和光纤接口。目前，市场上还有带 USB 接口的网卡，这种网卡可以用于具备 USB 接口的各类计算机网络。

另外，按照用途，网卡还可分为工作站网卡、服务器网卡和笔记本电脑网卡等。

## 3.5.2  网桥

网桥提供了一种最简单的将局域网网段连接成可维护、高可靠性的扩展网络的方法。网桥工作在 OSI 模型中数据链路层的 MAC 子层。

网桥可以将局域网分成两个或更多的网段，它通过隔离每个网段内部的数据流量，从而增加了每个结点所能使用的有效带宽。

网桥的重要功能是不受介质访问子层中冲突域的限制而扩展网长，对于众多的共享 LAN 可以隔离 LAN 段，为每一个 LAN 段提供相同的带宽，这就等于扩大了总带宽，可使各个 LAN 段内部信息包、冲突包都不会广播到另一个 LAN 段，明显地提高了利用效率。同时，网桥又具有存储、转发、过滤功能，使应当发送到另一个 LAN 的信息正确转发。

最基本的网桥用来连接两个或更多的局域网网段。网桥和每个局域网网段之间的接口称为端口。连接到每个端口的局域网被称为一个网段。

所有网桥都在数据链路层提供连接服务，一种常用的分类方法是将网桥分为本地网桥和远程网桥。本地网桥在同一区域中为多个局域网网段提供一个直接的连接，而远程网桥则通过电信线路，将分布在不同区域的局域网网段互连起来，如图 3.12 所示。

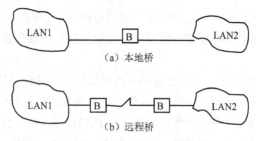

图 3.12　本地网桥和远程网桥

网桥主要具有如下功能。

（1）在物理上扩展网络

一个网桥可以连接多个网络，同时一个网络又可以使用多个网桥与其他网络互连。所以通过网桥，可以在物理上将多个不同的网段互连在一起，从而扩大了网络的地址覆盖范围和主机规模。从这一点上看，网桥具备和中继器、集线口类似的在物理上扩展网络的功能。

（2）数据过滤功能

在网桥中，要维持一个交换表，该表给出关于网桥不同接口所连主机的 MAC 地址信息，网桥根据数据帧中的目的地址判断是否转发该帧。也就是说，网桥从某一接口收到数据帧时，将首先获取目的 MAC 地址，然后查看交换表，若发送结点与目的结点在同一个网段内时，则网桥就不转发该帧，只有源结点与目的结点不在同一个网段时，网桥才转发该帧。也就是说，网桥具有基于第 2 层地址进行帧过滤的功能。

（3）逻辑划分网络的功能

通过对帧的过滤，网桥实现了物理网络内部通信的相互隔离，源和目标在同一物理网段中的数据帧由于网桥的数据过滤作用是不会被转发或渗透到其他网段中的，尽管从物理上看，这些网段通过网桥和源与目标主机所在的网段是互连在一起的。将网桥所具备的这种隔离功能称为逻辑划分网络的功能，这项功能也是网桥与物理网络互连设备中继器及集线器之间的最大区别，物理层设备只能转发原始比特流，从而不能根据某种地址信息实现数据过滤功能。

（4）数据推进功能

网桥根据数据过滤的结果实现数据帧的转发。在网桥中可以设置缓冲区以缓存输出端口无法立即传输的数据，从而可以使网桥输出帧的速率与接收 LAN 的速率相同。

（5）帧格式转换功能

当数据帧通过网桥到达另一个执行不同局域网协议的 LAN 时，网桥还能够对帧格式进行转换处理。也就是将一种帧格式转换为另一种帧格式，其中包括位组的重新排列、帧长度的限制以及重新生成校验序列等。

### 3.5.3　交换机

随着局域网对容量和性能方面需求的增高，1993 年，局域网交换设备出现。1994 年，国内掀起了交换网络技术的热潮。

**1. 交换技术的基本原理**

局域网交换技术是 OSI 参考模型中的第 2 层——数据链路层（Data-Link Layer）上的技术，所谓"交换"实际上就是指转发数据帧（Frame）。在数据通信中，所有的交换设备（即交换机）执行两个基本的操作。

① 交换数据帧，将从输入介质上收到的数据帧转发至相应的输出介质。

② 维护交换操作，构造和维护交换地址表。

（1）交换数据帧

交换机根据数据帧的 MAC（Media Access Control）地址（即物理地址）进行数据帧的转发操作。交换机转发数据帧时，遵循以下规则。

① 如果数据帧的目的 MAC 地址是广播地址或者组播地址，则向交换机所有端口转发（除数据帧来的端口）。

② 如果数据帧的目的地址是单播地址，但是这个地址并不在交换机的地址表中，那么也会向所有的端口转发（除数据帧来的端口）。

③ 如果数据帧的目的地址在交换机的地址表中，那么就根据地址表转发到相应的端口。

④ 如果数据帧的目的地址与数据帧的源地址在一个网段上，它就会丢弃这个数据帧，交换也就不会发生。

下面，以图 3.13 为例来看看具体的数据帧交换过程。

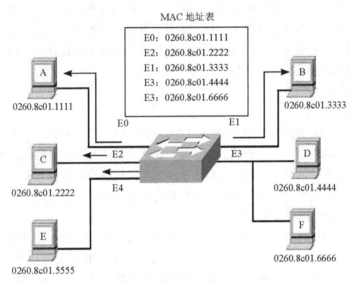

图 3.13　数据帧交换过程

① 当主机 D 发送广播帧时，若交换机从 E3 端口接收到目的地址为 ffff.ffff.ffff 的数据帧，则向 E0、E1、E2 和 E4 端口转发该数据帧。

② 当主机 D 与主机 E 通信时，交换机从 E3 端口接收到目的地址为 0260.8c01.5555 的数据帧，查找地址表后发现 0260.8c01.5555 并不在表中，因此交换机仍然向 E0、E1、E2 和 E4 端口转发该数据帧。

③ 当主机 D 与主机 F 通信时，交换机从 E3 端口接收到目的地址为 0260.8c01.6666 的数据帧，查找地址表后发现 0260.8c01.6666 也位于 E3 端口，即与源地址处于同一个网段，所以交换机不会转发该数据帧，而是直接丢弃。

④ 当主机 D 与主机 A 通信时，交换机从 E3 端口接收到目的地址为 0260.8c01.1111 的数据帧，查找地址表后发现 0260.8c01.1111 位于 E0 端口，所以交换机将数据帧转发至 E0 端口，这样主机 A 即可收到该数据帧。

⑤ 如果在主机 D 与主机 A 通信的同时，主机 B 也正在向主机 C 发送数据，交换机同样会把

主机 B 发送的数据帧转发到连接主机 C 的 E2 端口。这时 E1 和 E2 之间，以及 E3 和 E0 之间，通过交换机内部的硬件交换电路，建立了两条链路，这两条链路上的数据通信互不影响，因此网络亦不会产生冲突。所以，主机 D 和主机 A 之间的通信独享一条链路，主机 C 和主机 B 之间也独享一条链路。而这样的链路仅在通信双方有需求时才会建立，一旦数据传输完毕，相应的链路也随之拆除。这就是交换机主要的特点。

从以上的交换操作过程中，可以看到数据帧的转发都基于交换机内的 MAC 地址表，但是这个地址表是如何建立和维护的呢？下面我们就来介绍这个问题。

（2）构造维护交换地址表

交换机的交换地址表中，一条表项主要由一个主机 MAC 地址和该地址所位于的交换机端口号组成。整张地址表的生成采用动态自学习的方法，即当交换机收到一个数据帧以后，将数据帧的源地址和输入端口记录在交换地址表中。思科的交换机中，交换地址表放置在内容可寻址存储器（Content-Addressable Memory，CAM）中，因此也被称为 CAM 表。

当然，在存放交换地址表项之前，交换机首先应该查找地址表中是否已经存在该源地址的匹配表项，仅当匹配表项不存在时才能存储该表项。每一条地址表项都有一个时间标记，用来指示该表项存储的时间周期。地址表项每次被使用或者被查找时，表项的时间标记就会被更新。如果在一定的时间范围内地址表项仍然没有被引用，它就会从地址表中被移走。因此，交换地址表中所维护的一直是最有效和最精确的地址——端口信息。

**2. 交换机 3 种交换技术**

（1）端口交换

端口交换技术最早出现在插槽式的集线器中，这类集线器的背板通常划分有多条以太网段（每条网段为一个广播域），不用网桥或路由连接，网络之间是互不相通的。以太网主模块插入后通常被分配到某个背板的网段上，端口交换用于将以太网模块的端口在背板的多个网段之间进行分配、平衡。根据支持的程度，端口交换还可细分为以下几种。

① 模块交换：将整个模块进行网段迁移。

② 端口组交换：通常模块上的端口被划分为若干组，每组端口允许进行网段迁移。

③ 端口级交换：支持每个端口在不同网段之间进行迁移。这种交换技术是基于 OSI 第 1 层完成的，具有灵活性和负载平衡能力等优点。如果配置得当，还可以在一定程度进行容错，但没有改变共享传输介质的特点，因而不能称之为真正的交换。

（2）帧交换

帧交换是目前应用最广的局域网交换技术，它通过对传统传输媒介进行微分段，提供并行传输的机制，以减小冲突域，获得高的带宽。一般来讲每个公司的产品实现技术均会有差异，但对网络帧的处理方式一般有以下几种。

① 直通交换：提供线速处理能力，交换机只读出网络帧的前 14 个字节，便将网络帧传输到相应的端口上。

② 存储转发：通过对网络帧的读取进行验错和控制。

前一种方法的交换速度非常快，但缺乏对网络帧进行更高级的控制，缺乏智能性和安全性，同时也无法支持具有不同速率的端口的交换。因此，各厂商把后一种技术作为重点。

有的厂商甚至对网络帧进行分解，将帧分解成固定大小的信元，该信元处理极易用硬件实现，处理速度快，同时能够完成高级控制功能（如美国 MADGE 公司的 LET 集线器的优先级控制）。

（3）信元交换

ATM 技术代表了网络和通信技术发展的未来方向，也是解决目前网络通信中众多难题的一剂"良药"。ATM 采用固定长度 53 个字节的信元交换，由于长度固定，因而便于用硬件实现。ATM 采用专用的非差别连接，并行运行，可以通过一个交换机同时建立多个结点，但并不会影响每个结点之间的通信能力。ATM 还容许在源结点和目标结点建立多个虚拟链接，以保障足够的带宽和容错能力。ATM 采用了统计时分电路进行复用，因而能大大提高通道的利用率。ATM 的带宽可以达到 25Mbit/s、155Mbit/s、622Mbit/s 甚至数吉比特每秒的传输能力。

**3. 局域网交换机的种类**

① 从广义上来看，交换机分为两种：广域网交换机和局域网交换机。广域网交换机主要应用于电信领域，提供通信基础平台。而局域网交换机则应用于局域网络，用于连接终端设备，如 PC 及网络打印机等。

② 按照现在复杂的网络构成方式，网络交换机被划分为接入层交换机、汇聚层交换机和核心层交换机。其中，核心层交换机全部采用机箱式模块化设计，已经基本上都设计了与之相配备的 1000Base-T 模块。接入层支持 1000Base-T 的以太网交换机基本上是固定端口式交换机，以 10/100M 端口为主，并且以固定端口或扩展槽方式提供 1000Base-T 的上联端口。汇聚层 1000Base-T 交换机同时存在机箱式和固定端口式两种设计，可以提供多个 1000Base-T 端口，一般也可以提供 1000Base-X 等其他形式的端口。接入层和汇聚层交换机共同构成完整的中小型局域网解决方案。

③ 从传输介质和传输速度上看，局域网交换机可以分为以太网交换机、快速以太网交换机、千兆位以太网交换机、FDDI 交换机、ATM 交换机和令牌环交换机等多种，这些交换机分别适用于以太网、快速以太网、FDDI、ATM 和令牌环网等环境。

④ 从规模应用上又有企业级交换机、部门级交换机和工作组交换机等。一般来讲，企业级交换机都是机架式的，部门级交换机可以是机架式的，也可以是固定配置式的，而工作组级交换机则一般为固定配置式，功能较为简单。另一方面，从应用的规模来看，作为骨干交换机时，支持 500 个信息点以上大型企业应用的交换机为企业级交换机，支持 300 个信息点以下中型企业的交换机为部门级交换机，而支持 100 个信息点以内的交换机为工作组级交换机。

⑤ 按照 OSI 的参考网络模型，交换机又可以分为第 2 层交换机、第 3 层交换机、第 4 层交换机，一直到第 7 层交换机。基于 MAC 地址工作的第 2 层交换机最为普遍，用于网络接入层和汇聚层。基于 IP 地址和协议进行交换的第 3 层交换机普遍应用于网络的核心层，也少量应用于汇聚层。部分第 3 层交换机也同时具有第 4 层交换功能，可以根据数据帧的协议端口信息进行目标端口判断。第 4 层以上的交换机称之为内容型交换机，主要用于互联网数据中心。

⑥ 按照交换机的可管理性，又可把交换机分为可管理型交换机和不可管理型交换机，它们的区别在于对 SNMP、RMON 等网管协议的支持。可管理型交换机便于网络监控、流量分析，但成本也相对较高。大中型网络在汇聚层应该选择可管理型交换机，在接入层视应用需要而定，核心层交换机则全部是可管理型交换机。

⑦ 按照交换机是否可堆叠，交换机又可分为可堆叠型交换机和不可堆叠型交换机两种。设计堆叠技术的一个主要目的是为了增加端口密度。

⑧ 按照最广泛的普通分类方法，局域网交换机可以分为桌面型交换机（Desktop Switch）、工作组型交换机（Workgroup Switch）和校园网交换机（Campus Switch）3 类。桌面型交换机是最常见的一种交换机，使用最广泛，尤其是在一般办公室、小型机房和业务受理较为集中的业务部

门、多媒体制作中心、网站管理中心等部门。在传输速度上，现代桌面型交换机大都提供多个具有 10/100Mbit/s 自适应能力的端口。工作组型交换机常用来作为扩充设备，在桌面型交换机不能满足需求时，大多直接考虑工作组型交换机。虽然工作组型交换机只有较少的端口数量，但却支持较多的 MAC 地址，并具有良好的扩充能力，端口的传输速度基本上为 100Mbit/s。校园网交换机的应用相对较少，仅应用于大型网络，且一般作为网络的骨干交换机，并具有快速数据交换能力和全双工能力，可提供容错等智能特性，还支持扩充选项及第 3 层交换中的虚拟局域网（VLAN）等多种功能。

⑨ 根据交换技术的不同，有人又把交换机分为端口交换机、帧交换机和信元交换机 3 种。

⑩ 从应用的角度划分，交换机又可分为电话交换机（PBX）和数据交换机（Switch）。当然，目前在数据上的语音传输 VoIP 又有人称之为"软交换机"。

**4. 交换机之间的连接**

交换机之间最简单的一种连接方法就是采用一根交叉的双绞线（1、2 和 3、6 对调）并将它们连接起来。如果下级交换机有 Uplink 口，也可以接到 Uplink 口上，用直连线连接。总的来讲，交换机之间的连接有以下几种。

（1）级联

交换机可以通过上联端口实现与骨干交换机的连接。

（2）冗余连接

在以太网环境下是不允许出现环路的，生成树（Spanning Tree）则可以在交换机之间实现冗余连接又避免出现环路。当然，这要求交换机支持 Spanning Tree。

不过，Spanning Tree 冗余连接的工作方式是 Stand By，也就是说，除了一条链路工作外，其余链路实际上是处于待机（Stand By）状态，这显然影响传输的效率。一些最新的技术，例如 FEC（Fast Ethernet Channel）、ALB（Advanced Load Balancing）和 Port Trunking 技术，则可以允许每条冗余连接链路实现负载分担。其中，FEC 和 ALB 技术用来实现交换机与服务器之间的连接（Server to Switch），而 Port Trunking 技术则实现交换机之间的连接（Switch to Switch）。通过 Port Trunking 的冗余连接，交换机之间可以实现几倍于线速带宽的连接。

（3）堆叠

提供堆叠接口的交换机之间可以通过专用的堆叠线连接起来。通常，堆叠的带宽是交换机端口速率的几十倍，例如，一台 100Mbit/s 交换机，堆叠后两台交换机之间的带宽可以达到几百兆位甚至上千兆位。

多台交换机的堆叠是靠一个提供背板总线带宽的多口堆叠母模块与单口的堆叠子模块相联实现的，并插入不同的交换机实现交换机的堆叠。上联交换机可以通过上联端口实现与骨干交换机的连接。例如，一台具有 24 个 10Mbit/s 和 1 个 100Mbit/s 端口的交换机，就可以通过 100Mbit/s 端口与 100Mbit/s 主干交换机实现 100Mbit/s 速率的连接。

交换机作为多端口网桥，确实具备了网桥所拥有的全部功能，如物理上扩展网络、逻辑上划分网络等。但是作为对网桥的改进设备，首先，交换机可以提供高密度的连接端口；其次，交换机由于采用的基于交换背板的虚电路连接方式，从而可为每个交换机端口提供更高的专用带宽，而集中网桥在数据流量大时易形成瓶颈效应。另外，交换机的数据转发是基于硬件实现的，所以较网桥采用软件实现数据的存储转发也具有更高的交换性能。正因为如此，在交换机问世后，网桥已逐渐退出了第 2 层网络互连设备的市场。

# 本章重要概念

1. 数据链路层属于计算机网络的低层。
2. 数据链路层使用的信道主要有点对点信道和广播信道两种类型。
3. 数据链路层为物理链路上提供可靠的数据传输。
4. 数据链路层的主要功能包括帧同步、差错控制、流量控制、链路管理、寻址等。
5. 相邻结点的最主要特征是结点之间的数据通信不需要经过其他交换设备的转发。
6. 数据链路层采用了被称为帧（Frame）的协议数据单元作为数据链路层的数据传输逻辑单元。
7. 根据噪声类型不同，可将差错分为随机错和突发错。
8. 差错的严重程度由误码率来衡量，误码率 Pe 等于错误接收的码元数与所接收的码元总数之比。
9. 差错控制的主要作用是通过发现数据传输中的错误，采取相应的措施减少数据传输错误。
10. 循环冗余校验码是一种被广泛采用的多项式编码。
11. 流量控制的作用就是使发送方所发出的数据流量不要超过接收方所能接收的速率。
12. 链路管理功能主要用于面向连接的服务。
13. 数据链路层有 3 种基本服务可供选择，即无确认的无连接服务、有确认的无连接服务和有确认的面向连接服务。
14. 高级数据链路控制（规程）是一个在同步网上传输数据、面向位的数据链路层协议，
15. 点对点协议是一个工作于数据链路层的广域网协议。
16. PPP 是现在主流的一种国际标准 WAN 封装协议。
17. PPP 提供了建立、配置、维护和终止点到点连接的方法。
18. 网卡是局域网中提供各种网络设备与网络通信介质相连的接口，全名是网络接口卡（NIC，Network Interface Card），也叫网络适配器。
19. 网桥提供了一种最简单的将局域网网段连接成可维护、高可靠性的扩展网络的方法。
20. 局域网交换技术数据链路层上的技术，所谓"交换"实际上就是指转发数据帧（Frame）。
21. 交换机具备端口交换、帧交换和信元交换等三种种交换技术。
22. 从广义上来看，交换机分为两种：广域网交换机和局域网交换机。

# 习　题

1. 数据链路（即逻辑链路）与链路（即物理链路）有何区别？"电路接通了"与"数据链路接通了"的区别何在？
2. 数据链路层中的链路控制包括哪些功能？试讨论数据链路层做成可靠的链路层有哪些优点和缺点。
3. 网络适配器的作用是什么？网络适配器丁作在哪一层？
4. 数据链路层的三个基本问题（封装成帧、透明传输和差错检测）为什么都必须加以解决？

5. 如果在数据链路层不进行封装成帧，会发生什么问题？

6. PPP 协议的主要特点是什么？为什么 PPP 不使用帧的编号？PPP 适用于什么情况？为什么 PPP 协议不能使数据链路层实现可靠传输？

7. 以太网交换机有何特点？用它怎样组成虚拟局域网？

8. PPP 协议的工作状态有哪几种？当用户要使用 PPP 协议和 ISP 建立连接进行通信需 要建立哪几种连接？每一种连接解决什么问题？

9. 局域网的主要特点是什么？为什么局域网采用广播通信方式而广域网不采用呢？

10. 常用的局域网的网络拓扑有哪些种类？现在最流行的是哪种结构？为什么早期的以太网选择总线拓扑结构而不使用星形拓扑结构，但现在却改为使用星形拓扑结构？

# 第4章 局域网技术

局域网技术的发展非常迅速，在信息管理与服务领域得到广泛的应用。本章系统讨论局域网的特点、高速局域网、无线局域网、虚拟局域网的工作原理。

**本章重要内容如下。**

① 常见的局域网拓扑结构，以及以太网技术。

② 局域网的特点和功能，IEEE 802 标准，两类介质访问控制的原理，无线局域网的工作原理和基本的组网方式。

③ 令牌环网、FDDI 技术特点，VLAN 的概念与实现方式。

# 4.1 局域网概述

局域网是计算机网络的重要组成部分，是当今计算机网络技术应用与发展非常活跃的一个领域。公司、企业、政府部门及住宅小区内的计算机都通过 LAN 连接起来，以达到资源共享、信息传递和数据通信的目的。而信息化进程的加快，更是刺激了通过 LAN 进行网络互连需求的剧增。因此，理解和掌握局域网技术也就显得很重要。

局域网的发展始于 20 世纪 70 年代，至今仍是网络发展中的一个活跃领域。到了 20 世纪 90 年代，LAN 更是在速度、带宽等指标方面有了更大进展，并且在 LAN 的访问、服务、管理、安全和保密等方面都有了进一步的改善。例如，Ethernet 技术从传输速率为 10Mbit/s 的 Ethernet 发展到 100Mbit/s 的高速以太网，并继续提高至千兆位（1000Mbit/s）以太网、万兆位以太网。

## 4.1.1 局域网的特点

局域网技术是当前计算机网络研究与应用的一个热点问题，也是目前技术发展最快的领域之一。局域网最主要的特点是：网络为一个单位所拥有，且地理范围和站点数目均有限。局域网具有如下特点。

① 网络所覆盖的地理范围比较小，通常不超过几十千米，甚至只在一个园区、一幢建筑或一个房间内。

② 数据的传输速率比较高，从最初的 1Mbit/s 到后来的 10Mbit/s、100Mbit/s，近年来已达到 1000Mbit/s、10000Mbit/s。

③ 具有较低的延迟和误码率，其误码率一般为 $10^{-8} \sim 10^{-11}$。

④ 局域网络的经营权和管理权属于某个单位所有，与广域网通常由服务提供商提供形成鲜

明对照。

⑤ 便于安装、维护和扩充，建网成本低、周期短。

尽管局域网地理覆盖范围小，但这并不意味着它们必定是小型的或简单的网络。局域网可以扩展得相当大或者非常复杂，配有成千上万用户的局域网也是很常见的事。局域网的主要优点具体如下。

① 能方便地共享昂贵的外部设备、主机以及软件、数据，从一个站点可访问全网。

② 便于系统的扩展和逐渐演变，各设备的位置可灵活调整和改变。

③ 提高了系统的可靠性、可用性。

局域网的应用范围极广，可应用于办公自动化、生产自动化、企事业单位的管理、银行业务处理、军事指挥控制、商业管理等方面。局域网的主要功能是为了实现资源共享，其次是为了更好地实现数据通信与交换以及数据的分布处理。

## 4.1.2　常见的局域网拓扑结构

在计算机网络中，把计算机、终端、通信处理机等设备抽象成点，把连接这些设备的通信线路抽象成线，并将由这些点和线所构成的拓扑称为网络拓扑结构。网络拓扑结构反映出网络的结构关系，它对网络的性能、可靠性以及建设管理成本等都有着重要的影响，因此网络拓扑结构的设计在整个网络设计中占有十分重要的地位，在网络构建时，网络拓扑结构往往是首先要考虑的因素之一。

局域网与广域网的一个重要区别在于它们覆盖的地理范围。由于局域网设计的主要目标是覆盖一个公司、一所大学或一幢甚至几幢大楼的"有限的地理范围"，因此它在基本通信机制上选择了"共享介质"方式和"交换"方式。因此，局域网在传输介质的物理连接方式、介质访问控制方法上形成了自己的特点，在网络拓扑上主要有以下几种结构。

### 1. 星形拓扑（Star-Topology）

星形拓扑是由中央结点和通过点对点链路接到中央结点的各站点（网络工作站等）组成的，如图 4.1 所示。星形拓扑以中央结点为中心，执行集中式通信控制策略，因此，中央结点相当复杂，而各个站的通信处理负担都很小，又称集中式网络。中央控制器是一个具有信号分离功能的"隔离"装置，它能放大和改善网络信号，外部有一定数量的端口，每个端口连接一个站点，如 Hub 集线器、交换机等。采用星形拓扑的交换方式有线路交换和报文交换，尤以线路交换更为普遍，现有的数据处理和声音通信的信息网大多采用这种拓扑。一旦建立了通信的连接，可以没有延迟地在两个连通的站点之间传输数据。

图 4.2 所示为使用配线架的星形拓扑，配线架相当于中间集中点，可以在每个楼层配置一个，并具有足够数量的连接点，以供该楼层的站点使用，站点的位置可灵活放置。

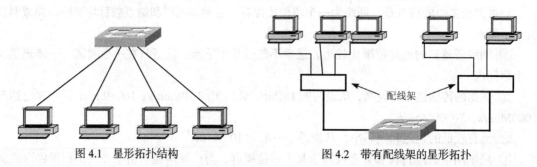

图 4.1　星形拓扑结构　　　　　　　图 4.2　带有配线架的星形拓扑

星形拓扑的优点是结构简单，管理方便，可扩充性强，组网容易；利用中央结点可方便地提供网络连接和重新配置；且单个连接点的故障只影响一个设备，不会影响全网，容易检测和隔离故障，便于维护。

星形拓扑的缺点是：每个站点直接与中央结点相连，需要大量电缆，因此费用较高；如果中央结点产生故障，则全网不能工作，所以对中央结点的可靠性和冗余度要求很高。

星形拓扑广泛应用于网络中智能集中于中央结点的场合。目前在传统的数据通信中，这种拓扑还占支配地位。

### 2. 总线拓扑（Bus Topology）

总线拓扑采用单根传输线作为传输介质，所有的站点都通过相应的硬件接口直接连接到传输介质或总线上。任何一个站点发送的信息都可以沿着介质传播，而且能被所有其他的站点接收。图 4.3 所示为总线拓扑，图 4.4 所示为带有中继器的总线拓扑。

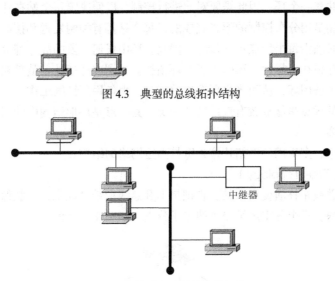

图 4.3 典型的总线拓扑结构

图 4.4 带有中继器的总线拓扑

由于所有的站点共享一条公用的传输链路，所以一次只能有一个设备传输数据。通常采用分布式控制策略来决定下一次哪一个站点发送信息。

发送时，发送站点将报文分组，然后依次发送这些分组，有时要与其他站点发来的分组交替地在介质上传输。当分组经过各站点时，目的站点将识别分组中携带的目的地址，然后拷贝这些分组的内容。这种拓扑减轻了网络通信处理的负担，它仅仅是一个无源的传输介质，而通信处理分布在各站点进行。

总线拓扑的优点是：结构简单，实现容易；易于安装和维护；价格低廉，用户站点入网灵活。

总线拓朴的缺点是：传输介质故障难以排除，并且由于所有结点都直接连接在总线上，因此任何一处故障都会导致整个网络的瘫痪。

不过，对于站点不多（10 个站点以下）的网络或各个站点相距不是很远的网络，采用总线拓扑还是比较适合的。但随着在局域网上传输多媒体信息的增多，目前这种网络正在被淘汰。

### 3. 环形拓扑（Ring Topology）

环形拓扑由一些中继器和连接中继器的点到点链路首尾相连形成一个闭合的环。如图 4.5 所示，每个中继器都与两条链路相连，它接收一条链路上的数据，并以同样的速度串行地把该数据送到另一条链路上，而不在中继器中缓冲。这种链路是单向的，也就是说，只能在一个方向上传输数据，而且所有的链路都按同一方向传输，数据就在一个方向上围绕着环进行循环。

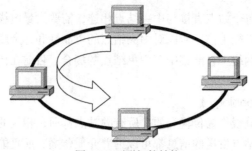

图4.5 环形拓扑结构

由于多个设备共享一个环，因此需要对此进行控制，以便决定每个站在什么时候可以把分组放在环上。这种功能是用分布控制的形式完成的，每个站都有控制发送和接收的访问逻辑。由于信息包在封闭环中必须沿每个结点单向传输，因此，环中任何一段的故障都会使各站之间的通信受阻。为了增加环形拓扑可靠性，还引入了双环拓扑。所谓双环拓扑，就是在单环的基础上在各站点之间再连接一个备用环，从而当主环发生故障时，由备用环继续工作。

环形拓扑结构的优点是能够较有效地避免冲突，其缺点是环形结构中的网卡等通信部件比较昂贵且管理复杂得多。

在实际的应用中，多采用环形拓扑作为宽带高速网络的结构。

### 4. 树形拓扑（Tree Topology）

树形拓扑是从总线拓扑演变而来的，它把星形和总线形结合起来，形状像一棵倒置的树，顶端有一个带分支的根，每个分支还可以延伸出子分支，如图4.6所示。

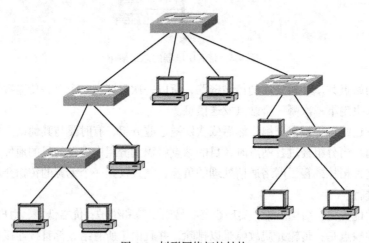

图4.6 树形网络拓扑结构

这种拓扑和带有几个段的总线拓扑的主要区别在于根的存在。当结点发送时，根接收该信号，然后再重新广播发送到全网。

树形拓扑的优点是易于扩展和故障隔离；其缺点是对根的依赖性太大，如果根发生故障，则全网不能正常工作，对根的可靠性要求很高。

#### 5. 星形环拓扑

星形环拓扑是将星形拓扑和环形拓扑混合起来的一种拓扑，试图取这两种拓扑的优点于一个系统中，克服了典型的星形和典型的环形两个拓扑的不足和缺陷。这种拓扑的配置由一批接在环上的连接集中器（实际上是指安装在楼内各层的配线架）组成，从每个集中器按星形结构接至每个用户站上，如图 4.7 所示。

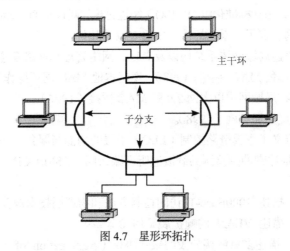

图 4.7　星形环拓扑

星形环拓扑的优点是故障诊断和隔离，易于扩展，安装电缆方便。

星形环拓扑的缺点是需要智能的集中器，电缆使用较长，安装不方便等。

#### 6. 拓扑的选择

拓扑的选择往往和传输介质的选择以及介质访问控制方法的确定紧密相关。选择拓扑时，应该考虑的主要因素有以下几点。

（1）经济性

网络拓扑的选择直接决定了网络安装和维护的费用。不管选用什么样的传输介质，都需要进行安装，例如安装电线沟、电线管道等。最理想的情况是建楼以前先进行安装，并考虑今后扩建的要求。安装费用的高低与拓扑结构的选择以及传输介质的选择、传输距离的确定有关。

（2）灵活性

灵活性以及可扩充性也是选择网络拓扑结构时应充分重视的问题。随着用户数的增加，网络应用的深入和扩大，网络新技术的不断涌现，特别是应用方式和要求的改变，任何网络需要经常加以调整。网络的可调整性与灵活性以及可扩充性都与网络拓扑直接相关。一般说来，总线形拓扑和环形拓扑要比星形拓扑的可扩充性好得多。

（3）可靠性

网络的可靠性是任何一个网络的生命。网络拓扑决定了网络故障检测和故障隔离的方便性。

总之，选择局域网拓扑时，需要考虑的因素很多，这些因素同时影响网络的运行速度和网络软硬件接口的复杂程度等。

# 4.2　IEEE 802 标准

局域网出现之后，发展迅速，类型繁多，为了促进产品的标准化以增加产品的互操作性，1980

年 2 月美国电气和电子工程师学会（IEEE）成立了局域网标准化委员会（简称 IEEE 802 委员会），研究并制定了关于 IEEE 802 的局域网标准。

## 4.2.1　IEEE 802 标准概述

1985 年 IEEE 公布了 IEEE 802 标准的五项标准文本，同年被美国国家标准局（ANSI）采纳为美国国家标准。后来，国际标准化组织（ISO）经过讨论，建议将 802 标准定为局域网国际标准。

IEEE 802 为局域网制定了一系列标准，主要有以下几种。

① IEEE 802.1：描述局域网体系结构以及寻址、网络管理和网络互连（1997）。

- IEEE 802.1g：远程 MAC 桥接（1998），规定本地 MAC 网桥操作远程网桥的方法。

- IEEE 802.1h：在局域网中以太网 2.0 版 MAC 桥接（1997）。

- IEEE 802.1q：虚拟局域网（1998）。

② IEEE 802.2：定义了逻辑链路控制（LLC）子层的功能与服务（1998）。

③ IEEE 802.3：描述带冲突检测的载波监听多路访问（CSMA/CD）的访问方法和物理层规范（1998）。

- IEEE 802.3ab：描述 1000Base-T 访问控制方法和物理层技术规范（1999）。

- IEEE 802.3ac：描述 VLAN 的帧扩展（1998）。

- IEEE 802.3ad：描述多重链接分段的聚合协议（Aggregation of Multiple Link Segments）（2000）。

- IEEE 802.3i：描述 10Base-T 访问控制方法和物理层技术规范。

- IEEE 802.3u：描述 100Base-T 访问控制方法和物理层技术规范。

- IEEE 802.3z：描述 1000Base-X 访问控制方法和物理层技术规范。

- IEEE 802.3ae：描述 10GBase-X 访问控制方法和物理层技术规范。

④ IEEE 802.4：描述 Token-Bus 访问控制方法和物理层技术规范。

⑤ IEEE 802.5：描述 Token-Ring 访问控制方法和物理层技术规范（1997）。

- IEEE 802.5t：描述 100Mbit/s 高速标记环访问方法（2000）。

⑥ IEEE 802.6：描述城域网（MAN）访问控制方法和物理层技术规范（1994）。1995 年又附加了 MAN 的 DQDB 子网上面向连接的服务协议。

⑦ IEEE 802.7：描述宽带网访问控制方法和物理层技术规范。

⑧ IEEE 802.8：描述 FDDI 访问控制方法和物理层技术规范。

⑨ IEEE 802.9：描述综合语音、数据局域网技术（1996）。

⑩ IEEE 802.10：描述局域网网络安全标准（1998）。

⑪ IEEE 802.11：描述无线局域网访问控制方法和物理层技术规范（1999）。

⑫ IEEE 802.12：描述 100VG-AnyLAN 访问控制方法和物理层技术规范。

⑬ IEEE 802.14：描述利用 CATV 宽带通信的标准（1998）。

⑭ IEEE 802.15：描述无线私人网（Wireless Personal Area Network，WPAN）。

⑮ IEEE 802.16：描述宽带无线访问标准（Broadband Wireless Access Standards），由两部分组成。

图 4.8 所示为 802 标准的内部关系。

从图 4.8 可以看出，IEEE 802 标准实际上是一个由一系列协议组成的标准体系。随着局域网技术的发展，该体系在不断地增加新的标准和协议，如关于 802.3 家族就随着以太网技术的发展出现了许多新的成员。

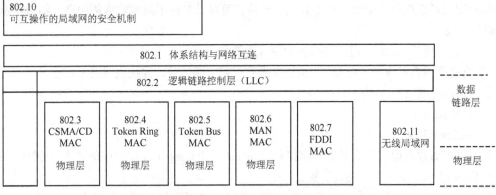

图 4.8 IEEE 802 标准内部关系

## 4.2.2 局域网的体系结构

局域网的体系结构与 OSI 模型有相当大的区别，如图 4.9 所示，局域网只涉及 OSI 的物理层和数据链路层。为什么没有网络层及网络层以上的各层呢？首先，局域网是一种通信网，只涉及有关的通信功能，所以至多与 OSI 参考模型中的下 3 层有关。其次，由于局域网基本上采用共享信道的技术，所以也可以不设立单独的网络层。也就是说，不同局域网技术的区别主要在物理层和数据链路层，当这些不同的局域网需要在网络层实现互连时，可以借助其他已有的通用网络层协议（如 IP 协议）实现。

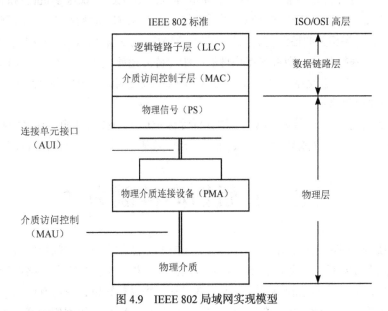

图 4.9 IEEE 802 局域网实现模型

### 1. 物理层

局域网的物理层是和 OSI 参考模型的物理层功能相当的，主要涉及局域网物理链路上原始比特流的传输，定义局域网物理层的机械、电气、规程和功能特性，如信号的传输与接收、同步序列的产生和删除等，物理连接的建立、维护、撤销等。

物理层还规定了局域网所使用的信号、编码、传输介质、拓扑结构和传输速率。例如，信号编码可以采用曼彻斯特编码，传输介质可采用双绞线、同轴电缆、光缆，甚至是无线传输介质。拓扑结构则支持总线形、星形、环形和混合形等，可提供多种不同的数据传输率。物理层由以下4个部分组成。

① 物理介质（PMD）：提供与线缆的物理连接。

② 物理介质连接设备（PMA）：生成发送到线路上的信号，并接收线路上的信号。

③ 连接单元接口（AUI）。

④ 物理信号（PS）。

**2. 数据链路层**

局域网的数据链路层分为逻辑链路控制（Logical Link Control，LLC）和介质访问控制（Medium Access Control，MAC）两个功能子层。

其中，MAC 子层负责介质访问控制机制的实现，即处理局域网中各站点对共享通信介质的争用问题，不同类型的局域网通常使用不同的介质访问控制协议，另外，MAC 子层还涉及局域网中的物理寻址；而 LLC 子层负责屏蔽掉 MAC 子层的不同实现，将其变成统一的 LLC 界面，从而向网络层提供一致的服务，LLC 子层向网络层提供的服务通过与网络层之间的逻辑接口实现，这些逻辑接口又被称为服务访问点（Service Access Point，SAP）。这样的局域网体系结构不仅使 IEEE 802 标准更具有可扩充性，有利于其将来接纳新的介质访问控制方法和新的局域网技术，同时也不会使局域网技术的发展或变革影响到网络层。

尽管将局域网的数据链路层分成了 LLC 和 MAC 两个子层，但这两个子层是都要参与数据的封装和拆封过程的，而不是只由其中某一个子层来完成数据链路层帧的封装及拆封。在发送方，网络层下来的数据分组首先要加上 DSAP（Destination Service Access Point）和 SSAP（Source Service Access Point）等控制信息在 LLC 子层被封装成 LLC 帧，然后由 LLC 子层将其交给 MAC 子层，加上 MAC 子层相关的控制信息后被封装成 MAC 帧，最后由 MAC 子层交给局域网的物理层完成物理传输；在接收方，则首先将物理的原始比特流还原成 MAC 帧，在 MAC 子层完成帧检测和拆封后变成 LLC 帧交给 LLC 子层，LLC 子层完成相应的帧检验和拆封工作将其还原成网络层的分组上交给网络层。

总之，局域网的 LLC 子层和 MAC 子层共同完成类似于 OSI 参考模型中的数据链路层功能，只是考虑到局域网的共享介质环境，在数据链路层的实现上增加了介质访问控制机制。

# 4.3 介质访问控制方法

将传输介质的频带有效地分配给网上各站点用户的方法称为介质访问控制方法。介质访问控制方法是局域网最重要的一项基本技术，对局域网体系结构、工作过程和网络性能产生决定性影响。设计一个好的介质访问控制协议有 3 个基本目标：协议要简单，获得有效的信道利用率，公平合理地对待网上各站点的用户。介质访问控制方法主要解决介质使用权的算法或机构问题，从而实现对网络传输信道的合理分配。

## 4.3.1 信道分配问题

通常，可将信道分配方法划分为两类：静态分配方法和动态分配方法。

### 1. 静态分配方法

所谓静态分配方法，也是传统的分配方法，它采用频分多路复用或时分多路复用的办法将单个信道划分后，静态地分配给多个用户。

当用户站数较多或使用信道的站数在不断变化或者通信量的变化具有突发性时，静态频分多路复用方法的性能较差，因此，传统的静态分配方法不完全适合计算机网络。

### 2. 动态分配方法

所谓动态分配方法，就是动态地为每个用户站点分配信道使用权。动态分配方法通常有 3 种：轮转、预约和争用。

① 轮转：使每个用户站点轮流获得发送的机会，这种技术称为轮转。它适合于交互式终端对主机的通信。

② 预约：预约是指将传输介质上的时间分隔成时间片，若网上用户站点要发送，必须事先预约能占用的时间片。这种技术适用于数据流的通信。

③ 争用：若所有用户站点都能争用介质，这种技术称为争用。它实现起来简单，对轻负载或中等负载的系统比较有效，适合于突发式通信。

争用方法属于随机访问技术，而轮转和预约的方法则属于控制访问技术。

## 4.3.2　介质访问控制方法

介质访问控制方法的主要内容有两个方面：一是要确定网络上每一个结点能够将信息发送到介质上去的特定时刻，二是要解决如何对共享介质访问和利用加以控制。常用的介质访问控制方法有 3 种：总线结构的带冲突检测的载波监听多路访问 CSMA/CD 方法、环形结构的令牌环（Token Ring）访问控制方法和令牌总线（Token Bus）访问控制方法。

### 1. 带冲突检测的载波监听多路访问

带冲突检测的载波监听多路访问（Carrier Sense Multiple Access/Collision Detection，CSMA/CD）是采用争用技术的一种介质访问控制方法。CSMA/CD 通常用于总线形拓扑结构和星形拓扑结构的局域网中。它的每个站点都能独立地决定发送帧，若两个或多个站同时发送，即产生冲突。每个站都能判断是否有冲突发生，如冲突发生，则等待随机时间间隔后重发，以避免再次发生冲突。

CSMA/CD 的工作原理可概括成四句话，即先听后发，边发边听，冲突停止，随机延迟后重发。具体过程如下。

① 当一个站点想要发送数据的时候，它检测网络查看是否有其他站点正在传输，即监听信道是否空闲。

② 如果信道忙，则等待，直到信道空闲。

③ 如果信道闲，站点就传输数据。

④ 在发送数据的同时，站点继续监听网络确信没有其他站点在同时传输数据。因为有可能两个或多个站点都同时检测到网络空闲然后几乎在同一时刻开始传输数据。如果两个或多个站点同时发送数据，就会产生冲突。

⑤ 当一个传输结点识别出一个冲突，它就发送一个拥塞信号，这个信号使得冲突的时间足够长，让其他的结点都能发现。

⑥ 其他结点收到拥塞信号后，都停止传输，等待一个随机产生的时间间隙（Backoff Time，回退时间）后重发。

总之，CSMA/CD 采用的是一种"有空就发"的竞争型访问策略，因而不可避免地会出现信道空闲时多个站点同时争发的现象，无法完全消除冲突，只能是采取一些措施减少冲突，并对产生的冲突进行处理。因此，采用这种协议的局域网环境不适合对实时性要求较强的网络应用。

**2. 令牌环（Token Ring）访问控制**

Token Ring 是令牌传输环（Token Passing Ring）的简写。令牌环介质访问控制方法通过在环形网上传输令牌的方式来实现对介质的访问控制。只有当令牌传输至环中某站点时，它才能利用环路发送或接收信息。当环线上各站点都没有帧发送时，令牌标记为 01111111，称为空标记。当一个站点要发送帧时，需等待令牌通过，并将空标记置换为忙标记 01111110，紧跟着令牌，用户站点把数据帧发送至环上。由于是忙标记，所以其他站点不能发送帧，必须等待。

发送出去的帧将随令牌沿环路传输下去。在循环一周又回到原发送站点时，由发送站点将该帧从环上移去，同时将忙标记换为空标记，令牌传至后面站点，使之获得发送的许可权。发送站点在从环中移去数据帧的同时，还要检查接收站载入该帧的应答信息，若为肯定应答，说明发送的帧已被正确接收，完成发送任务。若为否定应答，说明对方未能正确收到所发送的帧，原发送站点需在带空标记的令牌第二次到来时，重发此帧。采用发送站从环上收回帧的策略不仅具有对发送站点自动应答的功能，而且还具有广播特性，即可有多个站点接收同一数据帧。

接收帧的过程与发送帧不同，当令牌及数据帧通过环上站点时，该站将帧携带的目标地址与本站地址相比较。若地址符合，则将该帧复制下来放入接收缓冲器中，待接收站正确接收后，即在该帧上载入肯定应答信号；若不能正确接收，则载入否定应答信号，之后再将该帧送入环上，让其继续向下传输。若地址不符合，则简单地将数据帧重新送入环中。所以，当令牌经过某站点，而它既不发送信息，又无处接收时，会稍经延迟，继续向前传输。

在系统负载较轻时，由于站点需等待令牌到达才能发送或接收数据，因此效率不高。但若系统负载较重，则各站点可公平共享介质，效率较高。为避免所传输数据与标记形式相同而造成混淆，可采用前面所讲过的位填入技术，以区别数据和标记。

使用令牌环介质访问控制方法的网络需要有维护数据帧和令牌的功能。例如，可能会出现因数据帧未被正确移去而始终在环上传输的情况，也可能出现令牌丢失或只允许一个令牌的网络中出现了多个令牌等异常情况。解决这类问题的办法是在环中设置监控器，对异常情况进行检测并消除。令牌环网上的各个站点可以设置成不同的优先级，允许具有较高优先权的站申请获得下一个令牌权。

归纳起来，在令牌环中主要有下面 3 种操作。

① 截获令牌并且发送数据帧。如果没有结点需要发送数据，令牌就由各个结点沿固定的顺序逐个传递；如果某个结点需要发送数据，它要等待令牌的到来，当空闲令牌传到这个结点时，该结点修改令牌帧中的标志，使其变为"忙"的状态，然后去掉令牌的尾部，加上数据，成为数据帧，发送到下一个结点。

② 接收与转发数据。数据帧每经过一个结点，该结点就比较数据帧中的目的地址。如果不属于本结点，则转发出去；如果属于本结点，则复制到本结点的计算机中，同时在帧中设置已经复制的标志，然后向下一结点转发。

③ 取消数据帧并且重发令牌。由于环网在物理上是个闭环，一个帧可能在环中不停地流动，所以必须清除。当数据帧通过闭环重新传到发送结点时，发送结点不再转发，而是检查发送是否成功。如果发现数据帧没有被复制（传输失败），则重发该数据帧；如果发现传输成功，则清除该数据帧，并且产生一个新的空闲令牌发送到环上。

**3. 令牌总线（Token Bus）访问控制**

令牌总线访问控制是在物理总线上建立一个逻辑环，令牌在逻辑环路中依次传递，其操作原理与令牌环相同。它同时具有上述两种方法的优点，是一种简单、公平、性能良好的介质访问控制方法。

## 4.3.3　以太网

以太网（Ethernet）是一种产生较早且使用相当广泛的局域网，美国 Xerox（施乐）公司 1975 年推出了其第一个局域网。由于它具有结构简单、工作可靠、易于扩展等优点，因而得到了广泛的应用。1980 年美国 Xerox、DEC 与 Intel 三家公司联合提出了以太网规范，这是世界上第一个局域网的技术标准。后来的以太网国际标准 IEEE 802.3 就是参照以太网的技术标准建立的，两者基本兼容。为了与后来提出的快速以太网相区别，通常又将这种按 IEEE 802.3 规范生产的以太网产品简称为以太网。

**1. IEEE 802.3 帧结构**

图 4.10 所示为 IEEE 802.3 帧结构，各字段的功能如下。

| 前导同步码<br>7 字节 | SFD<br>1 字节 | 目的地址<br>6 字节 | 源地址<br>6 字节 | 数据长度<br>2 字节 | 协议首部<br>20 字节 | 数据和填充字节<br>0~1526 字节 | 帧校验<br>4 字节 |
|---|---|---|---|---|---|---|---|

图 4.10　IEEE 802.3 帧结构

① 前导同步码由 7 个同步字节组成，用于收发之间的定时同步。

② SFD 是帧起始定界符。

③ 目的地址是帧发往的站点地址，每个站点都有自己唯一的地址。

④ 源地址是帧发送的站点地址。

⑤ 数据长度是要传输数据的总长度。

⑥ 协议首部是数据字段的一部分，含有更高层协议嵌入数据字段中的信息。

⑦ 数据字节的长度可从 0~1526 字节，但必须保证帧不得小于 64 字节，否则就要填入填充字节。

⑧ 帧校验占用 4 字节，采用 CRC 码，用于校验帧传输中的差错。

**2. 以太网地址**

以太网使用的是 MAC 地址，即 IEEE 802.3 以太网帧结构中定义的地址。每块网卡出厂时，都被赋予一个 MAC 地址，网卡的实际地址共有 6 字节。

**3. 以太网 MAC 子层**

IEEE 802.3 以太网是一种总线型局域网，使用的介质访问控制子层方法是 CSMA/CD（载波监听多路访问/冲突检测），帧格式采用以太网格式，即 802.3 帧格式，以太网是基带系统，使用曼彻斯特编码，通过检测通道上的信号存在与否来实现载波检测。

**4. 以太网分类**

有 4 种正式的 10Mbit/s 以太网标准。

① 10Base-5：10Base-5 是最初的粗同轴电缆以太网标准。

② 10Base-2：10Base-2 是细同轴电缆以太网标准。

③ 10Base-T：10Base-T 是 10Mbit/s 的双绞线以太网标准。

④ 10Base-F：10Base-F 是 10Mbit/s 的光缆以太网标准。

### 5. 以太网物理层

以太网在物理层可以使用粗同轴电缆、细同轴电缆、非屏蔽双绞线、屏蔽双绞线、光缆等多种传输介质,并且在 IEEE 802.3 标准中,为不同的传输介质制定了不同的物理层标准,如图 4.11 所示。

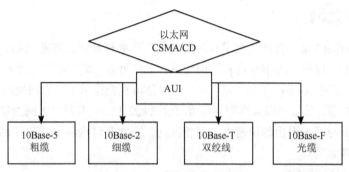

图 4.11　不同以太网的物理层实现

### 6. 10Base-T

10Base-T 是以太网中最常用的一种标准,"10"表示信号的传输速率为 10Mbit/s,"Base"表示信道上传输的是基带信号,"T"是英文 Twisted-pair(双绞线电缆)的缩写,说明是使用双绞线电缆作为传输介质的,编码也采用曼彻斯特编码方式。但其在网络拓扑结构上采用了以 10Mbit/s 集线器或 10Mbit/s 交换机为中心的星形拓扑结构。10Base-T 的组网由网卡、集线器、交换机、双绞线等设备组成。图 4.12 给出了一个以集线器为星形拓扑中央结点的 10Base-T 网络示例,所有的工作站都通过传输介质连接到集线器 Hub 上,工作站与 Hub 之间的双绞线最大距离为 100m,网络扩展可以采用多个 Hub 来实现,在使用时也要遵守前面所介绍的"5-4-3-2-1"规则。Hub 之间的连接可以使用双绞线、同轴电缆或粗缆线。

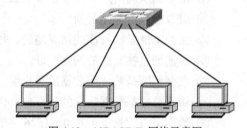

图 4.12　10BASE-T 网络示意图

10Base-T 以太网一经出现就得到了广泛的认可和应用,与 10Base-5 和 10Base-2 相比,10Base-T 以太网有如下特点。

① 安装简单、扩展方便;网络的建立灵活、方便,可以根据网络的大小,选择不同规格的 Hub 或交换机连接在一起,形成所需要的网络拓扑结构。

② 网络的可扩展性强,因为扩充与减少工作站都不会影响或中断整个网络的工作。

③ 集线器或交换机具有很好的故障隔离作用。当某个工作站与中央结点之间的连接出现故障时,也不会影响其他结点的正常运行;甚至当网络中某一个集线器或交换机出现故障时,也只会影响到与该集线器或交换机直接相连的结点。

应该指出,10Base-T 的出现对于以太网技术发展具有里程碑式的意义。其一体现在首次将星形拓扑引入了以太网中;其二是突破了双绞线不能进行 10Mbit/s 以上速度传输的传统技术限制;第三,在后期发展中,引入了第 2 层交换机取代第 1 层集线器作为星形拓扑的核心,从而使以太网从共享以太网时代进入了交换以太网阶段。

表 4.1 给出了常见以太网物理层标准之间的比较。尽管不同的以太网在物理层存在较大的差异,但它们在数据链路层都是采用 CSMA/CD 作为介质访问控制协议的,并且在 MAC 子层使用

统一的 IEEE 802.3 帧格式。所以 10Base-T 网络与 10Base-2、10Base-5 是相互兼容的。事实上，即使在以太网后来的发展中，以太网技术也仍然保留了这种标准的帧格式，从而使得所有的以太网系列技术之间能够相互兼容。

表 4.1　　　　　　　　　　　　　　IEEE 802.3 以太网的基本特性

| 特　　性 | 10Base-5 | 10Base-2 | 10Base-T | 10Base-F |
|---|---|---|---|---|
| 速率/Mbit/s | 10 | 10 | 10 | 10 |
| 传输方法 | 基带 | 基带 | 基带 | 基带 |
| 最大网段长度/m | 500 | 185 | 100 | 2000 |
| 站间最小距离/m | 2.5 | 0.5 | | |
| 传输介质 | 50 Ω粗同轴电缆 | 50 Ω细同轴电缆 | UTP | 多模光缆 |
| 网络拓扑 | 总线形 | 总线形 | 星形 | 点对点 |

## 4.3.4　令牌环网

### 1. 概述

令牌环网最早起源于 1985 年 IBM 推出的环形基带网络。IEEE 802.5 标准定义了令牌环网的国际规范。

令牌环网在物理层提供 4Mbit/s 和 16Mbit/s 两种传输速率；支持 STP/UTP 双绞线和光纤作为传输介质，但采用较多的是 STP，使用 STP 时计算机和集线器的最大距离可达 100m，使用 UTP 时这个距离为 45m。

构建 Token Ring 网络时，需要 Token Ring 网卡、Token Ring 集线器和传输介质等。图 4.13 给出了一个 Token Ring 组网的示例。其物理拓扑在外表上为星形结构，星形拓扑的中心是一个被称为介质访问单元（Media Access Unit，MAU）的集线装置，MAU 有增强信号的功能，它可以将前一个结点的信号增强后再送至下一个结点，以稳定信号在网络中的传输。从图 4.13 可以看出，从 MAU 的内部看，令牌环网集线器上的每个端口实际上是用电缆连在一起的，即当各结点与令牌环网集线器连接起来后，就形成了一个电气网环。所以我们认为 Token Ring 采用的仍是一个物理环的结构。

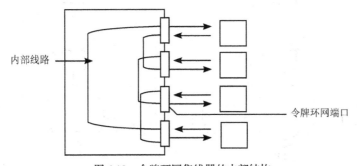

图 4.13　令牌环网集线器的内部结构

集线器可以拥有 4、8、12 或 16 个连接端口，另外还加上两个名为入环（Ring-In，RI）和出环（Ring-Out，RO）的专用端口。如果要建立的环网结点数大于集线器的端口数，则使用集线器上的 RI 和 RO 端口进行集线器的互连以扩大网络规模。有些集线器如 MSAU( Multi-Station Access Unit ) 具有容错功能，即当某个网卡出现故障时，这种集线器可以从环中将该故障结点删除，并仍维护原来的环路，从而可以隔离故障结点。

令牌环网在MAC子层采用令牌传输的介质访问控制方法，所以在令牌环网中有两种MAC 层的帧，即令牌帧和数据/命令帧。

**2. 令牌环网的工作原理**

令牌环网利用一种称之为令牌（Token）的短帧来选择拥有传输介质的站，只有拥有令牌的工作站才有权发送信息。令牌平时不停地在环路上流动，当一个站有数据要发送时，必须等到令牌出现在本站时截获它，即将令牌的独特标志转变为信息帧的标志（或称把闲令牌置为忙令牌），然后将所要发送的信息附在之后发送出去。由于令牌环网采用的是单令牌策略，环路上只能有一个令牌存在，只要有一个站发送信息，环路上就不会会再有空闲的令牌流动。采取这样的策略可以保证任一时刻环路上只能有一个发送站，因此不会出现像以太网那样的竞争局面，环网不会因发生冲突而降低效率，所以说，令牌环网的一个很大优点就是在重载时可以高效率地工作。

在环上传输的信息逐个站点不断地向前传输，一直到达目的站。目的站一方面复制这个帧（即收下这个帧），另一方面还要将此信息帧转发给下一个站（并在其后附上已接收标志）。信息在环路上转了一圈后，最后又必然会回到发送数据的源站点，信息回到源站点后，源站点对返回的数据不再进行转发（这是理所当然的），而是对返回的数据进行检查，查看本次发送是否成功。当所发信息的最后一个比特绕环路一周返回到源站时，源站必须生成一个新的令牌，将令牌发送给下一个站，环路上又有令牌在流动，等待着某个站去截获它。总之，截获令牌的站要负责在发送完信息后再将令牌恢复出来，发送信息的站要负责从环路上收回它所发出的信息。

图 4.14 归纳了上述令牌环的工作过程。

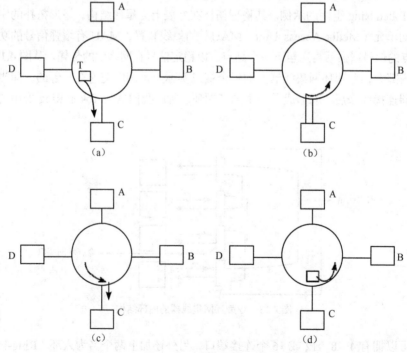

图 4.14　令牌环工作过程

第一步：令牌在环中流动，C 站有信息发送，截获了令牌。

第二步：C 站发送数据给 A 站，A 站接收并转发数据。

第三步：C 站等待并接收它所发的帧，并将该帧从环上撤离。

第四步：C 站收完所发帧的最后一比特后，重新产生令牌发送到环上。

与 CSMA/CD 不同，令牌传递网是延迟确定型网络。也就是说，在任何站点发送信息之前，可以计算出信息从源站到目的站的最长时间延迟。这一特性及令牌环网其他的可靠特性，使令牌环网特别适合那些需要预知网络延迟和对网络的可靠性要求高的应用，比如工厂自动化环境就是这样的一个应用实例。

采用确定型介质访问控制机制的令牌环网适合于传输距离远、负载重和实时要求严格的应用环境。但其缺点是令牌传输方法实现较复杂，而且所需硬件设备也较为昂贵，网络维护与管理也较复杂。

# 4.4　共享式以太网和交换式以太网

## 4.4.1　共享式以太网

传统的共享式以太网是最简单、最便宜、最常用的一种组网方式。在网络应用和组网过程中，暴露出以下主要缺点。

### 1. 覆盖的地理范围有限

按照 CSMA/CD 的有关规定，以太网覆盖的地理范围是固定的，只要两个结点处于同一个以太网中，它们之间的最大距离就不能超过这个固定值，不管它们之间的连接跨越一个集线器还是多个集线器。如果超过这个值，网络通信就会出现问题。

### 2. 网络总带宽容量固定

共享式以太局域网上的所有结点共享同一传输介质。在一个结点使用传输介质的过程中，另一个结点必须等待。因此，共享式以太网的固定带宽被网络上的所有结点共同拥有，随机占用。网络中的结点越多，每个结点平均使用的带宽越窄，网络的响应速度也会越慢。另外，在发送结点竞争共享介质的过程中，冲突和碰撞是不可避免的。冲突和碰撞会造成发送结点延迟和重发，进而浪费网络带宽。随着网络结点数的增加，冲突和碰撞必然加大，相应的带宽浪费也会越大。

### 3. 不能支持多种速率

在共享式以太局域网中的网络设备必须保持相同的传输速率，否则一个设备发送的信息，另一个设备不可能收到。单一的共享式以太网不可能提供多种速率的设备支持。

## 4.4.2　交换式以太网

交换机以太网利用以太网交换机组网，既可以将计算机直连到交换机的端口上，也可以将它们连入一个网段，然后将这个网段连到交换机的端口。如果将计算机直接连到交换机的端口，那么它将独享该端口提供的带宽；如果计算机通过以太网连入交换机，那么该以太网上的所有计算机共享交换机端口提供的带宽。

# 4.5 高速以太网

速率达到或超过 100Mbit/s 的以太网称为高速以太网。

## 4.5.1 快速以太网技术

快速以太网技术 100Base-T 是由 10Base-T 标准以太网发展而来的,主要解决网络带宽在局域网络应用中的瓶颈问题。其协议标准为 1995 年颁布的 IEEE 802.3u,可支持 100Mbit/s 的数据传输速率,并且与 10Base-T 一样可支持共享式与交换式两种使用环境,在交换式以太网环境中可以实现全双工通信。IEEE 802.3u 在 MAC 子层仍采用 CSMA/CD 作为介质访问控制协议,并保留了 IEEE 802.3 的帧格式。但是,为了实现 100Mbit/s 的传输速率,在物理层作了一些重要的改进。例如,在编码上,采用了效率更高的编码方式。传统以太网采用曼彻斯特编码,其优点是具有自带时钟特性,能够将数据和时钟编码在一起,但其编码效率只能达到 1/2,即在具有 20Mbit/s 传输能力的介质中,只能传输 10Mbit/s 的信号。快速以太网采用 4B/5B 编码。

### 1. 快速以太网的体系结构

快速以太网体系结构为了屏蔽下层不同的物理细节,在快速以太网标准中,为 MAC 子和 LLC 子层协议提供了一个 100Mbit/s 传输速率的公共透明接口(在 10Mbit/s 以太网标准中的上层接口速率为 10Mbit/s);在物理层和 MAC 子层之间还定义了一种独立于介质种类的介质无关接口(Medium Independent Interface,MII)。

### 2. 100Base-T 物理层

从图 4.15 中可以看出,100Base-T 定义了 3 种不同的物理层协议。表 4.2 给出了这 3 种物理层标准的对比。为了屏蔽下层不同的物理细节,为 MAC 和高层协议提供了一个 100Mbit/s 传输速率的公共透明接口,快速以太网在物理层和 MAC 子层之间还定义了一种独立于介质种类的介质无关接口(Medium Independent Interface,MII),该接口可以支持上面 3 种不同的物理层介质标准。

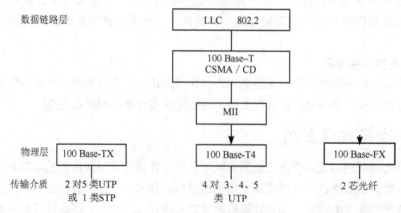

图 4.15　100Base-T 协议结构

表 4.2　　　　　　　　　　　　　　　100Base-T 的三种不同的物理层协议

| 物理层协议 | 线缆类型 | 线缆对数 | 最大分段长度 | 编码方式 | 优　　点 |
|---|---|---|---|---|---|
| 100Base-TX | 5 类 UTP/RJ-45 接头<br>1 类 STP/DB-9 接头 | 2 对 | 100m | 4B/5B | 全双工 |
| 100Base-FX | 62.5μm 单模/125μm 多模光纤，ST 或 SC 光纤连接器 | 2 对 | 2000m | 4B/5B | 全双工长距离 |
| 100Base-T4 | 3/4/5 类 UTP | 4 对 | 100m | 8B/6T | 3 类 UTP |

（1）100Base-TX

100Base-TX 介质规范基于 ANSI TP-PMD 物理介质标准。100Base-TX 介质接口在两对双绞线电缆上运行，其中一对用于发送数据，另一对用于接收数据，由于 ANSI TP-PMD 规范既包括屏蔽双绞线电缆，也包括非屏蔽双绞线电缆，所以 100Base-TX 介质接口支持两对 5 类以上非屏蔽双绞线电缆和两对 1 类屏蔽双绞线电缆。

100Base-TX 链路与介质相关的接口有两种：对于非屏蔽双绞线电缆，MDI 连接器必须是兼容 5 类及 5 类以上的 8 脚 RJ-45 连接器；对于屏蔽双绞线电缆，MDI 连接器必须是 IBM 的 STP 连接器，使用屏蔽 DB-9 型连接器。

① 5 类 UTP 及 5 类以上 UTP：100Base-TX UTP 介质接口使用两对 MDI 连接器线来将信号传出和传入网络介质，这意味着 RJ-45 连接器 8 个管脚中的 4 个是被占用的。为使串音和可能的信号失真最小，另外 4 条线不应传输任何信号。每对的发送和接收信号是极化的，一条线传输正（+）信号，而另一条线传输负（-）信号。对于 RJ-45 连接器，正确的配线对分配是管脚[1,2]和管脚[3,6]。应尽量在 MDI 管脚分配中使用正确的彩色编码线对。表 4.3 所示为 100Base-TX 的 UTP MDI 连接器管脚分配表。

表 4.3　　　　　　　　　　　100Base-TX 的 UTP MDI 连接器管脚分配表

| 管　脚　号 | 信　号　名 | 电　缆　编　码 |
|---|---|---|
| 1 | 发送+ | 白色/橙色 |
| 2 | 发送- | 橙色/白色 |
| 3 | 接收+ | 白色/绿色 |
| 4 | 保留 | |
| 5 | 保留 | |
| 6 | 接收- | 绿色/白色 |
| 7 | 保留 | |
| 8 | 保留 | |

② 1 类 STP：100Base-TX 标准也支持特征阻抗为 150Ω 的屏蔽双绞线电缆。屏蔽双绞线电缆使用 D 型连接器并按 ANSI TP-PMD 对屏蔽双绞线架设的规范来布线。在 DB-9 连接器上正确的配线对分配是管脚[1,6]和管脚[5,9]。表 4.4 所示为 100Base-TX 的 STPMDI 连接器管脚分配表。

表 4.4                                100Base- TX 9 脚 STP MDI 连接器管脚分配表

| 管 脚 号 | 信 号 名 | 电缆编码 |
|---|---|---|
| 1 | 接收+ | 橙色 |
| 2 | 保留 | |
| 3 | 保留 | |
| 4 | 保留 | |
| 5 | 发送+ | 红色 |
| 6 | 接收- | 黑色 |
| 7 | 保留 | |
| 8 | 保留 | |
| 9 | 发送- | 绿色 |
| 10 | 底盘 | 电缆外壳 |

③ 100Base-T 交叉布线：当两个结点在网段上连到一起时，一个 MDI 连接器的发送对连到第二个结点的 MDI 的接收对。当两个结点连到一起单机应用时，必须提供一条外部交叉电缆，将电缆一端 8 脚 RJ-45 连接器上的发送管脚连到电缆另一端 8 脚 RJ-45 连接器上的接收管脚。在多个结点连到一个集线器或交换机端口的实现中，交叉布线是在集线器或交换机端口内部完成的，这使得直联电缆能用于各个结点和集线器或交换机端口之间。表 4.5 所示为 100Base-TX 交叉连接管脚分配表。

表 4.5                                100Base-TX 交叉连接管脚分配表

| 管脚号 | 5 类 UTP 电缆 | | 1 类 STP 电缆 | |
|---|---|---|---|---|
| | 无交叉信号名 | 交叉信号名 | 无交叉信号名 | 交叉信号名 |
| 1 | 发送+ | 接收+ | 接收+ | 发送+ |
| 2 | 发送- | 接收- | 保留 | 保留 |
| 3 | 接收+ | 发送+ | 保留 | 保留 |
| 4 | 保留 | 保留 | 保留 | 保留 |
| 5 | 保留 | 保留 | 发送+ | 接收+ |
| 6 | 接收- | 发送- | 接收- | 发送- |
| 7 | 保留 | 保留 | 保留 | 保留 |
| 8 | 保留 | 保留 | 保留 | 保留 |
| 9 | N/A | N/A | 发送- | 接收- |
| 10 | N/A | N/A | 底盘 | 底盘 |

④ 100Base-TX 电缆配置：快速以太网的电缆设置安装应符合 EIA/TIA-568 标准，它描述了接线箱和网络结点之间准确的电缆长度。这一段长度的电缆称为网段，并在以太网规范中被定义为链段。链段正式定义为连接两个且仅仅连接两个 MDI 的点到点的介质。100Base-TX 规范允许两个 DTE 或 DTE 与交换端口之间的链路之间的链段最大长度为 100m。

（2）100Base-FX

光缆是 100Base-FX 指定支持的一种介质，而且容易安装、重量轻、体积小、灵活性好、不受 EMI 干扰。

100Base-FX 标准指定了两条多状态光纤，一条用于发送数据，一条用于接收数据。当工作站的 NIC 以全双工模式运行时能超过 2km。光缆可分为两类：多模和单模。

① 多模光缆：这种光缆为 62.5/125μm，采用基于 LED 的收发器将波长为 820nm 的光信号发送到光纤上。当连在两个设置为全双工模式的交换机端口之间时，支持的最大距离为 2km。

② 单模光缆：这种光缆为 9/125μm，采用基于激光的收发器将波长为 1300nm 的光信号发送到光纤上。单模光缆率损耗小，较之多模光缆能使光信号传输到更远的距离。

（3）100Base-T4

100Base-T4 是 100Base-T 标准中唯一全新的 PHY 标准。100Base-T4 标准是用来帮助那些已经安装了第 3 类或第 4 类电缆的用户的。

100Base-T4 链路与介质相关的接口是基于 3、4、5 类非屏蔽双绞线的。100Base-T4 标准使用 4 对线。用于 100Base-T 的 RJ-45 连接器也可用于 100Base-T4。4 对中的 3 对用于一起发送数据，同时第 4 对用于冲突检测。每对线都是极化的，每对中的一条线传输正（＋）信号，而另一条线传输负（－）信号。表 4.6 所示为 100Base-T4 UTP MDI 管脚分配表。

表 4.6 100Base-T4 UTP MDI 管脚分配表

| 管 脚 号 | 信 号 名 | 电 缆 编 码 |
|---|---|---|
| 1 | TX_D1+ | 白色/橙色 |
| 2 | TX_D1- | 橙色/白色 |
| 3 | RX_D2+ | 白色/绿色 |
| 4 | BI_D3+ | 兰色/白色 |
| 5 | BI_D3- | 白色/兰色 |
| 6 | RX_D2- | 绿色/白色 |
| 7 | BI_D4+ | 白色/棕色 |
| 8 | BI_D4+ | 棕色/白色 |

① 100Base-T4 交叉布线：当两个结点在网段上连接到一起时，一个 MDI 连接器的发送对连接第二个结点 MDI 的接收对。当两个结点连到一起用于单机应用时，必须提供一条外部交叉电缆，将电缆的一端 8 脚 RJ-45 连接器上的发送管脚连到电缆另一端 8 脚 RJ-45 连接器上的接收管脚。在多个结点连到一个集线器或交换机端口的实现中，交叉布线是在集线器或交换机端口内部完成的，这使得直连电缆能用于各个结点和集线器或交换机端口之间。表 4.7 所示为 100Base-T4 交叉连接管脚分配表。

表 4.7 100Base-T4 交叉连接管脚分配表

| 管 脚 号 | 信 号 名 | 管 脚 号 | 信 号 名 |
|---|---|---|---|
| 1 | TX_D1+ | 1 | RX_D2+ |
| 2 | TX_D1- | 2 | RX_D2- |
| 3 | RX_D2+ | 3 | TX_D1+ |
| 4 | BI_D3+ | 4 | BI_D4+ |

续表

| 管 脚 号 | 信 号 名 | 管 脚 号 | 信 号 名 |
| --- | --- | --- | --- |
| 5 | BI_D3- | 5 | BI_D4- |
| 6 | RX_D2- | 6 | TX_D1- |
| 7 | BI_D4+ | 7 | BI_D3+ |
| 8 | BI_D4+ | 8 | BI_D3- |

② 8B6T 编码方式：8B6T 编码方法有效地将字节的每位映射到一个称为 6T 代码组的 6 位三进制符号内，这就是 8B6T。6T 代码组散开到 3 个发送组上，有效的数据传输率为 100Mbit/s 的三分之一，即 33.3Mbit/s。每对线上的三进制符号的传输率是 33.3Mbit/s 的 6/8，即 25MHz，与 MII 时钟的频率相同，因此，100Base-T4 PHY 中不需要 PLL（锁相回路）。每对上发送的三进制符号可以有 3 个值，与有两个值的二进制信号不一样。

图 4.16 给出了一个采用 100Mbit/s 交换机进行组网的快速以太网的例子。由于快速以太网是从 10Base-T 发展而来的，并且保留了 IEEE 802.3 的帧格式，所以 10Mbit/s 以太网可以非常平滑地过渡为 100Mbit/s 的快速以太网。

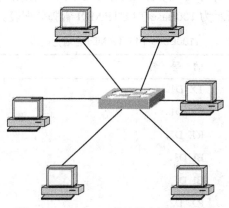

图 4.16　100Base-T 快速以太网组网举例

快速以太网的最大优点是结构简单、实用、成本低并易于普及，目前主要用于快速桌面系统，也有少量被用于小型园区网络的主干。

## 4.5.2　千兆位以太网技术

随着多媒体技术、高性能分布计算和视频应用等的不断发展，用户对局域网的带宽提出了越来越高的要求；同时，100Mbit/s 快速以太网也要求主干网、服务器一级的设备要有更高的带宽。在这种需求背景下人们开始酝酿速度更高的以太网技术。1996 年 3 月 IEEE 802 委员会成立了 IEEE 802.3z 工作组，专门负责千兆位以太网及其标准，并于 1998 年 6 月正式公布了关于千兆位以太网的标准。

千兆位以太网标准是对以太网技术的再次扩展，其数据传输率为 1000Mbit/s 即 1Gbit/s，因此也称吉比特以太网。千兆位以太网基本保留了原有以太网的帧结构，所以向下和以太网与快速以太网完全兼容，从而原有的 10Mbit/s 以太网或快速以太网可以方便地升级到千兆位以太网。千兆位以太网标准实际上包括支持光纤传输的 IEEE 802.3z 和支持铜缆传输的 IEEE 802.3ab 两大部分。图 4.17 所示为千兆位以太网的协议结构。

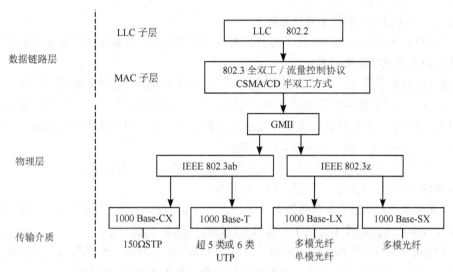

图 4.17　标准的千兆位以太网协议体系

从图 4.17 可以看出，千兆位以太网的物理层包括 1000Base-SX、1000Base-LX、1000Base-CX 和 1000 Base-T 4 个协议标准。

### 1. 1000 Base-SX 标准

1000 Base-SX 采用芯径为 62.5μm 和 50μm 的多模光纤，工作波长为 850nm，传输距离为 260m 和 525m。数据编码方法为 8B/10B，适用于作为大楼网络系统的主干通路。

### 2. 1000 Base-LX 标准

（1）多模光纤

1000 Base-LX 可采用芯径为 50μm 和 62.5μm 的多模光纤，工作波长为 850nm，传输距离为 550 m，数据编码方法为 8B/10B，适用于作为大楼网络系统的主干通路。

（2）单模光纤

1000 Base-LX 可采用芯径为 9μm 的单模光纤，工作波长为 1300nm 或 1550nm，数据编码方法采用 8B/10B，适用于校园或城域主干网。

### 3. 1000 Base-CX 标准

1000 Base-CX 标准采用 150Ω 平衡屏蔽双绞线（STP），传输距离为 25m，传输速率为 1.25Gbit/s，数据编码方法采用 8B/10B，适用于集群网络设备的互连，例如机房内连接网络服务器。

### 4. 1000 Base-T 标准

1000 Base-T 采用 4 对 5 类 UTP 双绞线，传输距离为 100 m，传输速率为 1Gbit/s，主要用于结构化布线中同一层建筑的通信，从而可以利用以太网或快速以太网已铺设的 UTP 电缆，也可被用做大楼内的网络主干。

在千兆位以太网的 MAC 子层，除了支持以往的 CSMA/CD 协议外，还引入了全双工流量控制协议。其中，CSMA/CD 协议用于共享信道的争用问题，即支持以集线器作为星形拓扑中心的共享以太网组网；全双工流量控制协议适用于交换机到交换机或交换机到站点之间的点-点连接，两点间可以同时进行发送与接收，即支持以交换机作为星形拓扑中心的交换以太网组网。

与快速以太网相比，千兆位以太网有其明显的优点。千兆位以太网的速度 10 倍于快速以太网，但其价格只有快速以太网的 2～3 倍，即千兆位以太网具有更高的性能价格比。而且从现有的传统以太网与快速以太网可以平滑地过渡到千兆位以太网，并不需要掌握新的配置、管理与排除故障技术。千兆位以太网的主要优点如下。

① 简易性：千兆位以太网保持了经典以太网的技术原理、安装实施和管理维护的简易性，这是千兆位以太网成功的基础之一。

② 技术过渡的平滑性：千兆位以太网保持了经典以太网的主要技术特征，采用 CSMA/CD 介质管理协议、相同的帧格式及帧的大小，支持全双工、半双工工作方式，以确保平滑过渡。

③ 网络可靠性：保持经典以太网的安装、维护方法，采用中央集线器和交换机的星形结构和结构化布线方法，以确保千兆位以太网的可靠性。

④ 可管理性和可维护性：采用简单网络管理协议（SNMP）即经典以太网的故障查找和排除工具，以确保千兆位以太网的可管理性和可维护性。

⑤ 整体成本低：网络成本包括设备成本、通信成本、管理成本、维护成本及故障排除成本。由于继承了经典以太网的技术，使千兆位以太网的整体成本下降。

⑥ 支持新应用与新数据类型：随着计算机技术和应用的发展，许多新的应用模式对网络提出了更高的要求。千兆位以太网具有支持新应用与新数据类型的高速传输能力。

目前，千兆位以太网主要被用于园区或大楼网络的主干中，但也有的被用于有非常高带宽要求的高性能桌面环境中。图 4.18 给出了一个将千兆位以太网用于网络主干，将快速以太网或 10Mbit/s 以太网用于桌面环境的网络示意图。该网络采用了典型的层次化网络设计方法。

如图 4.18 所示，最下面一层由 10Mbit/s 以太网交换机加上 100Mbit/s 上行链路组成，第 2 层由 100Mbit/s 以太网交换机加 1000Mbit/s 上行链路组成，最高层由千兆位以太网交换机组成。通常将面向用户连接或访问网络的层称为接入层（Access Layer），而将网络主干层称为核心层（Core Layer），将连接接入部分和核心部分的层称为分布层或汇聚层（Distribution Layer）。

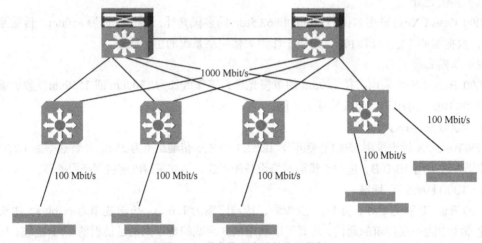

图 4.18　千兆位以太网的应用举例

### 4.5.3　万兆位以太网技术

在以太网技术中，快速以太网是一个里程碑，确立了以太网技术在桌面的统治地位。随后出现的千兆位以太网更是加快了以太网的发展。然而，以太网主要是在局域网中占绝对优势，在很长的一段时间中，由于带宽以及传输距离等原因，人们普遍认为以太网不能用于城域网，特别是在汇聚层以及骨干层。IEEE 802.3ae 工作组在 1999 年年底成立了，进行万兆位以太网技术（10Gbit/s）的研究，并于 2002 年正式发布了 IEEE 802.3ae 10GE 标准。万兆位以太网不仅再度扩展了以太网的带宽和传输距离，更重要的是使以太网从局域网领域向城域网领域渗透。

正如 1000 Base-X 和 1000 Base-T（千兆以太网）都属于以太网一样，从速度和连接距离上来说，万兆位以太网是以太网技术自然发展中的一个阶段。但是，它是一种只适用于全双工模式，并且只能使用光纤的技术。

**1. 万兆位以太网的技术特色和显著特征**

万兆位以太网相对于千兆位以太网拥有绝对的优势和特点。

第一，表现在物理层上。万兆位以太网是一种只采用全双工与光纤的技术，其物理层（PHY）和 OSI 模型的第 1 层（物理层）一致，负责建立传输介质（光纤或铜线）和 MAC 层的连接，MAC 层相当于 OSI 模型的第 2 层（数据链路层）。在网络的结构模型中，把 PHY 进一步划分为物理介质关联层（PMD）和物理代码子层（PCS）。光学转换器属于 PMD 层。PCS 层由信息的编码方式（如 64B/66B）、串行或多路复用等功能组成。

第二，万兆位以太网技术基本承袭了以太网、快速以太网及千兆位以太网技术，因此在用户普及率、使用方便性、网络互操作性及简易性上皆占有极大的引进优势。在升级到万兆位以太网解决方案时，用户不必担心既有的程序或服务会受到影响，升级的风险非常低，同时在未来升级到 40Gbit/s 甚至 100Gbit/s 时都将有很明显的优势。

第三，万兆位标准意味着以太网将具有更高的带宽（10Gbit/s）和更远的传输距离（最长传输距离可达 40km）。

第四，在企业网中采用万兆位以太网可以最好地连接企业网骨干路由器，这样大大简化了网络拓扑结构，提高了网络性能。

第五，万兆位以太网技术提供了更多的更新功能，大大提升了 QoS。因此，能更好地满足网络安全、服务质量、链路保护等多个方面需求。

第六，随着网络应用的深入，WAN/MAN 与 LAN 融和已经成为大势所趋，各自的应用领域也将获得新的突破，而万兆位以太网技术让工业界找到了一条能够同时提高以太网的速度、可操作距离和连通性的途径，万兆位以太网技术的应用必将为三网发展与融和提供新的动力。

万兆位以太网还有以下十分明显的应用特征。

① 万兆位以太网结构简单、管理方便、价格低廉。由于它没有采用访问优先控制技术，并简化了访问控制的算法，从而简化了网络的管理，降低了部署的成本，因而得到了广泛的应用。

② 过去有时需采用数个千兆位捆绑在一起以满足交换机互连所需的高带宽，因而浪费了更多的光纤资源，现在可以采用万兆位互连，甚至 4 个万兆位捆绑互连，达到 40Gbit/s 的宽带水平。

③ 采用万兆位以太网，网络管理者可以用实时方式，也可以用历史累积方式轻松地看到第 2 层到第 7 层的网络流量。它允许"永远在线"监视，能够鉴别干扰或入侵监测，发现网络性能瓶颈，获取计费信息或呼叫数据记录，从网络中获取商业智能。

④ 以太网的可平滑升级保护了用户的投资，以太网的改进始终保持向前兼容，使得用户能够实现无缝升级，不需要额外的投资升级上层应用系统，也不影响原来的业务部署和应用。

**2. 万兆位以太网技术介绍**

图 4.19 所示为 IEEE 802.3ae 万兆位以太网技术标准的体系结构。

（1）物理层

在物理层，万兆位以太网的 IEEE 802.3ae 标准只支持光纤作为传输介质，但提供了两种物理连接（PHY）类型。一种是提供与传统以太网进行连接的速率为 10Gbit/s 的 LAN 物理层设备，即"LAN PHY"；另一种是提供与 SDH/SONET 进行连接的速率为 9.58464Gbit/s 的 WAN 物理层设备，即 "WAN PHY"。通过引入 WAN PHY，提供了以太网帧与 SONET OC-192 帧结构的融合，WAN PHY 可与 OC-192 设备一起运行，从而在保护现有网络投资的基础上，能够在不同地区通过 SONET 城域网提供端到端的以太网连接。

每种 PHY 分别可使用 10GBase-S（850nm 短波）、10GBase-L（1310nm 长波）和 10GBase-E（1550nm 长波）3 种规格，最大传输距离分别为 300 m、10km、40km。

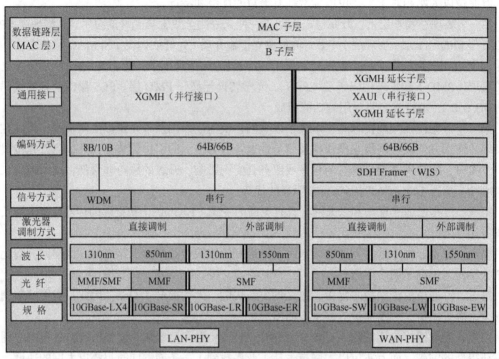

图 4.19  IEEE 802.3ae 体系结构

在物理拓扑上，万兆位以太网既支持星形连接或扩展星形连接，也支持点到点连接及星形连接与点到点连接的组合，在万兆位以太网的 MAC 子层，已不再采用 CSMA/CD 机制，只支持全双工方式。事实上，尽管在千兆位以太网协议标准中提到了对 CSMA/CD 的支持，但基本上只采用全双工方式，而不再采用共享带宽方式。另外，其继承了 802.3 以太网的帧格式和最大/最小帧长度，从而能充分兼容已有的以太网技术，进而降低了对现有以太网进行万兆位升级的风险。

① 10Gbit/s 串行物理媒介层。万兆位以太网支持 5 种接口，分别是 1550nm LAN 接口、1310nm 宽频波分复用（WWDM）LAN 接口、850nm LAN 接口、1550nm WAN 接口和 1310nm WAN 接口。每种接口都有其对应的最便宜的传输介质，传输距离也不同，如表 4.8 所示。

② PMD（物理介质相关）子层。PMD 子层的功能是支持在 PMA 子层和介质之间交换串行化的符号代码位。PMD 子层将这些电信号转换成适合于在某种介质上传输的形式。PMD 是物理层的最低子层，标准中规定物理层负责从介质上发送和接收信号。

表 4.8                                           10Gbit/s 串行物理媒介层

| 名　　称 | 描　　　述 | 传 输 介 质 | 传 输 距 离 |
| --- | --- | --- | --- |
| 10Gbase-SR | 805nm LAN 接口 | 50/125μm 多模光纤 | 65m |
| 10Gbase-LR | 1310nm LAN 接口 | 62.5/125μm 多模光纤 | 300m |

续表

| 名　称 | 描　述 | 传 输 介 质 | 传 输 距 离 |
|---|---|---|---|
| 10GBase-ER | 1550nm LAN 接口 | 50/125μm 多模光纤 | 240m |
| 10GBase-LW | 1310nm WAN 接口 | 单模光纤 | 10km |
| 10GBase-EW | 1550nm WAN 接口 | 单模光纤 | 40km |

③ PMA（物理介质接入）子层。PMA 子层提供了 PCS 和 PMD 层之间的串行化服务接口。和 PCS 子层的连接称为 PMA 服务接口。另外，PMA 子层还从接收位流中分离出用于对接收到的数据进行正确的符号对齐（定界）的符号定时时钟。

④ WIS（广域网接口）子层。WIS 子层是可选的物理子层，可用在 PMA 与 PCS 之间，产生适配 ANSI 定义的 SONET STS-192c 传输格式或 ITU 定义 SDH VC-4-64c 容器速率的以太网数据流。该速率数据流可以直接映像到传输层而不需要高层处理。

⑤ PCS（物理编码）子层。PCS 子层位于协调子层（通过 GMII）和物理介质接入层（PMA）子层之间。PCS 子层完成将经过完善定义的以太网 MAC 功能映像到现存的编码和物理层信号系统的功能上去。PCS 子层和上层 RS/MAC 的接口由 XGMII 提供，与下层 PMA 接口使用 PMA 服务接口。

⑥ RS（协调子层）和 XGMII（10Gbit/s 介质无关接口）。协调子层的功能是将 XGMII 的通路数据和相关控制信号映射到原始 PLS 服务接口定义（MAC/PLS）接口上。XGMII 接口提供了 10Gbit/s 的 MAC 和物理层间的逻辑接口。XGMII 和协调子层使 MAC 可以连接到不同类型的物理介质上。

（2）传输介质层

IEEE 802.3ae 目前支持 9/125 μm 单模、50/125μm 多模和 62.5/125μm 多模 3 种光纤，而对电接口的支持规范 10GBase-CX4 目前正在讨论之中，尚未形成标准。

（3）数据链路层

IEEE 802.3ae 继承了 802.3 以太网的帧格式和最大/最小帧长度，支持多层星形连接、点到点连接及其组合，充分兼容已有应用，不影响上层应用，进而降低了升级风险。

与传统的以太网不同，IEEE 802.3ae 仅仅支持全双工方式，不支持单工和半双工方式，不采用 CSMA/CD 机制；IEEE 802.3ae 不支持自协商，可简化故障定位，并提供广域网物理层接口。

**3. 以太网的应用和展望**

（1）万兆位以太网的应用场合

随着千兆到桌面的日益普及，万兆位以太网技术将会在汇聚层和骨干层广泛应用。从目前网络现状看，万兆位以太网最先应用的场合包括教育行业、数据中心出口和城域网骨干。

① 在教育网的应用。随着高校多媒体网络教学、数字图书馆等应用的展开，高校校园网将成为万兆位以太网的重要应用场合，如图 4.20 所示。利用 10GE 高速链路构建校园网的骨干链路和各分校区与本部之间的连接，可实现端到端的以太网访问，进而提高传输效率，有效地保证远程多媒体教学和数字图书馆等业务的开展。

② 在数据中心出口的应用。随着服务器纷纷采用千兆位链路连接网络，汇聚这些服务器的上行带宽将逐渐成为业务瓶颈，使用 10GE 高速链路可为数据中心出口提供充分的带宽保障，如图 4.21 所示。

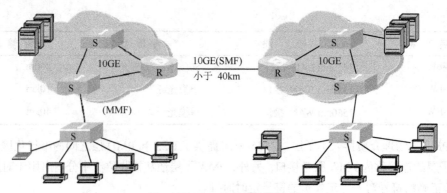

图 4.20　10GE 在校园网的应用

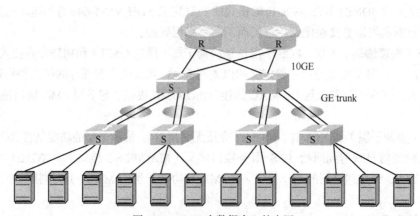

图 4.21　10GE 在数据中心的应用

③ 在城域网的应用。随着城域网建设的不断深入，各种内容业务（如流媒体视频应用、多媒体互动游戏）纷纷出现，这些对城域网的带宽提出更高的要求，而传统的 SDH、DWDM 技术作为骨干存在着网络结构复杂、难于维护和建设成本高等问题。如图 4.22 所示，在城域网骨干层部署 10GE 可大大地简化网络结构、降低成本、便于维护，通过端到端以太网打造低成本、高性能和具有丰富业务支持能力的城域网。

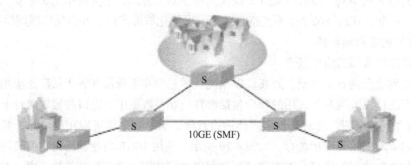

图 4.22　10GE 直接作为城域网骨干

10GE 在城域网中的应用主要有以下两个方面。

● 直接采用 10GE 取代原来的传输链路，作为城域网骨干，如图 4.22 所示。

● 通过 10GE CWDM 接口或 WAN 接口与城域网的传输设备相连接，充分利用已有的 SDH 或 DWDM 骨干传输资源，如图 4.23 所示。

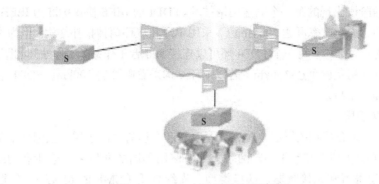

图 4.23　10GE 与城域网骨干的连接

（2）万兆位以太网的特点

万兆位以太网技术提供更加丰富的带宽和处理能力，能够有效地节约用户在链路上的投资，并保持以太网一贯的兼容性、简单易用和升级容易的特点。但是，由于万兆位以太网尚处于发展初期，还存在着一些问题和不足：首先，在价格方面，目前一个 10GE 端口的价格是 GE 端口的 100 倍左右，尤其是在带宽得不到充分利用的情况下，会造成投资的极大浪费；其次，万兆位以太网继承了以太网一贯的弱 QoS 特点，如何进行有保障的区分业务承载的问题仍然没有解决，RPR、MPLS 等特性的支持尚不成熟；第三，10GE 要求设备具有强大的处理能力，而目前业界有些厂商推出的 10GE 端口并未实现真正的线速处理，带宽优势大打折扣。

# 4.6　其他种类的高速局域网

## 4.6.1　100VG-AnyLAN 局域网

标准为 IEEE 802.12 的 100VG-AnyLAN 也是一种使用集线器的 100Mbit/s 高速局域网，它常简写为 100VG。VG 代表 Voice Grade（语音级，这种局域网可使用 3 类线），而 Any 则表示能使用多种传输介质，并可支持 IEEE 802.3 和 IEEE 802.5 的数据帧。

100VG 是一种无碰撞局域网，能更好地支持多媒体传输；在网络上可获得高达 95%的吞吐量；在介质访问控制子层（MAC）运行需要优先级（Demand Priority）协议；各工作站有数据要发送时，要向集线器发出请求，每个请求都标有优先级别。一般的数据为低优先级，而对时间敏感的多媒体应用的数据（如话音、活动图像）则可定为高优先级。集线器使用一种循环仲裁过程来管理网络的结点，因而可保证对时间敏感的一些应用提供所需的实时服务。

100VG 是 HP 公司推出的，但是 100VG 并没有被广泛应用，主要原因如下。

① 100VG 不是以太网，它和广大用户使用的以太网并不兼容。

② 100VG 要求使用 4 对芯线，但有的地方只有 2 对线可供使用。

③ 100VG 不支持全双工方式，因此其速率只能是 100Mbit/s。

④ 100VG 基本上是 HP 公司的专有技术，而主要的集线器和网卡制造厂商都支持 100Base-T。

## 4.6.2　光纤分布式数据接口（FDDI）

FDDI 是 Fiber Distributed Data Interface 的缩写，意思是光纤分布数据接口，是计算机网络技术发展到高速通信阶段出现的第一个高速网络技术。FDDI 的 IEEE 协议标准为 IEEE 802.7。FDDI 以光纤为传输介质，传输速率可达 100Mbit/s，采用单环和双环两种拓扑结构。但为了提高网络的健壮性，大多采用双环结构。每一个 FDDI 环可以连接 500 台工作站，工作站间的距离可达 2km，从而 FDDI 的单环网络范围可达 100km，若以双环结构来看则可达 200km。FDDI 有完整的国际标准，有众多厂商的支持。

**1. FDDI 的物理层**

FDDI 标准的物理介质相关子层（PMD）是真正和介质有关的子层，该标准定义如何将结点物理地址连接到 FDDI 环上和在 FDDI 网络上如何使用不同的介质来互连所有的站。设计的主要内容包括：光发送器和光接收器、端口类型、光纤介质（SMF 或 MMF）、介质接口、光旁路开关。

FDDI 标准根据传输介质的不同，定义了 4 种类型的 PMD 标准。

① MMF-PMD：使用多模光缆 MMF，是 ANSI 定义的第一个 PMD 标准。多模光缆使用廉价的 LED 作为光源，价格便宜，波长有 850nm 和 1300nm 两种，最大传输距离为 2km。

② SMF-PMD：使用单模光缆 SMF，单模光缆通常使用激光作为光源，波长为 1300nm。单模光缆传输距离较远，在无中继情况下其传输距离可达 60km，价格较 MMF 贵。

③ LCF-PMD：使用廉价光缆的 PMD 标准，使用多模光缆为传输介质，光源为发光二极管。

④ TP-PMD：使用双绞线电缆作为 FDDI 的传输介质。使用 5 类 UTP 的传输距离为 100m。

在 FDDI 网络中，双连接有两个物理实体，一个实体连接主环，另一个实体连接副环。单连接站（Single Attached Station，SAS）也有两个物理层实体，主实体在 SAS，副实体在集中器。因此，标准规定最大为 500 个站点。FDDI 限制光缆总长度为 200km，即环路长度限制在 100km。

PMD 标准中定义了以下 4 种主要的 FDDI 介质接口连接器（称之为 MIC）。

● A 型连接器——是双连集中器 DAC 和双连站 DAS 的一部分，用于连接主环的输入和副环的输出。

● B 型连接器——是 DAC 和 DAS 的一部分，用于连接主环的输入和副环的输出。

● M 型连接器——是集中器的一部分，可以用于单连站 SAS、DAS、DAC 和单连集中器 SAC。

● S 型连接器——是 SAS、SAC 的一部分，用于把 SAC、SAS 连接到集中器。

**2. FDDIMAC 子层**

FDDI 在 MAC 子层采用与 IEEE802.5 类似的令牌传输方式作为介质访问控制机制，但在令牌释放上采用了早期令牌释放 ETR 技术，即只要某站点完成了数据传输，就将令牌释放，而不是像 IEEE 802.5 中那样，直到帧被正确接收后才释放令牌，从而大大提高了信道的带宽利用率。另外，FDDI 的帧格式也类似于 IEEE 802.5 的帧，但两者之间有一些细小的区别。

**3. FDDI 的拓扑**

FDDI 是一个高速环路，利用它可以为互联网提供高速主干网，并为主机提供高速信道，ANSI 规定 FDDI 可以采用 4 种拓扑，即双环拓扑、集中器树拓扑、双环树拓扑和双主机拓扑。实际上大型网就是把集中器接入双环，由集中器连接 LAN，在 LAN 中接入多个网站，故集中器是核心部件，集中器实际上就是 FDDI Hub。

**4. FDDI 的技术指标**

FDDI 的技术指标如表 4.9 所示。

| 表 4.9 | FDDI 技术指标 |
|---|---|

| 项　　目 | 指　　标 |
|---|---|
| 拓扑 | 环形、星形、树形 |
| 数据传输率 | 100Mbit/s |
| 光信号传输率 | 125Mbit/s |
| 最大结点数 | 500 |
| 站间最大距离 | 2km 多模光缆；40～100km 单模光缆 |
| 最大环长度 | 200km |
| 最大帧长度 | 4500B |
| 传输介质 | 光纤、双绞线电缆 |
| 介质访问方式 | 定时令牌传输 |

#### 5. FDDI 的应用环境

FDDI 主要用于以下 4 种应用环境。

① 用于计算机机房中大型计算机和高速外设之间的连接，以及对可靠性、传输速度与系统容错要求较高的环境。

② 用于连接大量的小型机、工作站、个人计算机与各种外设。

③ 校园网的主干网，用于连接分布在校园各个建筑物中的小型机、服务器、工作站和个人计算机以及多个局域网。

④ 多校园的主干网，用于连接地理位置相距几千米的多个校园网、企业网，成为一个区域性的互连多个校园网和企业网的主干网。

FDDI 主要作为主干网使用，曾经是最成熟的主干网技术，但随着高速以太网的出现和发展，FDDI 已经退出了局域网的历史舞台。

## 4.6.3　高性能并行接口（HIPPI）

高性能并行接口（High-Performance Parallel Interface，HIPPI）主要用于超级计算机与一些外围设备（如大容量存储器、图形工作站等）的高速接口。HIPPI 是一个 ANSI 标准，HIPPI 的数据传输速率从最初的 800Mbit/s，升到 1600Mbit/s，甚至最高的 6.4Gbit/s。

## 4.6.4　光纤通道

光纤信道可处理数据通道和网络的连接。它可用来传输数据，包括 HIPPI、SCSI 以及 IBM 主机所用的复用器通道，也可用来传输网络的分组，如 IEEE 802、IP 以及 ATM 的分组。光纤信道的基本结构是与输入和输出端口连接的一个交叉式交换机。光纤通道支持 3 种服务：第一类服务是纯电路交换，第二类服务是保证交付的分组交换，第三类服务是不保证交付的分组交换。

光纤通道的物理媒体可使用单模光纤和多模光纤（50μm 和 62.5μm 两种）。使用单模光纤可传输 10km，而使用多模光纤可传输 175m～10km，这主要取决于传输速率。光纤通道还可使用视频电缆（传输距离为 25～100m）、小同轴电缆（传输距离为 10～35m）以及屏蔽双绞线 STP（传输距离为 50～100m，分别对应的数据传输速率为 200Mbit/s 和 100Mbit/s）。

# 4.7 无线局域网

前几节介绍的各类局域网技术都是基于有线传输介质实现的。但是，在某些环境中，例如在具有空旷场地的建筑物内，在具有复杂周围环境的制造业工厂、货物仓库内，在机场、车站、码头、股票交易场所等一些用户频繁移动的公共场所，在缺少网络电缆而又不能打洞布线的历史建筑物内，在一些受自然条件影响而无法实施布线的环境中，在一些需要临时增设网络结点的场合如体育比赛场地、展示会等，使用有线网络会存在明显的限制。而无线局域网则恰恰能在这些场合解决有线局域网所存在的困难。有线连网的系统要求工作站保持静止，只能提供介质和办公范围内的移动。无线连网将真正的可移动性引入了计算机世界。

顾名思义，所谓无线局域网（Wireless Local Area Network，WLAN）就是指采用无线传输介质的局域网。

## 4.7.1 无线局域网标准

目前支持无线局域网的技术标准主要有蓝牙技术、Home RF 技术以及 IEEE 802.11 系列。其中，Home RF 主要用于家庭无线网络，其通信速度比较慢；蓝牙技术是在 1994 年爱立信为寻找蜂窝电话和 PDA 那样的辅助设备进行通信的廉价无线接口时创立的，是按 IEEE802.11 标准的补充技术来设计的；IEEE 802.11 是由 IEEE 802 委员会制订的无线局域网系列标准，在 1997 年，IEEE 发布了 IEEE 802.11 协议，这也是在无线局域网（WLAN）领域内的第一个国际上被广泛认可的协议。随后，IEEE 802.11a、802.11b、802.11d 标准相继完成。目前正在制订的一系列标准有 IEEE 802.11e、802.11f、802.11g、802.11h、802.11i 等，它推动着 WLAN 走向安全、高速、互连。

IEEE 802.11 规范覆盖了无线局域网的物理层和 MAC 子层。参照 OSI 参考模型，IEEE802.11 系列规范主要从 WLAN 的物理层和 MAC 层两个层面制订系列规范，物理层标准规定了无线传输信号等基础规范，如 IEEE 802.11a、802.11b、802.11d、802.11g、802.11h，而媒体访问控制层标准是在物理层上的一些应用要求规范，如 802.11e、802.11f、802.11i。

在 IEEE 802.11 标准中，定义了 3 个可选的物理层实现方式，它们分别为红外线（IR）基带物理层和两种无线频率（RF）物理层。两种无线频率物理层指工作在 2.4GHz 频段上的跳频扩展频谱（FHSS）方式以及直接序列式扩频（DSSS）方式。目前 IEEE 802.11 规范的实际应用以使用 DSSS 方式为主流。下面分别介绍这 3 种方式。

### 1. 红外线方式

红外线局域网采用波长小于 1 μm 的红外线作为传输媒介，有较强的方向性，受阳光干扰大。它支持 1～2Mbit/s 数据速率，适于近距离通信。

### 2. 直接序列式扩频（DSSS）

直接序列式扩频就是使用具有高码率的扩频序列，在发射端扩展信号的频谱，而在接收端用相同的扩频码序列进行解扩，把展开的扩频信号还原成原来的信号。DSSS 局域网可在很宽的频率范围内进行通信，支持 1～2Mbit/s 数据速率，在发送和接收端都以窄带方式进行，而以宽带方式传输。

### 3. 跳频扩展频谱（FHSS）

跳频技术是另外一种扩频技术。跳频的载频受一个伪随机码的控制，在其工作带宽范围内，其频率按随机规律不断改变频率。接收端的频率也按随机规律变化，并保持与发射端的变化规律一致。跳频的高低直接反映跳频系统的性能，跳频越高，抗干扰的性能越好，军用的跳频系统可以达到上万跳每秒。实际上移动通信 GSM 系统也是跳频系统。出于成本的考虑，商用跳频系统跳速都较慢，一般在 50 跳/秒以下。由于慢跳跳频系统实现简单，因此低速无线局域网常常采用这种技术。FHSS 局域网支持 1Mbit/s 数据速率，共有 22 组跳频图案，包括 79 个信道，输出的同步载波经解调后，可获得发送端来的信息。

与红外线方式比较，使用无线电波作为媒体的 DSSS 和 FHSS 方式具有覆盖范围大，抗干扰、抗噪声、抗衰减和保密性好的优点。

IEEE 802.11 标准在 MAC 子层采用带冲突避免的载波监听多路访问（Carrier Sense Multiple Access/Collision Avoidance，CSMA/CA）协议。该协议与在 IEEE 802.3 标准中所讨论的 CSMA/CD 协议类似，为了减小无线设备之间在同一时刻同时发送数据导致冲突的风险，IEEE 802.11 引入了称为请求发送/清除发送（RTS/CTS）的机制。即：如果发送目的地是无线结点，数据到达基站，该基站将会向无线结点发送一个 RTS 帧，请求一段用来发送数据的专用时间。接收到 RTS 请求帧的无线结点将回应一个 CTS 帧，表示它将中断其他所有的通信直到该基站传输数据结束。其他设备可监听到传输事件的发生，同时将在此时间段的传输任务向后推迟。这样，结点间传输数据时发生冲突的概率就会大大减少。

## 4.7.2　无线局域网设备

组建无线局域网的无线网络设备主要包括：无线网卡、无线访问接入点、无线网桥和天线，几乎所有的无线网络产品中都自含无线发射/接收功能。

① 无线网卡在无线局域网中的作用相当于有线网卡在有线局域网中的作用。按无线网卡的总线类型可分为适用于台式机 PCI 接口的无线网卡和适用于笔记本 PCMCIA 接口的无线网卡，如图 4.24 所示。笔记本和台式机均使用 USB 接口的无线网卡，如图 4.25 所示。

图 4.24　笔记本无线网卡　　　　　　图 4.25　USB 无线网卡

② 无线访问接入点（AP）则是在无线局域网环境中，进行数据发送和接收的集中设备，相当于有线网络中的集线器。通常，一个 AP 能够在几十至上百米的范围内连接多个无线用户。AP 可以通过标准的 Ethernet 电缆与传统的有线网络相连，从而可作为无线网络和有线网络的连接点。由于无线电波在传播过程中会不断衰减，导致 AP 的通信范围被限定在一定的范围之内，这个范围被称为微单元。但若采用多个 AP，并使它们的微单元互相有一定范围的重合时，则用户可以在整个无线局域网覆盖区内移动，无线网卡能够自动发现附近信号强度最大的 AP，并通过这个 AP 收发数据，保持不间断的网络连接，这种方式称为无线漫游。

③ 无线网桥主要用于无线或有线局域网之间的互连。当两个局域网无法实现有线连接或使

用有线连接存在困难时，就可使用无线网桥实现点对点的连接，在这里无线网桥起到了协议转换的作用。无线网桥示意图如图 4.26 所示。

④ 无线路由器则集成了无线 AP 的接入功能和路由器的第 3 层路径选择功能。

⑤ 天线（Antenna）则是将信号源发送的信号借由天线传输至远处。天线一般有所谓的定向性（Uni-directional）与全向性（Omni-directional）之分，前者较适合于长距离使用，而后者较适合区域性应用。例如，若要将在第一栋楼内无线网络的范围扩展到 1km 甚至数千米以外的第二栋楼，其中的一个方法是在每栋楼上安装一个定向天线，天线的方向互相对准，第一栋楼的天线经过网桥

图 4.26　无线网桥

连到有线网络上，第二栋楼的天线是接在第二栋楼的网桥上，如此无线网络就可接通相距较远的两个或多个建筑物。

### 4.7.3　无线局域网间通信

建立到 WLAN 的连接后，结点会像其他 802 网络一样传输帧。WLAN 不使用标准的 802.3 帧。WLAN 帧的类型有 3 种：控制帧、管理帧和数据帧。

### 4.7.4　无线局域网的组网模式

将以上几种无线局域网设备结合在一起使用，就可以组建出多层次、无线与有线并存的计算机网络。一般来说，无线局域网有两种组网模式，一种是无固定基站的，另一种是有固定基站的。这两种模式各有特点，无固定基站组成的网络称为自组网络，主要用于在便携式计算机之间组成平等状态的网络；有固定基站的网络类似于移动通信的机制，网络用户的便携式计算机通过基站（又称为访问点 AP）连入网络。这种网络是应用比较广泛的网络，一般用于有线局域网覆盖范围的延伸或作为宽带无线互联网的接入方式。

#### 1. 自组网络（Ad-Hoc）模式

自组网络又称对等网络，是最简单的无线局域网结构，是一种无中心的拓扑结构，网络连接的计算机具有平等的通信关系，仅适用于较少数的计算机无线互连（通常是在 5 台主机以内），如图 4.27 所示。这些计算机要有相同的工作组名和密码（如果适用）。任何时间，只要两个或更多的无线网络接口互相都在彼此的范围之内，它们就可以建立一个独立的网络；可以实现点对点与点对多点连接；自组网络不需要固定设施，是临时组成的网络，非常适合于野外作业和军事领域；组建这种网络，只需要在每台计算机中插入一块无线网卡，不需要其他任何设备就可以完成通信。

#### 2. 基础结构网络（Infrastucture）模式

在具有一定数量用户或需要建立一个稳定的无线网络平台时，一般会采用以 AP 为中心的模式，将有限的"信息点"扩展为"信息区"，这种模式也是无线局域网最为普通的构建模式，即基础结构模式，采用固定基站的模式。在基础结构网络中，要求有一个无线固定基站充当中心站，所有站点对网络的访问均由其控制，如图 4.28 所示。

在基于 AP 的无线网络中，AP 访问点和无线网卡还可针对具体的网络环境调整网络连接速度，如 11Mbit/s 的 IEEE 802.11b 的可使用速率可以调整为 1Mbit/s、2Mbit/s、5.5Mbit/s 和 11Mbit/s 4 种；54Mbit/s 的 IEEE 802.11a 和 IEEE 802.11g 的则有 54Mbit/s、48Mbit/s、36Mbit/s、24Mbit/s、

18Mbit/s、12Mbit/s、11Mbit/s、9Mbit/s、6Mbit/s、5.5Mbit/s、2Mbit/s、1Mbit/s 12 个不同速率可动态转换，以发挥相应网络环境下的最佳连接性能。

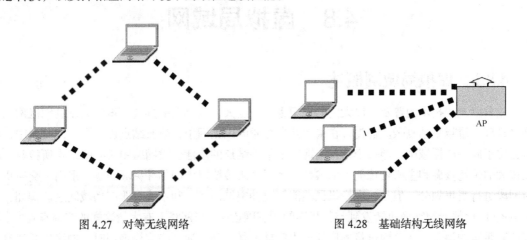

图 4.27　对等无线网络　　　　　　　　　图 4.28　基础结构无线网络

由于每个站点只需在中心站覆盖范围之内就可与其他站点通信，故网络中站点布局受环境限制较小。

通过无线接入访问点、无线网桥等无线中继设备还可以把无线局域网与有线网连接起来，并允许用户有效地共享网络资源，如图 4.29 所示。中继站不仅仅提供与有线网络的通信，也为网上邻居解决了无线网络拥挤的状况。复合中继站能够有效地扩大无线网络的覆盖范围，实现漫游功能。有中心网络拓扑结构的弱点是抗毁性差，中心站点的故障容易导致整个网络瘫痪，并且中心站点的引入增加了网络成本。在实际应用中，无线局域网往往与有线主干网络结合起来使用。这时，中心站点充当无线局域网与有线主干网的转接器。

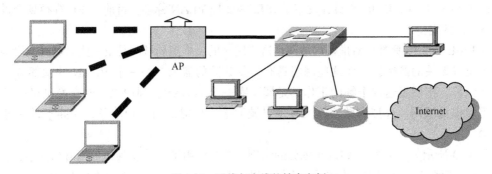

图 4.29　无线与有线的结合实例

### 3. 无线 Internet 接入

目前，许多公司开始利用 WLAN 的方式提供移动 Internet 接入，在宾馆、机场候车大厅等地区架设 WLAN，然后通过 DSL 或 FTTX 等方式相结合，为人们提供无线上网的条件。

虽然无线网络有诸多优势，但与有线网络相比，无线局域网也存在一些不足，如网络速率较慢，价格较高，数据传输的安全性有待进一步提高。因而无线局域网目前主要还是面向那些有特定需求的用户，作为对有线网络的一种补充。但也应该看到，随着无线局域网性能价格比的不断提高，它将会在未来发挥更加重要和广泛的作用。

# 4.8 虚拟局域网

## 4.8.1 虚拟局域网概述

随着以太网技术的普及，以太网的规模也越来越大，从小型的办公环境到大型的园区网络，网络管理变得越来越复杂。首先，在采用共享介质的以太网中，所有结点位于同一冲突域中，同时也位于同一广播域中，即一个结点向网络中某些结点的广播会被网络中所有的结点所接收，造成很大的带宽资源和主机处理能力的浪费。为了解决传统以太网的冲突域问题，采用了交换机来对网段进行逻辑划分。但是，交换机虽然能解决冲突域问题，却不能克服广播域问题。例如，一个 ARP 广播就会被交换机转发到与其相连的所有网段中，当网络上有大量这样的广播存在时，不仅是对带宽的浪费，还会因过量的广播产生广播风暴，当交换网络规模增加时，网络广播风暴问题还会更加严重，并可能因此导致网络瘫痪。第二，在传统的以太网中，同一个物理网段中的结点也就是一个逻辑工作组，不同物理网段中的结点是不能直接相互通信的。这样，当用户由于某种原因在网络中移动但同时还要继续原来的逻辑工作组时，就必然会需要进行新的网络连接乃至重新布线。

为了解决上述问题，虚拟局域网（Virtual Local Area Network，VLAN）应运而生。虚拟局域网是以局域网交换机为基础，通过交换机软件实现根据功能、部门、应用等因素将设备或用户组成虚拟工作组或逻辑网段的技术，其最大的特点是在组成逻辑网时无须考虑用户或设备在网络中的物理位置。VLAN 可以在一个交换机或者跨交换机实现。

1996 年 3 月，IEEE 802 委员会发布了 IEEE 802.1q VLAN 标准。目前，该标准得到全世界重要网络厂商的支持。

在 IEEE 802.1q 标准中对虚拟局域网是这样定义的：虚拟局域网是由一些局域网网段构成的与物理位置无关的逻辑组，而这些网段具有某些共同的需求。每一个 VLAN 的帧都有一个明确的标识符，指明发送这个帧的工作站是属于哪一个 VLAN。利用以太网交换机可以很方便地实现虚拟局域网。虚拟局域网其实只是局域网给用户提供的一种服务，而并不是一种新型局域网。

图 4.30 所示为一个关于 VLAN 划分的示例。图中使用了 4 个交换机的网络拓扑结构，有 9 个工作站分配在 3 个楼层中，构成了 3 个局域网，即 LAN1：（A3，B3，C3），LAN2：（A2，B2，C2），LAN3：（A1，B1，C1）。

但这 9 个用户划分为 3 个工作组，也就是说划分为 3 个虚拟局域网（VLAN）。即：VLAN1：（A1，A2，A3），VLAN2：（B1，B2，B3），VLAN3：（C1，C2，C3）。在虚拟局域网上的每一个站都可以听到同一虚拟局域网上的其他成员所发出的广播。例如，工作站 B1、B2、B3 同属于虚拟局域网 VLAN2。当 B1 向工作组内成员发送数据时，B2 和 B3 将会收到广播的信息（尽管它们没有连在同一交换机上），但 A1 和 C1 不会收到 B1 发出的广播信息（尽管它们连在同一个交换机上）。

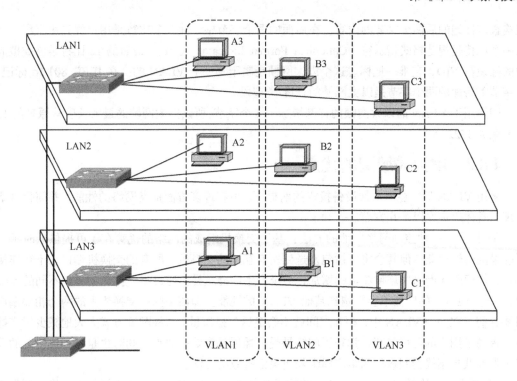

图 4.30　虚拟局域网 VLAN 的示例

## 4.8.2　虚拟局域网使用的以太网帧格式

1988 年，IEEE 批准了 802.3ac 标准，这个标准定义了虚拟局域网的以太网帧格式，在传统的以太网的帧格式中插入一个 4 字节的标识符，称为 VLAN 标记，用来指明发送该帧的工作站属于哪一个虚拟局域网，如图 4.31 所示。如果还使用传统的以太网帧格式，那么就无法划分虚拟局域网。

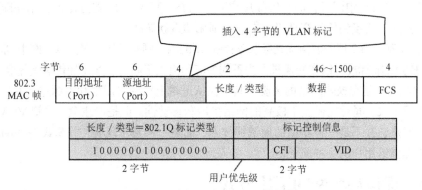

图 4.31　虚拟局域网以太网帧格式

VLAN 标记字段的长度是 4 字节，插在以太网 MAC 帧的源地址字段和长度/类型字段之间。VLAN 标记的前两个字节和原来的长度/类型字段的作用一样，但它总是设置为 0x8100（这个数值大于 0x0600，因此不代表长度），称为 802.1q 标记类型。当数据链路层检测到在 MAC 帧的源地址字段后面的长度/类型字段的值是 0x8100 时，就知道现在插入了 4 字节的 VLAN 标记。于是就检查该标记的后两个字节的内容。在后面的两个字节中，前 3 个比特是用户优先级字段，接着的一个比特是规范格式指示符（Canonical Format Indicator，CFI），最后的 12 比特是该虚拟局域网的标识符 VID，它唯一地标志这个以太网帧是属于哪一个 VLAN 的。在 IEEE 801.1q 标记（4个字节）后面的两个字节是以太网帧的长度/类型段。

因为用于 VLAN 的以太网帧的首部增加了 4 个字节，所以以太网帧的最大长度从原来的 1518字节变为 1522 字节。

### 4.8.3 虚拟局域网的优点

采用 VLAN 后，在不增加设备投资的前提下，可在许多方面提高网络的性能，并简化网络的管理，具体表现在以下几方面。

① 提供了一种控制网络广播的方法：基于交换机组成的网络的优势在于可提供低时延、高吞吐量的传输性能，但其会将广播包发送到所有互连的交换机、所有的交换机端口、干线连接及用户，从而引起网络中广播流量的增加，甚至产生广播风暴。通过将交换机划分到不同的 VLAN中，一个 VLAN 的广播不会影响到其他 VLAN 的性能。即使是同一交换机上的两个相邻端口，只要它们不在同一 VLAN 中，相互之间就不会渗透广播流量。这种配置方式大大地减少了广播流量，提高了用户的可用带宽，弥补了网络易受广播风暴影响的弱点，同时也是一种比传统的采用路由器在共享集线器间进行网络广播阻隔更灵活有效的方法。

② 提高了网络的安全性：VLAN 的数目及每个 VLAN 中的用户和主机是由网络管理员决定的。网络管理员通过将可以相互通信的网络结点放在一个 VLAN 内，或将受限制的应用和资源放在一个安全的 VLAN 内，并提供基于应用类型、协议类型、访问权限等不同策略的访问控制表，就可以有效地限制广播组或共享域的大小。

③ 简化了网络管理：一方面，可以不受网络用户的物理位置限制而根据用户需求进行网络管理，如同一项目或部门中的协作者，功能上有交叉的工作组，共享相同网络应用或软件的不同用户群。另一方面，由于 VLAN 可以在单独的交换设备或跨多个交换设备实现，因此会大大减少在网络中增加、删除或移动用户时的管理开销。在增加用户时，只要将其所连接的交换机端口指定到其所属的 VLAN 中即可；而在删除用户时，只要将其 VLAN 配置撤销或删除即可；在用户移动时，只要还能连接到任何交换机的端口，则无须重新布线。

④ 提供了基于第 2 层的通信优先级服务：在最新的以太网技术如千兆位以太网中，基于与 VLAN相关的 IEEE 802.1p 标准可以在交换机上为不同的应用提供不同的服务（如传输优先级等）。

总之，VLAN 是交换式网络的灵魂，其不仅从逻辑上对网络用户和资源进行有效、灵活、简便管理提供了手段，同时还提供了极高的网络扩展和移动性。但是请注意，尽管 VLAN 具有众多的优越性，但是它并不是一种新型的局域网技术，而是一种基于现有交换机设备的网络管理技术或方法，是提供给用户的一种服务。

### 4.8.4 虚拟局域网的工作方式

#### 1. 基于交换端口的 VLAN

这种方式是把局域网交换机的某些端口的集合作为 VLAN 的成员。这些集合有时只在单个局域网交换机上，有时则跨越多台局域网交换机。虚拟局域网的管理应用程序根据交换机端口的标识 ID，将不同的端口分到对应的分组中，分配到一个 VLAN 的各个端口上的所有站点都在一个广播域中，它们相互之间可以通信，不同的 VLAN 站点之间进行通信需经过路由器来进行。这种

VLAN 方式的优点在于简单，容易实现，从一个端口发出的广播，直接发送到 VLAN 内的其他端口，也便于直接监控。它的缺点是自动化程度低，灵活性不好。比如，不能在给定的端口上支持一个以上的 VLAN；一个网络站点从一个端口移动到另一个新的端口时，如新端口与旧端口不属于同一个 VLAN，则用户必须对该站点重新进行网络地址配置。

#### 2．基于 MAC 地址的 VLAN

这种方式的 VLAN 要求交换机对站点的 MAC 地址和交换机端口进行跟踪，在新站点入网时，根据需要将其划归至某一个 VLAN。不论该站点在网络中怎样移动，由于其 MAC 地址保持不变，因此用户不需要对网络地址重新配置。然而所有的用户必须明确地分配给一个 VLAN，在这种初始化工作完成后，对用户的自动跟踪才成为可能。在一个大型网络中，要求网络管理人员将每个用户一一划分到某一个 VLAN 中，是十分繁琐的。

#### 3．基于路由的 VLAN

路由协议工作在 7 层协议的第 3 层——网络层，即基于 IP 和 IPX 协议的转发，它是利用网络层的业务属性来自动生成 VLAN 的，把使用不同路由协议的站点分在相对应的 VLAN 中。IP 子网 1 为第 1 个 VLAN，IP 子网 2 为第 2 个 VLAN，IPX 子网 1 为第 3 个 VLAN，依次类推。通过检查所有的广播和多点广播帧，交换机能自动生成 VLAN。

这种方式构成的 VLAN 在不同的 LAN 网段上的站点可以属于同一 VLAN，同一物理端口上的站点也可分属于不同的 VLAN，从而保证了用户完全自由地进行增加、移动和修改等操作。这种根据网络上应用的网络协议和网络地址划分 VLAN 的方式，对那些想针对具体应用和服务来组织用户的网络管理人员来说是十分有效的。它减少了人工参与配置 VLAN，使 VLAN 有更大的灵活性，比基于 MAC 地址的 VLAN 更容易做到自动化管理。

#### 4．基于策略的 VLAN

基于策略的 VLAN 的划分是一种比较灵活有效而直接的方式。这主要取决于在 VLAN 的划分中所采用的策略。目前常用的策略如下。

① 按 MAC 地址划分。
② 按 IP 地址划分。
③ 按以太网协议类型划分。
④ 按网络的应用划分。

### 4.8.5　虚拟局域网的实现

从实现的方式上看，所有 VLAN 均是通过交换机软件实现的。从实现的机制或策略划分，VLAN 分为静态 VLAN 和动态 VLAN。

VLAN 的实现方式包括静态 VLAN 和动态 VLAN 两种。

#### 1．静态 VLAN

在静态 VLAN 中，由网络管理员根据交换机端口进行静态的 VALN 分配，当在交换机上把其某一个端口分配给一个 VLAN 时，将一直保持不变直到网络管理员改变这种配置，所以又被称为基于端口的 VLAN。基于端口的 VLAN 配置简单，网络的可监控性强，但缺乏足够的灵活性，当用户在网络中的位置发生变化时，必须由网络管理员将交换机端口重新进行配置。所以，静态 VLAN 比较适合用户或设备位置相对稳定的网络环境。

#### 2．动态 VLAN

动态 VLAN 是指交换机上以连网用户的 MAC 地址、逻辑地址（如 IP 地址）或数据报协议等信息为基础，将交换机端口动态分配给 VLAN 的方式。当用户的主机连入交换机端口时，交换机通过检查 VLAN 管理数据库中相应的关于 MAC 地址、逻辑地址（如 IP 地址）或数据报协议的表项，以相应的数据库表项内容动态地配置相应的交换机端口。

以基于 MAC 地址的动态 VLAN 为例，网络管理员首先需要在 VLAN 策略服务器上配置一个关于 MAC 地址与 VLAN 划分映像关系的数据库，当交换机初始化时将从 VLAN 策略服务器上下载关于 MAC 地址与 VLAN 划分关系的数据库文件，此时，若有一台主机连接到交换机的某个端口，交换机将会检测该主机的 MAC 地址信息，然后查找 VLAN 管理数据库中的 MAC 地址表项，用相应的 VLAN 配置内容来配置这个端口。这种机制的好处在于，只要用户的应用性质不变，并且其所使用的主机不变（严格地说，是使用的网卡不变），用户在网络中移动时，就不需要对网络进行额外配置或管理。但是，在使用 VLAN 管理软件建立 VLAN 管理数据库和维护该数据库时需要做大量的管理工作。总之，不管以何种机制实现，分配给同一个 VLAN 的所有主机共享一个广播域，而分配给不同 VLAN 的主机将不会共享广播域。也就是说，只有位于同一 VLAN 中的主机才能直接相互通信，而位于不同 VLAN 中的主机之间是不能直接相互通信的。

### 4.8.6　VLAN 间的互连方法

#### 1. 传统路由器方法

所谓传统路由器方法，就是使用路由器将位于不同 VLAN 的交换端口连接起来。这种方法的缺点是：对路由器的性能有较高要求；同时如果路由器发生故障，则 VLAN 之间就不能通信。

#### 2. 采用路由交换机

如果交换机本身带有路由功能，则 VLAN 之间的互连就可在交换机内部实现，即采用第 3 层交换技术。第 3 层交换技术也叫路由交换技术，是各网络厂家最新推出的一种局域网技术，具有良好的发展前景。它将交换技术（Switching）和路由技术（Routing）相结合，很好地解决了在大型局域网中以前难以解决的一些问题。

# 本章重要概念

1. 局域网技术是计算机网络中重要的技术之一，不仅涉及基础理论，还是使用技术中最常用，最重要的技术部分。

2. 局域网是一种在有限的地理范围内将大量计算机及各种设备互连在一起以实现数据传输和资源共享的计算机网络。局域网与广域网的最大区别在于覆盖的地理范围不同。局域网覆盖的仅是一个有限的地理范围，比如一个办公室、一栋楼、一所学校等。因此局域网的数据传输速率比广域网高，而时延和误码率比广域网低。

3. 从局域网的组成来看，局域网由硬件和软件两部分组成。其中，硬件部分包括网络服务器、工作站、外部设备、网络接口卡、传输介质等。软件部分包括协议软件、通信软件、管理软件、网络操作系统和网络应用软件。

4. 局域网的网络拓扑结构主要有星型、环形、树型和总线型等。采用的网络传输介质主要有双绞线、同轴电缆和光纤线缆。

5. 以太网的核心技术是带有碰撞检测的载波侦听多路访问方法，这种方法的特点：先听后发、边听边发、冲突停止、随机延迟重发。

6．WLAN 利用电磁波作为信息传输的主要介质，是为了解决有线网络中所存在的布线改线工程量大、线路容易损坏、网络中各节点移动不便等问题而出现的。

7．WLAN 的常见标准包括 IEEE802.11 a/b/g3 种，所需上网设备有无线网卡和无线接入点 AP。

# 习　　题

1．什么是局域网？局域网的主要特点是什么？

2．局域网由哪两大部分组成？

3．局域网的物理拓扑结构有哪几种形式，分别有什么特点？

4．什么是介质访问控制方法？目前被普遍采用并成为国际标准的有哪几种？

5．什么是 CSMA/CD？简述其特点和基本工作原理。

6．什么是 VLAN？有哪些方法可以实现 VLAN？请简述各种方法的特点。

7．试说明 10BASE-T 中的"10""BASE"和"T"所代表的意思。

# 第5章 网络层

本章是本书的重要章节，首先介绍网络层的相关功能，然后阐述了网络层中各个相关协议的功能。

**本章重要内容如下。**

① IP 地址的规划及子网划分技术，以及网络层中源到目的分组传输的实现机理。

② 网络层的主要功能，数据报和虚电路的区别。

③ 路径选择的作用与实现，IP 协议、ARP 协议和 ICMP 协议的作用。

④ 路由器的功能，拥塞控制的概念，IP 报文的格式，静态路由与动态路由的特点及实现方法。

# 5.1  网络层功能概述

## 5.1.1  网络层的作用

数据链路层能利用物理层所提供的比特流传输服务实现相邻结点之间的可靠数据传输，也就是说，数据链路层只能将数据帧由传输介质的一端送到另一端。如图 5.1 所示，源主机 DTE1 和 DCE1 为相邻结点，而 DCE1 则分别与 DCE2、DCE3 和 DCE4 为相邻结点，数据链路层可以解决诸如这些相邻结点之间的数据传输问题。但是在图 5.1 中，从源主机 DTE1 到目的主机 DTE2 要历经许多中间结点，而这些中间结点构成了多条不同的网络路径，从而必然带来路径选择问题。也就是说，当 DCE1 收到从 DTE1 来的数据后，就马上面临着是从 DCE2 还是 DCE3 或者是 DCE4 进行数据转发的问题，而数据链路层显然没有提供这种实现源到目的数据传输所必需的路径选择功能。数据链路层能够以物理地址（如 MAC 地址）来标识网络中的每一个结点，但不能绕开路径选择问题而直接利用物理层地址实现主机寻址。可以说，当源和目的位于同一个网桥或交换机的不同端口直接相连的网段时，这种寻址方式可以非常方便地定位到目的主机。但是，若网桥或交换机的其他端口直接所连的网段没有目的主机时，则网桥和交换机就只能通过向所有其他相连的网桥或交换机进行广播的方式来间接地找到目的结点。这种通过物理地址直接寻址的方式只能适用于规模非常小的网络，在许多情况下网络路径选择功能是必不可少的。

网络层涉及将源主机发出的分组经由各种网络路径到达目的主机，其利用了数据链路层所提供的相邻结点之间的数据传输服务，向传输层提供了从源到目的的数据传输服务。网络层是处理端到端（End to End）数据传输的最低层，但同时又是通信子网的最高层。如图 5.2 所示，资源子网中的主机具备了 OSI 模型中所有 7 层的功能，但通信子网中的主机因为只涉及通信问题而只拥有 OSI 模型的低 3 层。所以，网络层被看成是通信子网与资源子网的接口，即通信子网的边界。

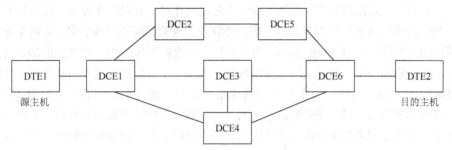

图 5.1　网络中间结点和网络路径的示例

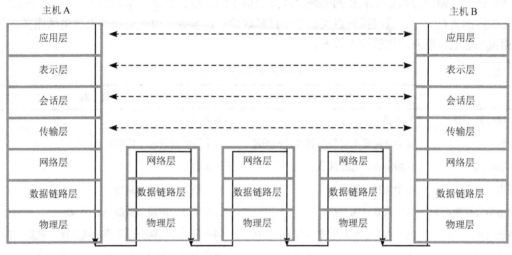

图 5.2　网络层的地位与作用

为了有效地实现源到目的的分组传输，网络层需要提供多方面的功能。

首先，需要规定该层协议数据单元的类型和格式，网络层的协议数据单元称为分组（Packet），和其他各层的协议数据单元类似，分组是网络层协议功能的集中体现，其中要包括实现该层功能所必需的控制信息（如收发双方的网络地址等）。

其次，要了解通信子网的拓扑结构，从而能进行最佳路径的选择，最佳路径选择又被称为路由（Routing）。

再次，在选择路径时还要注意，既不要使某些路径或通信线路处于超负载状态，也不能让另一些路径或通信线路处于空闲状态，即所谓的拥塞控制和负载平衡；当网络带宽或通信子网中的路由设备性能不足时，都可能导致拥塞。

最后，当源主机和目的主机的网络不属于同一种类型时，网络层还要协调好不同网络间的差异，即所谓异构网络互连的问题。同时，根据分层的原则，网络层在为传输层提供分组传输服务时还要做到：服务与通信子网技术无关，即通信子网的数量、拓扑结构及类型对传输层是透明的；传输层所能获得的地址应采用统一的方式，以使其能跨越不同的 LAN 和 WAN，这也是网络层设计的基本目标。

## 5.1.2　网络层所提供的服务

网络层提供给传输层的服务有面向连接和面向无连接之分。所谓面向连接，就是指在数据传输之前双方需要为此建立一种连接，然后在该连接上实现有次序的分组传输，直到数据传输完毕才释放连接；面向无连接则不需要为数据传输事先建立连接，其只提供简单的源和目的之间的数据发送与接收功能。网络层服务方式的不同主要取决于通信子网的内部结构。面向无连接的服务在通信子网内通常以数据报（Datagram）方式实现。在数据报服务中，每个分组都必须提供关于源和目的的完整地址信息，通信子网根据地址信息为每一个分组独立进行路径选择。数据报方式的分组传输可能会出现丢失、重复或乱序的现象。面向连接的服务则通常采用虚电路（Virtual Circuit，VC）方式实现。虚电路是指通信子网为实现面向连接服务而在源与目的之间所建立的逻辑通信链路。虚电路服务的实现涉及 3 个阶段，即虚电路建立、数据传输和虚电路拆除。在建立连接时，将从源端网络到目的网络的路由作为连接建立的一部分加以保存；在数据传输过程中，在虚电路上传输的分组总是取相同的路径通过通信子网；数据传输完毕需要拆除连接。如果以生活化的实例进行类比，数据报有点类似于中国邮政的平信服务，而虚电路则更像电话服务。关于数据报与虚电路服务的比较参考表 5.1。

表 5.1                           数据报和虚电路的比较

|  | 数 据 报 | 虚 电 路 |
|---|---|---|
| 连接设置 | 不需要 | 需要 |
| 地址 | 每个分组需要完整的源和目的地址 | 每个分组包含一个虚电路号 |
| 状态信息 | 有路由表，无连接表 | 连接表 |
| 路由选择 | 每个包独立选择 | 虚电路建立后无须路由 |
| 路由器失败的影响 | 丢失失败时的分组 | 所有经过失败路由器的 VC 失效 |
| 传输质量 | 同一报文会出现乱序、重复、丢失 | 同一报文的不同分组不会出现乱序、重复、丢失 |
| 拥塞控制 | 难 | 如果有足够的缓冲区分配给已经建立的每条虚电路，则容易控制 |

# 5.2   数据交换方式

最简单的数据通信形式是两个站点直接使用物理线路进行通信，但如果两个站点相距遥远或者要进行多站点之间的通信，采用直接连接显然是不合适的。因为任意两个站点直接专线连接费用昂贵，例如 $n$ 个站点全连通，即其中任一站点同其他所有站点（$n-1$ 个）都有专线相连，则总共需要 $n(n-1)/2$ 条专线，这显然是不经济的。解决这一问题的方法就是设置交换局，采用交换技术。所谓交换技术，是采用交换机或结点机等交换系统，通过路由选择技术在欲进行通信的双方之间建立物理的或逻辑的连接，形成一条通路，实现通信双方的信息传输和交换的一种技术。

常用的数据交换方式可分为两大类：电路交换方式（Circuit Switching）和存储转发交换方式（Store and Forward Switching）。存储转发交换方式按照被转接的信息单位不同，又可分为报文交换和报文分组交换。下面分别介绍这几种交换方法。

## 5.2.1   电路交换

在电路交换（Circuit Switching）网络中，通过网络结点在两个工作站之间建立一条专用的通信电路。最普通的电路交换例子是公用电话交换网（PSTN）。使用电路交换方式进行通信时，两个工作站之间使用实际的物理或逻辑连接，这种连接由结点的各段电路组成，每一段电路都为该连接提供一条通道。电路交换方式的通信过程包括以下 3 个阶段。

① 电路建立：在传输任何数据之前，都必须建立端到端（站到站）的线路，即在源结点和目的结点间建立一条由各个中间交换结点的分段连接所组成的通信电路。如图 5.3 所示的网络，站点 A 向结点 1 发出请求，要求与 B 站通信。由于站点 A 到结点 1 以及结点 B 到结点 6 均只有专用线路，所以结点 1 必须接通一条到结点 6 的电路，结点 1 到结点 6 的电路可以有多种选择：比如 1→2→6，1→4→3→6 等。假设根据路由选择的规则选择了电路 1→4→3→6，那么就建立了从 A 到 B 的电路 A→1→4→3→6→B。

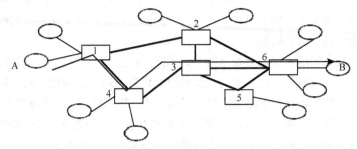

图 5.3　电路交换的过程

② 数据传输：一旦通信电路建立起来，就可通过这条专用电路从站点 A 通过网络传输数据到站点 B。其中，传输的数据可以是数字数据，也可以是模拟数据。

③ 电路拆除：数据通信结束后，应拆除电路，供其他用户使用。通常是由两个站点中的一个站点来完成这一动作。拆除线路信号必须传输到电路所经过的各个结点，以便重新分配资源。

电路交换方式在传输数据之前建立连接，有延迟；在电路建立后就专用该电路，即使没有数据传输，也要占用电路，所以利用率可能较低。然而，一旦建立了连接，网络对用户实际上是透明的；用户可以以固定的速率传输数据，除了传输延迟外，不再有其他的延迟。电路交换能适应实时性传输，但如果通信量不均匀，容易引起阻塞。

## 5.2.2　报文交换

报文交换（Message Switching）属于存储交换，它不需要在两个站之间建立一条专用通路。存储交换的主要原理是：把待传输的信息存储起来，等到信道空闲时发出去。只要存储时间足够长，就能够把信道忙碌和空闲的状态均匀化，大大压缩了必需的信道容量和转接设备容量。但是，这种方式对于有实时性要求的信息传输是不允许的，而对于数据通信则是合适的。存储交换具有存储信息的能力，所以能平滑通信和充分利用信道。

报文交换的工作过程如下：发信端将发往收信端（目的地）的信息分割成一份份的报文正文，连同收信地址等辅助信息形成一份份的报文，首先发往本地的交换中心（或交换局），然后由交换中心将每份报文完整地存储起来；由于报文一般较长，往往将它存入联机的大容量存储器或脱机的大容量存储器中，等到去目的地的线路空闲时，再将一份份报文转发到下一个交换中心，然后转到目的地。目的地收信交换中心将收到的各份报文按原来的顺序进行装配，而后将完整的信息交付给目的地收信的计算机或终端设备，如图 5.4 所示。报文从站点 A 出发经过结点 1、结点 2 和结点 6 的存储转发，最后到达站点 B。

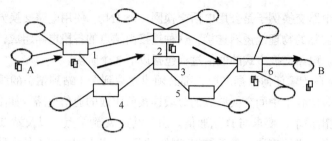

图 5.4  报文交换过程

报文交换方式以报文为单位发送信息。单个报文包括 3 部分内容：报头（Header）、报文正文（Message）和报尾（Trailer）。报头由发信站地址、终点收信站地址及其他辅助信息组成。有时也省去报尾，但此情况下的单个报文必须有统一的固定长度。报文交换方式没有拨号呼叫，由报文的报头始终控制其到达目的地。

由于交换中心有存储能力和信息处理能力，因而在信息传递过程中可以通过交换机进行速率变换、符号变换及格式变换等，使得不同类型的终端设备可以相互连接，同一报文也可由交换中心按需要转发到几个收信地；多条低速线路可以集中化、高速化，从而提高线路的利用率。此外，以报文为单位来占用信道，可复用线路（即多个用户共享一个信道），也可使终端用户在思考问题、等待应答的各种无效时间内，不再独占信道，进一步提高了线路的利用率。

报文交换和电路交换相比有以下优点。

① 电路效率较高，因为许多报文可以分时共享一条结点到结点的通道。

② 不需要同时使用发送器和接收器来传输数据，网络可以在接收器可用之前，暂时存储这个报文。

③ 在电路交换网上，当通信量变得很大时，就不能接收某些呼叫。而在报文交换网上，却仍然可以接收到报文，虽然报文被缓存导致传输延迟增加，但不会引起阻塞。

④ 报文交换系统可以把一个报文发送到多个目的地。

⑤ 根据报文的长短或其他特征能够建立报文的优先权，使得一些短的、重要的报文优先传递。

⑥ 报文交换网可以进行速度和代码的转换，因为每个站点都可以用它特有的数据传输率连接到其他结点，所以两个不同传输率的站点之间也可以连接。报文交换网还能转换数据的格式，例如，从 ASCII 码转换为 EBCDIC 码。

但报文交换网不能满足实时或交互性的通信要求，经过网络的延迟时间相当长，而且由于负载不同，延迟时间有相当大的变化。这种方式不能用于声音连接，也不适合交互式终端到计算机的连接。

## 5.2.3  报文分组交换

报文分组交换（Packet Switching）方式是 1964 年被提出来的，简称为分组交换或包交换，最早在 ARPANET 上得以应用，它试图兼有报文交换和线路交换的优点，而使两者的缺点最少。与报文交换方式相比，报文分组交换方式采用了较短的格式化的信息单位，称为报文分组，简称报文组（Packet）。在报文分组交换网络中，典型数据单位分组的长度限制在一千比特到数千比特；而在报文交换网络中，报文长度远比分组长得多。CCITT（现已改名为 ITU）给报文分组下的定义是：一组包含数据和呼叫控制信号（例如地址）的二进制数，对它作为一个组合整体加以交换，这些数据、呼叫信号以及可能附加的差错控制信息是按规定的格式排列的。由于它在发送端将报文分割成更小的报文分组，使它适合在交换机（计算机）的主存储器中存储转发，所以比起报文交换方式，报文分组交换能改善传输的接续时间和传输延迟时间。

图 5.5 表示了报文分组交换的过程：当报文从站点 A 出发到达结点 1 后，分成多个分组，每个分组各自选择不同的路径，最后都到达结点 6 后，重新装配成报文，传输给站点 B。

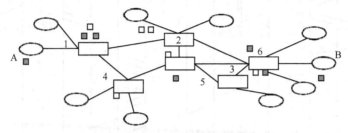

图 5.5　报文分组交换的过程

由于采用分组传输以后，发送信息时需要把报文信息拆卸并加入分组报头，即将报文转换成分组信号；接收时还需要去掉分组报头，将分组数据装配成报文信息。所以，用于控制和处理数据传输的软件较复杂，同时对通信设备的要求也较高。以这种方式构成的通信网可以采用分布式控制的自适应路由选择技术，即根据通信量当前的通路情况（通路故障、交换机故障均可动态地得到反映）及通信量情况，选择最佳的路由（例如以报文分组传输延迟时间最小为最佳依据），以便网络中各信道的流量趋于平衡。报文分组交换采用两种方法来管理分组流：数据报和虚电路。

## 5.2.4　三种交换技术比较

图 5.6 所示的内容有助于读者了解三种交换技术的有关性能，但是实际的性能取决于诸多因素，其中包括：站点的数目、结点的数目和排列、系统的总负载、两个站点之间典型的交换长度（时间长度和数据长度）。

不同的交换技术适用于不同的场合。

① 对于交互式通信来说，报文交换是不合适的。

② 对于较轻的或间歇式负载来说，电路交换是最合算的，因为可以通过电话拨号来使用公用电话系统。

③ 对于两个站点之间很重的和持续的负载来说，使用租用的电路交换是最合算的。

④ 当有一批中等数量的数据必须交换到大量的数据设备时，可用分组交换方法，这种技术的线路利用率是最高的。

⑤ 数据报分组交换适用于短报文，能具有灵活性的报文。

⑥ 虚电路分组交换适用于长交换，能减轻各站点的处理负担。

下面简单总结三种交换技术的主要特点。

① 电路交换：在数据传输开始之前，必须先设置一条完全的通路；在线路释放以前，该通路将被一对用户完全占用；对于猝发式的通信，线路交换效率不高。

② 报文交换：报文从源点传输到目的地采用存储转发的方式，在传输报文时，只占用一段通道；在交换结点中需要缓冲存储，报文需要排队，因此，报文交换不能满足实时通信的要求。

③ 报文分组交换：交换方式和报文交换方式类似，但报文被分组传输，并规定了最大的分组长度；在数据报分组交换中，目的地需要重新组装报文；报文分组交换技术是数据网络中最广泛使用的一种交换技术。

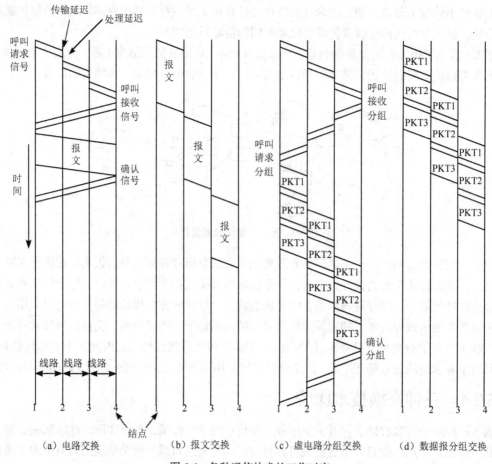

图 5.6　各种通信技术的工作时序

## 5.2.5　其他通信交换技术

随着通信和网络应用的发展，传统的交换技术已经不能满足需要。例如，交互式的会话通信对实时性要求很高，延迟要小；高清晰度（HDTV）图像及高速数据的传输要求高速宽带的通信网。目前提高数据交换速度的方案有很多，主要有数字语音插空技术、帧中继技术和异步传输模式等。

### 1.　数字语音插空技术

利用数字语音插空技术（Digital Speech Interpolation，DSI）能提高线路交换的传输能力。传统的电路交换技术在接通通路后，该通路被一对用户完全占用。但是，在传输语音信号时，通路并不始终处于忙的状态，有很多空闲的状态。DSI 技术的原理仅当传输语音信号时，才向通话用户分配通道，其余时刻可把通道分配给数据通信。

### 2.　帧中继技术

帧中继（Frame Relay）是对目前广泛采用的 X.25 分组交换通信协议的简化和改进。在链路上无差错控制和流量控制，是一种简化的面向连接的分组交换。这种简化了的协议可以方便地用 VLSI 技术实现。这种高速分组交换技术有很多优点：可灵活设置信号的传输速率；充分利用网络资源，提高传输效率；可对分组呼叫进行带宽的动态分配。因而可获得延迟小、高吞吐率的网络特性。

### 3. 信元交换

信元交换是一种新的交换技术。异步传输模式（Asynchronous Transfer Mode，ATM）采用信元交换。异步传输模式是电路交换与报文分组交换技术的结合，能最大限度地发挥电路交换与报文分组交换技术的优点，具有从实时的语音信号到高清晰度电视图像等各种高速综合业务的传输能力。ATM 数据传输单位是一固定长度的分组，称为信元，它有一个信元头及一个信元信息域。信元长度为 53 个字节，其中信元头占 5 个字节，信息域占 48 个字节。信息头的主要功能是信元的网络路由。

异步时分多路复用是用于 ATM 的多路复用技术，用于数据在 ATM 中的发送和接收过程。ATM 采用虚电路模式，通信信道用一个逻辑号标识。对于给定的多路复用器，该标识是本地的，并在任何交换部件处改变。

ATM 是面向连接的，信令和用户信息分别在不同的虚拟通道中传输。

目前，ATM 技术的标准还不太完善，许多技术问题（例如传输话音、拥塞控制等）还有待进一步的研究。

# 5.3　TCP/IP 的网络层

TCP/IP 的网络层被称为网络互连层或网际层（Internet Layer），其以数据报形式向传输层提供面向无连接的服务。网络层的主要协议包括 IP、ARP 协议、RARP 协议、ICMP 协议和一系列路由协议。下面分别对其中的几个重要协议进行介绍。

## 5.3.1　IP 协议

IP 协议是 TCP/IP 体系中两个最重要的协议之一，其定义了用以实现面向无连接服务的网络层分组格式，其中包括 IP 寻址方式。不同网络技术的主要区别在数据链路层和物理层，如不同的局域网技术和广域网技术。而 IP 协议能够将不同的网络技术在 TCP/IP 的网络层统一在 IP 协议之下，以统一的 IP 分组传输提供对异构网络互连的支持。IP 协议使互连起来的许多计算机网络能够通信，因此，TCP/IP 体系中的网络层常常被称为网际层或 IP 层。

图 5.7 给出了 IP 分组的格式，由于 IP 协议实现的是面向无连接的数据报服务，故 IP 分组通常又被称为 IP 数据报。由图 5.7 可看出，一个 IP 数据报由首部和数据两部分组成。首部的前一部分是固定长度，共 20 字节，是所有 IP 数据报必须具有的。在首部的固定部分的后面是一些可选字段，其长度是可变的。下面介绍首部各字段的意义。

① 版本：占 4 比特，指 IP 协议的版本。通信双方使用的 IP 协议的版本必须一致。目前广泛使用的 IP 协议版本为 4.0（即 IPv4）。

② 首部长度：占 4 比特，数据报报头的长度。以 32 位（相当于 4 字节）长度为单位，当报头中无可选项时，报头的基本长度为 5。

③ 服务类型：占 8 比特，主机要求通信子网提供的服务类型，包括一个 3 比特长度的优先级，4 个标志位 D、T、R 和 C。D、T、R、C 分别表示延迟、吞吐量、可靠性和代价。另外 1 比特未用。通常文件传输更注重可靠性，而数字、声音或图像的传输更注重延迟。

④ 总长度：占 16 比特，数据报的总长度，包括头部和数据，以字节为单位。数据报的最大

长度为 $2^{16}-1=65535$ 字节（即 64KB）。

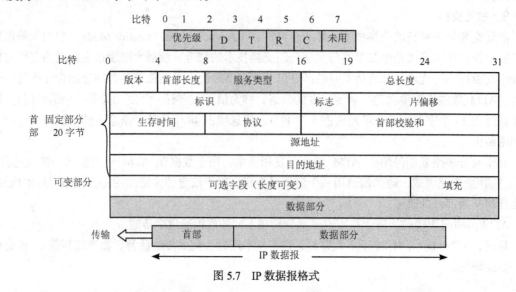

图 5.7　IP 数据报格式

在 IP 层下面的每一种数据链路层都有其自己的帧格式，其中包括帧格式中的数据字段的最大长度，称为最大传输单元（Maximum Transfer Unit，MTU）。当一个 IP 数据报封装成数据链路层的帧时，此数据报的总长度（即首部加上数据部分）一定不能超过下面的数据链路层的 MTU 值。表 5.2 给出了不同数据链路层协议的 MTU 值。

表 5.2　　　　　　　　　　不同数据链路层协议的 MTU 值

| 协　议 | MTU（字节） |
| --- | --- |
| Hyperchannel | 65535 |
| 令牌环（16Mbit/s） | 17914 |
| 令牌环（4Mbit/s） | 4464 |
| FDDI | 4352 |
| 以太网 | 1500 |
| X.25 | 576 |
| PPP | 296 |

⑤ 标识：占 16 比特，标识数据报。当数据报长度超出网络最大传输单元（MTU）时，必须进行分割，并且需要为分割段（Fragment）提供标识。所有属于同一数据报的分割段被赋予相同的标识值。

⑥ 标志：占 3 比特，指出该数据报是否可分段。目前只有前两个比特有意义。

● 标志字段中的最低位记为 MF（More Fragment）。MF=1 即表示后面"还有分片"的数据报。MF=0 表示这已是若干数据报片中的最后一个。

● 标志字段中间的一位记为 DF（Don't Fragment），表示不能分片。只有当 DF=0 时，才允许分片。

⑦ 片偏移：占 13 比特，若有分段时，用以指出该分段在数据报中的相对位置，也就是说，相对于用户数据字段的起点，该片从何处开始。片偏移以 8 字节为偏移单位，即每个分片的长度一定是 8 字节（64 位）的整数倍。

⑧ 生存时间或生命期：占 8 比特，记为 TTL（Time To Live），即数据报在网络中的寿命，以秒来计数，建议值是 32s，最长为 $2^8-1=255$s。生存时间每经过一个路由结点都要递减，当生存时间减到零时，分组就要被丢弃。设定生存时间是为了防止数据报在网络中无限制地漫游。

⑨ 协议：占 8 比特，指示传输层所采用的协议，如 TCP、UDP 或 ICMP 等。

⑩ 首部校验和：占 16 比特，此字段只检验数据报的首部，不包括数据部分。采用累加求补再取其结果补码的校验方法。若正确到达时，校验和应为零。

⑪ 可选字段：支持各种选项，提供扩展余地。根据选项的不同，该字段长度是可变的，从 1 字节到 40 字节。其用来支持排错、测量以及安全等措施。

⑫ IP 地址：占 32 比特，32 位的源地址与目的地址分别指出源主机和目的主机的网络地址。

## 5.3.2　逻辑地址与物理地址

每一个物理网络中的网络设备都有其真实的物理地址。物理网络的技术和标准不同，其物理地址编码也不同。以太网物理地址用 48 位二进制数编码。因此，可以用 12 个十六进制数表示一个物理地址，一般格式为 00-10-5a-63-aa-99。物理地址也叫 MAC 地址，它是数据链路层地址，即二层地址。

物理地址通常由网络设备的生产厂家直接烧入设备的网络接口卡的 EPROM 中，它存储的是传输数据时真正用来标识发出数据的源端设备和接收数据的目的端设备的地址。也就是说，在网络底层的物理传输过程中，是通过物理地址来标识网络设备的，这个物理地址一般是全球唯一的。

物理地址只能够将数据传输到与发送数据的网络设备直接连接的接收设备上。对于跨越互联网的数据传输，物理地址不能提供逻辑的地址标识手段。

当数据需要跨越互联网时，使用逻辑地址标识位于远程目的地的网络设备的逻辑位置。通过使用逻辑地址，可以定位远程的结点。逻辑地址（如 IP 地址）则是第 3 层地址，所以有时又被称为网络地址，该地址是随着设备所处网络位置不同而变化的，即设备从一个网络被移到另一个网络时，其 IP 地址也会相应地发生改变。也就是说，IP 地址是一种结构化的地址，可以提供关于主机所处的网络位置信息。

总之，逻辑地址放在 IP 数据报的首部，物理地址则放在 MAC 帧的首部。物理地址是数据链路层和物理层使用的地址，而逻辑地址是网络层和以上各层使用的地址。

## 5.3.3　IP 地址

### 1. IP 地址的结构、分类与表示

IP 地址以 32 位二进制位的形式存储于计算机中。32 位的 IP 地址结构由网络标识和主机号两部分组成，如图 5.8 所示。其中，网络标识用于标识该主机所在的网络，而主机号表示该主机在相应网络中的特定位置。正是因为网络标识所给出的网络位置信息，才使得路由器能够在通信子网中为 IP 分组选择一条合适的路径。

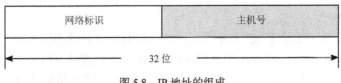

图 5.8　IP 地址的组成

　　由于 32 位的 IP 地址不太容易书写和记忆，通常又采用带点十进制标识法（Dotted Decimal Notation）来表示 IP 地址。在这种格式下，将 32 位的 IP 地址分为 4 个 8 位组（Octet），每个 8 位组以一个十进制数表示，取值范围由 0 到 255；代表相邻 8 位组的十进制数以小圆点分割。所以，点十进制表示的最低 IP 地址为 0.0.0.0，最高 IP 地址为 255.255.255.255。

　　为适应不同规模的网络，可将 IP 地址分类，称为有类地址。每个 32 位的 IP 地址的最高位或起始几位标识地址的类别，通常 IP 地址被分为 A、B、C、D 和 E 五类，如图 5.9 所示。其中 A、B、C 类作为普通的主机地址，D 类用于提供网络组播服务或作为网络测试之用，E 类保留给未来扩充使用。A、B、C 类的最大网络数目和可以容纳的主机数信息参见表 5.3。

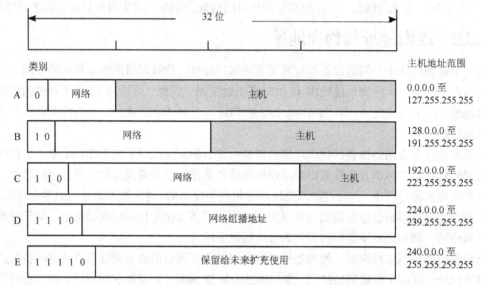

图 5.9　IP 地址的组成

表 5.3　　　　　　　　　　　A、B、C 类的最大网络数和可容纳的主机数

| 网　络　类 | 最大网络数 | 每个网络可容纳的最大主机数目 |
| --- | --- | --- |
| A | $2^7-2=126$ | $2^{24}-2=16\ 777\ 214$ |
| B | $2^{14}-2=16\ 382$ | $2^{16}-2=65\ 534$ |
| C | $2^{21}-2=2\ 097\ 150$ | $2^8-2=254$ |

　　（1）A 类地址

　　如图 5.9 所示，A 类地址用来支持超大型网络。A 类 IP 地址仅使用第一个 8 位组标识地址的网络部分。其余的 3 个 8 位组用来标识地址的主机部分。用二进制数表示时，A 类地址的第 1 位（最左边）总是 0。因此，第 1 个 8 位组的最小值为 00000000（十进制数为 0），最大值为 01111111（十进制数为 127），但是 0 和 127 两个数保留使用，不能用做网络地址。任何 IP 地址第 1 个 8 位组的取值范围在 1～126 时都是 A 类地址。

　　（2）B 类地址

　　如图 5.9 所示，B 类地址用来支持中大型网络。B 类 IP 地址使用 4 个 8 位组的前 2 个 8 位组标识地址的网络部分，其余的 2 个 8 位组用来标识地址的主机部分。用二进制数表示时，B 类地址的前 2 位（最左边）总是 10。因此，第 1 个 8 位组的最小值为 10000000（十进制数为 128），最大值为 10111111（十进制数为 191）。任何 IP 地址第 1 个 8 位组的取值范围在 128～191 时都是

B 类地址。

（3）C 类地址

如图 5.9 所示，C 类地址用来支持小型网络。C 类 IP 地址使用 4 个 8 位组的前 3 个 8 位组标识地址的网络部分，其余的 1 个 8 位组用来标识地址的主机部分。用二进制数表示时，C 类地址的前 3 位（最左边）总是 110。因此，第 1 个 8 位组的最小值为 11000000（十进制数为 192），最大值为 11011111（十进制数为 223）。任何 IP 地址第 1 个 8 位组的取值范围在 192～223 时都是 C 类地址。

（4）D 类地址

如图 5.9 所示，D 类地址用来支持组播。组播地址是唯一的网络地址，用来转发目的地址为预先定义的一组 IP 地址的分组。因此，一台工作站可以将单一的数据流传输给多个接收者。用二进制数表示时，D 类地址的前 4 位（最左边）总是 1110。D 类 IP 地址的第 1 个 8 位组的范围是从 11100000 到 11101111，即从 224 到 239。任何 IP 地址第 1 个 8 位组的取值范围在 224～239 时都是 D 类地址。

（5）E 类地址

如图 5.9 所示，Internet 工程任务组保留 E 类地址作为研究使用，因此 Internet 上没有发布 E 类地址使用。用二进制数表示时，E 类地址的前 4 位（最左边）总是 1111。E 类 IP 地址的第 1 个 8 位组的范围是从 11110000 到 11111111，即 240 到 255。任何 IP 地址第 1 个 8 位组的取值范围在 240～255 时都是 E 类地址。

**2. 保留 IP 地址**

在 IP 地址中，有些 IP 地址是被保留作为特殊之用的，这些保留地址空间如下。

（1）网络地址

网络地址用于表示网络本身，具有正常的网络号部分，主机号部分为全"0"的 IP 地址代表一个特定的网络，即作为网络标识之用，如 102.0.0.0、138.1.0.0 和 198.10.1.0 分别代表了一个 A 类、B 类和 C 类网络。

（2）广播地址

广播地址用于向网络中的所有设备广播分组，具有正常的网络号部分，主机号部分为全"1"的 IP 地址代表一个在指定网络中的广播，如 102.255.255.255、138.1.255.255 和 198.10.1.255 分别代表在一个 A 类、B 类和 C 类网络中的广播。

网络号对于 IP 网络通信非常重要，位于同一网络中的主机必然具有相同的网络号，它们之间可以直接相互通信；而网络号不同的主机之间不能直接进行通信，必须经过第 3 层网络设备（如路由器）进行转发。广播地址对于网络通信也非常有用，在计算机网络通信中，经常会出现对某一指定网络中的所有机器发送数据的情形，如果没有广播地址，源主机就要对所有目的主机启动多次 IP 分组的封装与发送过程。除网络标识地址和广播地址之外，其他一些包含全"0"和全"1"的地址格式及作用参见图 5.10。

**3. 公用地址和私有地址**

Internet 的稳定直接取决于网络地址公布的唯一性。这个工作最初由 InterNIC（Internet 网络信息中心）来分配 IP 地址，现在已被 IANA（Internet 地址分配中心）取代。IANA 管理着剩余 IP 地址的分配，以确保不会发生公用地址重复使用的问题。这种重复问题将导致 Internet 的不稳定，而且使用重复地址在网络中传递数据报会危及 Internet 的性能。公有 IP 地址是唯一的，因为公有 IP 地址是全局的和标准的，所以没有任何两台连到公共网络的主机拥有相同的 IP 地址。

所有连接 Internet 的主机都遵循此规则，公有 IP 地址是从 Internet 服务供应商（ISP）或地址注册处获得的。

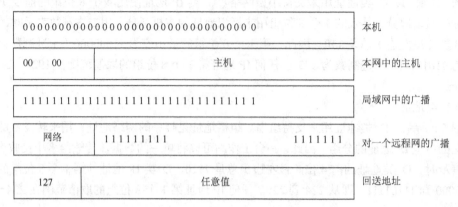

图 5.10　一些特殊的保留地址

另外，在 IP 地址资源中，还保留了一部分被称为私有地址（Private Address）的地址资源供内部实现 IP 网络时使用。REC1918 留出 3 块 IP 地址空间（1 个 A 类地址段，16 个 B 类地址段，256 个 C 类地址段）作为私有的内部使用的地址，即 10.0.0.0～10.255.255.255、172.17.0.0～172.31.255.255 和 192.168.0.0～192.168.255.255。根据规定，所有以私有地址为目的地址的 IP 数据报都不能被路由至 Internet 上，这些以私有地址作为逻辑标识的主机若要访问外面的 Internet，必须采用网络地址翻译（Network Address Translation，NAT）或应用代理（Proxy）方式。

### 4. 子网划分的基本概念

在 IP 地址规划时，常常会遇到这样的问题：一个企业或公司由于网络规模增加、网络冲突增加或吞吐性能下降等多种因素需要对内部网络进行分段。而根据 IP 网络的特点，需要为不同的网段分配不同的网络号，于是当分段数量不断增加时，对 IP 地址资源的需求也随之增加。即使不考虑是否能申请到所需的 IP 资源，要对大量具有不同网络号的网络进行管理也是一件非常复杂的事情，至少要将所有这些网络号对外网公布。更何况随着 Internet 规模的增大，32 位的 IP 地址空间已出现了严重的资源紧缺。为了解决 IP 地址资源短缺的问题，同时也为了提高 IP 地址资源的利用率，引入了子网划分技术。

子网划分（Sub Networking）是指由网络管理员将一个给定的网络分为若干个更小的部分，这些更小的部分被称为子网（Subnet）。当网络中的主机总数未超出所给定的某类网络可容纳的最大主机数，但内部又要划分成若干个分段（Segment）进行管理时，就可以采用子网划分的方法。为了创建子网，网络管理员需要从原有 IP 地址的主机位中借出连续的若干高位作为子网络标识，如图 5.11 所示。也就是说，经过划分后的子网因为其主机数量减少，已经不需要原来那么多位作为主机标识了，从而可以将这些多余的主机位用作子网标识。

图 5.11　关于子网划分的示意

### 5. 子网划分的方法

在子网划分时，首先要明确划分后所要得到的子网数量和每个子网中所要拥有的主机数，然后才能确定需要从原主机位借出的子网络标识位数。原则上，根据全 "0" 和全 "1" IP 地址保留的规定，子网划分时至少要从主机位的高位中选择两位作为子网络位，而只要能保证保留两位作为主机位，A、B、C 类网络最多可借出的子网络位是不同的，A 类可达 22 位、B 类为 14 位，C 类为 6 位。显然，当借出的子网络位数不同时，相应可以得到的子网络数量及每个子网中所能容纳的主机数也是不同的。表 5.4 给出了子网络位数和子网络数量、有效子网络数量之间的对应关系。所谓有效子网络，是指除去那些子网络位为全 "0" 或全 "1" 的子网后所留下的可用子网。

表 5.4　　　　　　　　　子网络位数与子网络数量、有效子网络数量的对应关系

| 子网络位数 | 子网络数量 | 有效子网络数量 |
| --- | --- | --- |
| 1 | $2^1=2$ | $2-2=0$ |
| 2 | $2^2=4$ | $4-2=2$ |
| 3 | $2^3=8$ | $8-2=6$ |
| 4 | $2^4=16$ | $16-2=14$ |
| 5 | $2^5=32$ | $32-2=30$ |
| 6 | $2^6=64$ | $64-2=62$ |
| 7 | $2^7=128$ | $128-2=126$ |
| 8 | $2^8=256$ | $256-2=254$ |
| 9 | $2^9=512$ | $512-2=510$ |

下面以一个 C 类网络子网划分的例子来说明子网划分的具体方法。假设一个由路由器相连的网络有 3 个相对独立的网段，并且每个网段的主机数不超过 30 台，如图 5.9 所示，现需要以子网划分的方法为其完成 IP 地址规划。由于该网络中所有网段合起来的主机数没有超出一个 C 类网络所能容纳的最大主机数，所以可以利用一个 C 类网络的子网划分来实现。假定为它们申请了一个 C 类网络 211.81.192.0，则在子网划分时需要从主机位中借出其中的高 3 位作为子网络位（思考为什么不能是 2 位），这样一共可得 8 个子网络，每个子网络的相关信息参见表 5.5。其中，第 0 个子网因网络号与未进行子网划分前的原网络号 211.81.192.0 重复而不可用，第 7 个子网因为广播地址与未进行子网划分前的原广播地址 211.81.192.255 重复也不可用，这样可以选择 6 个可用子网中的任何 3 个为现有的 3 个网段进行 IP 地址分配，留下 3 个可用子网作为未来网络扩充之用。

表 5.5　　　　　　　　　C 类地址 211.81.192.0 划分 8 个子网示例

| 子网的编号 | 借来的子网位的二进制数值 | 子网地址 | 子网广播地址 | 主机位可能的二进制数值范围（5 位） | 子网/主机十进制数值的范围 | 是否可用 |
| --- | --- | --- | --- | --- | --- | --- |
| 第 0 个子网 | 000 | 211.81.192.0 | 211.81.192.31 | 00000～11111 | 0～31 | 否 |
| 第 1 个子网 | 001 | 211.81.192.32 | 211.81.192.63 | 00000～11111 | 32～63 | 是 |
| 第 2 个子网 | 010 | 211.81.192.64 | 211.81.192.95 | 00000～11111 | 64～95 | 是 |
| 第 3 个子网 | 011 | 211.81.192.96 | 211.81.192.127 | 00000～11111 | 96～127 | 是 |
| 第 4 个子网 | 100 | 211.81.192.128 | 211.81.192.159 | 00000～11111 | 128～159 | 是 |

| 子网的编号 | 借来的子网位的二进制数值 | 子网地址 | 子网广播地址 | 主机位可能的二进制数值范围（5位） | 子网/主机十进制数值的范围 | 是否可用 |
|---|---|---|---|---|---|---|
| 第5个子网 | 101 | 211.81.192.160 | 211.81.192.191 | 00000～11111 | 160～191 | 是 |
| 第6个子网 | 110 | 211.81.192.192 | 211.81.192.223 | 00000～11111 | 192～223 | 是 |
| 第7个子网 | 111 | 211.81.192.224 | 211.81.192.255 | 00000～11111 | 224～254 | 否 |

### 6. 子网划分的优越性

引入子网划分技术可以有效提高 IP 地址的利用率，从而节省宝贵的 IP 地址资源。在上面的例子中，假设没有子网划分技术，则至少需要申请 3 个 C 类地址，这样 IP 地址的使用率仅达 11.81%，浪费率则高达 88.19%；采用子网划分技术后，尽管第 1 个和最后 1 个子网也是不可用的，并且在每个子网中又留出了一个网络号地址和广播地址，但 IP 地址的利用率却可以提高到 71%。

### 7. 子网掩码

前面讲过，网络标识对于网络通信非常重要。但引入子网划分技术后，带来的一个重要问题就是主机或路由设备如何区分一个给定的 IP 地址是否已被进行了子网划分，从而能正确地从中分离出有效的网络标识（包括子网络号的信息）。通常，将未引进子网划分前的 A、B、C 类地址称为有类别（Classful）的 IP 地址。对于有类别的 IP 地址，显然可以通过 IP 地址中的标识位直接判定其所属的网络类别，并进一步确定其网络标识。但引入子网划分技术后，这个方法显然是行不通了。例如，一个 IP 地址为 102.2.3.3，已经不能简单地将其视为一个 A 类地址而认为其网络标识为 102.0.0.0。因为若是进行了 8 位的子网划分，则其就相当于一个 B 类地址，且网络标识成为 102.2.0.0；如果是进行了 16 位的子网划分，则又相当于一个 C 类地址，并且网络标识成为 102.2.3.0；若是其他位数的子网划分，则甚至不能将其归入任何一个传统的 IP 地址类中，可能既不是 A 类地址，也不是 B 类或 C 类地址。换言之，引入子网划分技术后，IP 地址类的概念已不复存在。对于一个给定的 IP 地址，其中用来表示网络标识和主机号的位数可以是变化的，这取决于子网划分的情况。将引入子网技术后的 IP 地址称为无类别的（Classless）IP 地址，并因此引入子网掩码的概念来描述 IP 地址中关于网络标识和主机号位数的组成情况。

子网掩码（Subnetmask）通常与 IP 地址配对出现，其功能是告知主机或路由设备，IP 地址的哪一部分代表网络号部分，哪一部分代表主机号部分。子网掩码使用与 IP 地址相同的编址格式，即 32 位长度的二进制比特位，也可分为 4 个 8 位组并采用点十进制来表示。但在子网掩码中，与 IP 地址中的网络位部分对应的位取值为 "1"，而与 IP 地址主机部分对应的位取值为 "0"。这样通过将子网掩码与相应的 IP 地址进行求 "与" 操作，就可决定给定的 IP 地址所属的网络号（包括子网络信息）。例如，102.2.3.3/255.0.0.0 表示该地址中的前 8 位为网络标识部分，后 24 位表示主机部分，从而网络号为 102.0.0.0；而 102.2.3.3/255.255.248.0 表示该地址中的前 21 位为网络标识部分，后 11 位表示主机部分。显然，对于传统的 A、B 和 C 类网络，其对应的子网掩码应分别为 255.0.0.0、255.255.0.0 和 255.255.255.0。表 5.6 给出了 C 类网络进行不同位数的子网划分后其子网掩码的变化情况。

| 表 5.6 | | C 类网络进行子网划分后的子网掩码 | | | |
|---|---|---|---|---|---|
| 划分位数 | 2 | 3 | 4 | 5 | 6 |
| 子网掩码 | 255.255.255.192 | 255.255.255.224 | 255.255.255.240 | 255.255.255.248 | 255.255.255.252 |

为了表达的方便，在书写上还可以采用诸如 "X.X.X.X/Y" 的方式来表示 IP 地址与子网掩码，其中每个 "X" 分别表示与 IP 地址中的一个 8 位组对应的十进制数值，而 "Y" 表示子网掩码中与网络标识对应的位数。如上面提到的 102.2.3.3/255.0.0.0 也可表示为 102.2.3.3/8，而 102.2.3.3/255.255.248.0 可表示为 102.2.3.3/21。

#### 8. IP 地址的规划与分配

当在网络层采用 IP 协议组建一个 IP 网络时，必须为网络中的每一台主机分配一个唯一的 IP 地址，也就是要涉及 IP 地址的规划问题。通常 IP 地址规划要参照下面的步骤进行。首先，分析网络规模，包括相对独立的网段数量和每个网段中可能拥有的最大主机数，要注意路由器的每一个接口所连的网段都是一个独立网段。其次，确定使用公用地址还是私有地址，并根据网络规模确定所需要的网络号类别，若采用公有地址，则需要向网络信息中心（Network Information Center，NIC）提出申请并获得地址使用权。最后，根据可用的地址资源进行主机 IP 地址的分配。

IP 地址的分配可以采用静态分配和动态分配两种方式，所谓静态分配，是指由网络管理员为用户指定一个固定不变的 IP 地址并手工配置到主机上；而动态分配则通常以客户机/服务器模式通过动态主机控制协议（Dynamic Host Control Protocol，DHCP）来实现。无论选择何种地址分配方法，都不允许任何两个接口拥有相同的 IP 地址，否则将导致冲突，使得两台主机都不能正常运行。

静态分配 IP 地址时，需要为每台设备配置一个 IP 地址。每种操作系统有自己配置 TCP/IP 的方法，如果使用重复的 IP 地址，会导致网络故障。有些操作系统，如 Windows9X、Windows XP 和 Windows NT 在初始化时会发送 ARP 请求来检测是否有重复的 IP 地址，如果发现重复的地址，操作系统不会初始化 TCP/IP，并发送错误消息。

某些类型的设备需要维护静态的 IP 地址，如 Web 服务器、DNS 服务器、FTP 服务器、电子邮件服务器、网络打印机和路由器等都需要固定的 IP 地址。

#### 9. 默认网关

默认网关是与源主机所处网段相连接的路由器接口的 IP 地址。默认网关的 IP 地址必须处在和源主机相同的网段中。

### 5.3.4 ARP 协议

为使设备之间能够互相通信，源设备需要目的设备的 IP 地址和 MAC 地址。当一台设备试图与另一台已知 IP 地址的设备通信时，它必须确定对方的 MAC 地址。使用 TCP/IP 协议集中的地址解析协议（Address Resolution Protocol，ARP）可以自动获得 MAC 地址。ARP 协议允许主机根据 IP 地址查找 MAC 地址。

每一个主机都设有一个 ARP 高速缓存，里面有所在的局域网上的各主机和路由器的 IP 地址到硬件地址的映像表。下面以图 5.12 所示的网络为例说明 ARP 的工作原理。

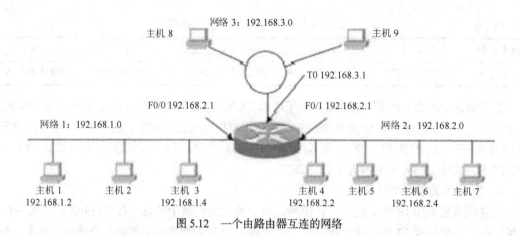

图 5.12　一个由路由器互连的网络

### 1. 子网内 ARP 解析

一台计算机能够解析另一台计算机地址的条件是这两台计算机都连在同一物理网络中，如主机 1 向主机 3 发送数据报。主机 1 以主机 3 的 IP 地址为目的 IP 地址，以自己的 IP 地址为源 IP 地址封装了一个 IP 数据报；在数据报发送以前，主机 1 通过将子网掩码和源 IP 地址及目的 IP 地址进行求"与"操作判断源和目的在同一网络中；于是主机 1 转向查找本地的 ARP 缓存，以确定在缓存中是否有关于主机 3 的 IP 地址与 MAC 地址的映像信息；若在缓存中存在主机 3 的 MAC 地址信息，则主机 1 的网卡立即以主机 3 的 MAC 地址为目的 MAC 地址，以自己的 MAC 地址为源 MAC 地址进行帧的封装并启动帧的发送；主机 3 收到该帧后，确认是给自己的帧，进行帧的拆封并取出其中的 IP 分组交给网络层去处理。若在缓存中不存在关于主机 3 的 MAC 地址映像信息，则主机 1 以广播帧形式向同一网络中的所有结点发送一个 ARP 请求（ARP Request），在该广播帧中 48 位的目的 MAC 地址以全"1"即"ffffffffffff"表示，并在数据部分发出关于"谁的 IP 地址是 192.168.1.4"的询问，这里 192.168.1.4 代表主机 3 的 IP 地址。网络 1 中的所有主机都会收到该广播帧，并且所有收到该广播帧的主机都会检查一下自己的 IP 地址，但只有主机 3 会以自己的 MAC 地址信息为内容，给主机 1 发出一个 ARP 回应（ARP Reply）。主机 1 收到该回应后，首先将其中的 MAC 地址信息加入到本地 ARP 缓存中，然后启动相应帧的封装和发送过程。

### 2. 子网间 ARP 解析

如果源主机和目的主机不在同一网络中，例如主机 1 向主机 4 发送数据报，假定主机 4 的 IP 地址为 192.168.2.2，这时若继续采用 ARP 广播方式请求主机 4 的 MAC 地址是不会成功的，因为第 2 层广播（在此为以太网帧的广播）是不可能被第 3 层设备路由器转发的。于是，需要采用一种被称为代理 ARP（Proxy ARP）的方案，即所有目的主机不与源主机在同一网络中的数据报均会被发给源主机的默认网关，由默认网关来完成下一步的数据传输工作。注意，所谓默认网关，是指与源主机位于同一网段中的某个路由器接口的 IP 地址，在此例中相当于路由器的以太网接口 F0/0 的 IP 地址，即 192.168.1.1。也就是说，在该例中，主机 1 以默认网关的 MAC 地址为目的 MAC 地址，而以主机 1 的 MAC 地址为源 MAC 地址，将发往主机 4 的分组封装成以太网帧后发送给默认网关，然后交由路由器来进一步完成后续的数据传输。实施代理 ARP 时需要在主机 1 上缓存关于默认网关的 MAC 地址映像信息，若不存在该信息，则同样可以采用前面所介绍的 ARP 广播方式得知，因为默认网关与主机 1 是位于同一网段中的。

## 5.3.5　RARP 协议

反向地址解析协议（RARP）把 MAC 地址绑定到 IP 地址上。这种绑定允许一些网络设备在把数据发送到网络之前对数据进行封装。一个网络设备或工作站可能知道自己的 MAC 地址，但是不知道自己的 IP 地址。设备发送 RARP 请求，网络中的一个 RARP 服务器出面来应答 RARP 请求，RARP 服务器有一个事先做好的从工作站硬件地址到 IP 地址的映像表，当收到 RARP 请求分组后，RARP 服务器就从这张映射表中查出该工作站的 IP 地址，然后写入 RARP 响应分组，发回给工作站。

## 5.3.6　ICMP 协议

IP 协议提供的是面向无连接的服务，不存在关于网络连接的建立和维护过程，也不包括流量控制与差错控制功能。但还是需要对网络的状态有一些了解，因此在网络层提供了 Internet 控制消息协议（Internet Control Message Protocol，ICMP）来检测网络，包括路由、拥塞、服务质量等问题。ICMP 是在 RFC792 中定义的，其中给出了多种形式的 ICMP 消息类型，每个 ICMP 消息类型都被封装于 IP 分组中。网络测试工具"Ping"和"Tracert"就都是基于 ICMP 实现的。例如，若在主机 1 上输入一个"Ping192.168.1.1"命令，则相当于向目的主机 192.168.1.1 发出了一个以回声请求（Echo Request）为消息类型的 ICMP 包，若目的主机存在，则其会向主机 1 发送一个以回声应答（Echo Reply）为消息类型的 ICMP 包；若目的主机不存在，则主机 1 会得到一个以不可达目的地（Unreach-able Destination）为消息类型的 ICMP 错误消息包。

ICMP 报文是封装在 IP 数据报内部的，前 4 个字节都是相同的，其他字节则互不相同，如图 5.13 所示。

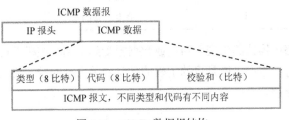

图 5.13　ICMP 数据报结构

ICMP 作为 IP 层的差错报文传输机制，最基本的功能是提供差错报告。但 ICMP 协议并不严格规定对出现的差错采取什么处理方式。事实上，源主机接收到 ICMP 差错报告后，常常需将差错报告与应用程序联系起来，才能进行响应的差错处理。

ICMP 差错报告都是采用路由器到源主机的模式，也就是说，所有的差错信息都需要向源主机报告。

ICMP 网络错误通告的数据报包括目的端不可达通告、超时通告、参数错误通告等。

（1）目的端不可达通告

路由器主要的功能是对 IP 数据报进行路由和转发，但在操作过程中存在着失败的可能。失败的原因是多种多样的，如目的端硬件故障、路由器没有到达目的端的路径、目的端不存在等。如果发生这种情况，路由器会向 IP 数据报的源端发送目的端不可达通告消息数据报，并丢弃出错的 IP 数据报。实际引起目的端不可达错误的原因会以代码的形式通知发送数据的源端，如表 5.7 所示。

表 5.7 部分 ICMP 报文类型、代码及含义

| 类 型 | 代 码 | 含 义 |
|---|---|---|
| 0 | 0 | 回声应答（Ping 的回应） |
| 3 | 0 | 网络不可到达 |
| | 1 | 主机不可到达 |
| | 2 | 协议不可到达 |
| | 3 | 端口不可到达 |
| | 4 | 数据报需要分段但设置了 DF 位（不允许分段） |
| | 5 | 源路由失败 |
| 4 | 0 | 发向源端的抑制信息（如缓存不足时） |
| 5（复位向） | 0 | 对网络复位向 |
| | 1 | 对主机复位向 |
| | 2 | 对服务类型和网络复位向 |
| | 3 | 对服务类型和主机复位向 |
| 8 | 0 | 回声请求（Ping） |
| 9 | 0 | 路由器通告 |
| 10 | 0 | 路由器请求 |
| 11（超时） | 0 | 传输期间 TTL 超时 |
| | 1 | 数据段组装期间 TTL 超时 |
| 12（参数问题） | 0 | 坏的 IP 首部 |
| | 1 | 缺少必需的选项 |

网络不可达说明路由器选路出现了错误或数据报受到限制。主机不可达说明目的主机的硬件错误或主机受到限制等，也有可能是目的主机的默认网关出现问题。协议、端口不可达说明协议错误和端口访问受到限制。

（2）超时通告

路由器选择如果出现错误，会导致路由环路的产生，从而引起 TTL 值递减为 0 和定时器超时。若定时器超时，路由器或目的主机会将 IP 数据报丢弃，并向源端发送超时通告。

（3）参数错误通告

如果 IP 数据报中某些字段出现错误，且错误非常严重，路由器会将其抛弃，并向源端发送参数错误通告。

## 5.3.7 IP 多播和 IGMP 协议

### 1. IP 多播的概念

局域网的多播是用硬件实现的。当以太网上的 PC 收到一个帧时，用 PC 网卡硬件就可判断该帧的目的地址是否属于以下 3 种地址之一，如果是，就收下该帧，否则就丢弃。

① 本网卡的硬件地址（单播）。

② 全 1 的目的地址（广播）。

③ 地址的第 1 字节的最低位为 1 的组地址，且本站已加入到该组（多播）中。

在 Internet 上向多个目的站发送同样的数据报可以有两种方法：一种方法是采用单播，即一次向一个目的站发送数据报，这样的发送共进行多次；另一种方法是采用多播。能够运行多播协议的路由器称为多播路由器。在 Internet 上进行多播就叫做 IP 多播，IP 多播具有以下特点。

（1）多播使用组地址

IP 地址中 D 类地址支持多播，地址范围为 224.0.0.0 到 239.255.255.255。D 类地址可用来标识各个主机组的共享 28 比特，因此可以标识 $2^{28}$ 个多播组。多播地址只能用于目的地址，而不能用于源地址。

（2）永久组地址

下面是曾由 IANA 分配的几个永久组地址。

224.0.0.0：基地址（保留）。

224.0.0.1：在本子网上的所有参加多播的主机和路由器。

224.0.0.2：在本子网上的所有参加多播的路由器。

224.0.0.3：未指派。

224.0.0.4：DVMRP 路由器。

224.0.0.19 至 224.0.0.225：未指派。

239.192.0.0 至 239.251.255.255：限制在一个组织的范围。

239.252.0.0 至 239.255.255.255：限制在一个地点的范围。

（3）动态的组成员

主机组中的成员是动态的。临时组地址则在每一次使用前都必须创建主机组。

（4）使用硬件进行多播

IANA 拥有的以太网多播地址的范围是从 01-00-5e-00-00-00 到 01-00-5e-7f-ff-ff。

**2．Internet 组管理协议（IGMP）**

Internet 组管理协议（Internet Group Management Protocol，IGMP）是在多播环境下使用的协议，它位于网络层。IGMP 用来帮助多播路由器识别加入到一个多播组的成员主机。

IGMP 使用 IP 数据报传递其报文（即 IGMP 报文加上 IP 首部构成 IP 数据报），向 IP 提供服务。不要把 IGMP 看成一个单独的协议，而是看做整个网际协议（IP）的一个组成部分。

从概念上讲，IGMP 可分为两个阶段。第一阶段：当某个主机加入新的多播组时，该主机应向多播组的多播地址发送一个 IGMP 报文，声明自己要成为该组的成员，本地的多播路由器收到 IGMP 报文后，将组成员关系转发给 Internet 上的其他多播路由器。第二阶段：因为组成员关系是动态的，因此本地多播路由器要周期性地探询本地局域网上的主机，以便知道这些主机是否还是组的成员，只要对某个组有一个主机响应，那么多播路由器就认为这个组是活跃的，但一个组在经过几次的探询后仍然没有一个主机响应，则多播路由器就认为本网络上的主机都已经离开了这个组，因此也就不再将该组的成员关系转发给其他的多播路由器。

在 Internet 上使用的第一个多播路由选择协议是距离向量多播路由选择协议（Distance Vector Multicast Routing Protocol，DVMRP）。

# 5.4　路由与路由协议

当目的主机和源主机不在同一网络中时，数据报将被发送至源主机的默认网关，即路由器的

F0/0 端口，那么路由器收到该数据报后又将做什么样的处理呢？这就涉及路由与路由协议。

### 5.4.1　路由与路由表

所谓路由，是指为到达目的网络所进行的最佳路径选择，路由是网络层最重要的功能。在网络层完成路由功能的设备被称为路由器，路由器是专门设计用于实现网络层功能的网络互连设备。除了路由器外，某些交换机里面也可集成带网络层功能的模块即路由模块，带路由模块的交换机又称三层交换机。另外，在某些操作系统软件中也可以实现网络层的路由功能，在操作系统中所实现的路由功能又称为软件路由。软件路由的前提是安装了相应操作系统的主机必须具有多宿主功能，即通过多块网卡至少连接了两个以上的不同网络。不管是软件路由、路由模块还是路由器，它们所实现的路由功能都是一致的，所以下面在提及路由设备时，将以路由器为代表。

路由器将所有有关如何到达目的网络的最佳路径信息以数据库表的形式存储起来，这种专门用于存放路由信息的表被称为路由表。路由表的不同表项可给出到达不同目的网络所需要历经的路由器接口信息，正是路由表才使基于第 3 层地址的路径选择最终得以实现。

路由器的某一个接口在收到帧后，首先进行帧的拆封以便从中分离出相应的 IP 分组，然后利用子网掩码求"与"的方法从 IP 分组中提取出目标网络号，并将目标网络号与路由表进行比对，看能否找到一种匹配，即确定是否存在一条到达目标网络的最佳路径信息。若存在匹配，则将 IP 分组重新封装成端口所期望的帧格式，并将其从路由器相应的端口转发出去；若不存在匹配，则将相应的 IP 分组丢弃。上述查找路由表以获得最佳路径信息的过程被称为路由器的"路由"功能，而将从接收端口进来的数据在输出端口重新转发出去的功能称为路由器的"交换"功能。"路由"与"交换"是路由器的两大基本功能。

### 5.4.2　静态路由和动态路由

在路由器中维持一个能正确反映网络拓扑与状态信息的路由表对于路由器完成路由功能是至关重要的。通常有两种方式可用于路由表信息的生成和维护，分别是静态路由和动态路由。

所谓静态路由，是指网络管理员根据其所掌握的网络连通信息，以手工配置方式创建的路由表表项。这种方式要求网络管理员对网络的拓扑结构和网络状态有着非常清晰的了解，而且当网络连通状态发生变化时，静态路由的更新也要通过手工方式完成。静态路由通常被用于与外界网络只有唯一通道的所谓 STUB 网络中，也可作为网络测试、网络安全或带宽管理的有效措施。显然，当网络互连规模增大或网络中的变化因素增加时，依靠手工方式生成和维护一个路由表会变得不可想象，同时静态路由也很难及时适应网络状态的变化。此时，希望有一种能自动适应网络状态变化，从而对路由表信息进行动态更新和维护的路由生成方式，这就是动态路由。

动态路由是指路由协议通过自主学习而获得的路由信息，通过在路由器上运行路由协议，并进行相应的路由协议配置，即可保证路由器自动生成并维护正确的路由信息。使用路由协议动态构建的路由表不仅能更好地适应网络状态的变化，如网络拓扑和网络流量的变化，同时也减少了人工生成与维护路由表的工作量。但为此付出的代价是用于运行路由协议的路由器之间交换和处理路由更新信息而带来的资源耗费，包括网络带宽和路由器资源的占用。

### 5.4.3　路由协议

在网络层用于动态生成路由表信息的协议被称为路由协议，路由协议使得网络中的路由设备能够相互交换网络状态信息，从而在内部生成关于网络连通性的映像（Map），并由此计算出到达不同目的网络的最佳路径或确定相应的转发端口。

路由协议有时又被称为主动路由（Routing）协议，这是与规定网络层分组格式的网络层协议（如 IP 协议）相对而言的。IP 协议的作用是规定了包括逻辑寻址信息在内的 IP 数据报格式，其使网络上的主机有了一个唯一的逻辑标识，并为从源到目的的数据转发提供了所必需的目标网络地址信息。但 IP 数据报只能告诉路由设备数据报要往何处去（What destination or Where to go），还不能解决如何去的问题（How to reach），而路由协议则恰恰提供了关于如何到达既定目的的路径信息。也就是说，路由协议为 IP 数据报到达目的网络提供了路径选择服务，而 IP 协议提供了关于目的网络的逻辑标识，并且是路由协议进行路径选择服务的对象，所以，在此意义上又将 IP 协议这类规定网络层分组格式的网络层协议称为被动路由（Routed）协议。

路由协议的核心是路由选择算法。不同的路由选择算法通常会采用不同的评价因子及权重来进行最佳路径的计算，常见的评价因子包括带宽、可靠性、延迟、负载、跳数和费用等。在此，跳数（Hop）是指所需经过的路由器数目。通常，按路由选择算法的不同，路由协议被分为距离矢量路由协议、链路状态路由协议和混合型路由协议三大类。表 5.8 给出了距离矢量路由协议、链路状态路由协议的比较。距离矢量路由协议的典型例子包括路由消息协议（Routing Information Protocol，RIP）和内部网关路由协议（Interior Gateway Routing Protocol，IGRP）等，链路状态路由协议的典型例子则是开放最短路径优先协议（Open Shortest Path First，OSPF）。混合型路由协议是综合了距离矢量路由协议和链路状态路由协议的优点而设计出来的路由协议，如 IS-IS（Intermediate System-Intermediate System）和增强型内部网关路由协议（Enhanced Interior Gateway Routing Protocol，EIGRP）就属于此类路由协议。

表 5.8　　　　　　　　　　　　距离矢量路由协议、链路状态路由协议的比较

| 距离矢量路由选择 | 链路状态路由选择 |
| --- | --- |
| 从网络邻居的角度观察网络拓扑结构 | 得到整个网络的拓扑结构图 |
| 路由器转换时增加距离矢量 | 计算出通往其他路由器的最短路径 |
| 频繁、周期地更新，慢速收敛 | 由事件触发来更新，快速收敛 |
| 把整个路由表发送到相邻路由器 | 只把链路状态路由选择的更新传输到其他路由器上 |

按照作用范围和目标的不同，路由协议还可被分为内部网关协议和外部网关协议。内部网关协议（Interior Gateway Protocol，IGP）是指作用于自治系统以内的路由协议，而外部网关协议（Exterior Gateway Protocol，EGP）则是作用于不同自治系统之间的路由协议。所谓自治系统（Autonomous System，AS），是指网络中那些由相同机构操纵或管理，对外表现出相同的路由视图的路由器所组成的系统。自治系统由一个 16 位长度的自治系统号进行标识，其由 NIC 指定并具有唯一性。内部网关协议和外部网关协议的主要区别在于其工作目标的不同，前者关注如何在一个自治系统内提供从源到目标的最佳路径，而外部网关协议更多关注能够为不同自治系统之间的通信提供多种路由策略。RIP、IGRP、OSPF、EIGRP 等都属于内部网关协议，在 Internet 上广为使用的边界网关协议（Border Gateway Protocol，BGP）则是外部网关协议的典型例子。

# 5.5 下一代的网际协议 IPv6

## 5.5.1 IPv6 概述

现有 Internet 的基础是 IPv4，到目前为止有近 30 年的历史了。由于 Internet 的迅猛发展，据统计平均每年 Internet 的规模就扩大一倍，从而 IPv4 的局限性就越来越明显。个人电脑市场的急剧扩大、个人移动计算设备的上网数量激增、网上娱乐服务的增加、多媒体数据流的加入以及出于安全性等方面的需求都迫切要求新一代 IP 协议的出现。

20 世纪 90 年代初，人们就开始讨论新的互连网络协议。IETF 的 IPng 工作组在 1994 年 9 月提出了一个正式的草案 "The Recommendation for the IP Next Generation Protocol"，1995 年底确定了 IPng 的协议规范，并称为 "IP 版本 6"（IPv6），以同现在使用的版本 4 相区别，1998 年作了较大的改动。IPv6 在 IPv4 的基础上进行改进，它的一个重要的设计目标是与 IPv4 兼容，因为不可能要求立即将所有结点都演进到新的协议版本，如果没有一个过渡方案，再先进的协议也没有实用意义。IPv6 面向高性能网络（如 ATM），同时，它也可以在低带宽的网络（如无线网）上有效地运行。

## 5.5.2 IPv6 定义

IPv6 采用 128 位地址长度，几乎可以不受限制地提供地址。如果按保守方法估算 IPv6 实际可分配的地址，那么整个地球的每平方米面积上可分配 1000 多个地址。在 IPv6 的设计过程中除了解决了地址短缺问题以外，还考虑了在 IPv4 中解决不好的其他问题，主要有端到端 IP 连接、服务质量（QoS）、安全性、多播、移动性、即插即用等。

与 IPv4 相比，IPv6 有以下特点和优点。

① 更大的地址空间。IPv4 中规定 IP 地址长度为 32，即有 $2^{32}-1$ 个地址；而 IPv6 中 IP 地址的长度为 128，即有 $2^{128}-1$ 个地址。

② 更小的路由表。IPv6 的地址分配一开始就遵循聚类（Aggregation）的原则，这使得路由器能在路由表中用一条记录（Entry）表示一片子网，大大减小了路由器中路由表的长度，提高了路由器转发数据报的速度。

③ 增强的组播（Multicast）支持以及对流的支持（Flow-control）。这使得网络上的多媒体应用有了长足发展的机会，为服务质量（QoS）控制提供了良好的网络平台。

④ 加入了对自动配置（Auto-configuration）的支持。这是对 DHCP 协议的改进和扩展，使得网络（尤其是局域网）的管理更加方便和快捷。

⑤ 更高的安全性。在使用 IPv6 网络时，用户可以对网络层的数据进行加密，并对 IP 报文进行校验，这极大地增强了网络安全。

## 5.5.3 IPv6 地址方案

和 IPv4 相比，IPv6 的主要改变就是地址的长度为 128 位，也就是说可以有 $2^{128}-1$ 个 IP 地址，相当于 10 的后面有 38 个零，足以保证地球上的每个人拥有一个或多个 IP 地址。

### 1. IPv6 地址类型

在 RFC 1884 中指出了 3 种类型的 IPv6 地址，它们分别占用不同的地址空间。

① 单播：单一接口的地址。发送到单播地址的数据报被送到由该地址标识的接口。

② 任意播放：一组接口的地址。大多数情况下，这些接口属于不同的结点。发送到任意播送地址的数据报被送到由该地址标识的其中一个接口。由于使用任意播送地址的标准尚在不断完善中，所以目前 HP-UX 不支持任意播送。

③ 多播：一组接口的地址（通常分属不同结点）。发送到多播地址的数据报被送到由该地址标识的每个接口。

和 IPv4 不同的是，IPv6 中出现了任意点传输地址，并以多点传输地址代替了 IPv4 中的广播地址。

### 2. IPv6 地址分配

RFC 1881 规定：IPv6 地址空间的管理必须符合 Internet 团体的利益，必须通过一个中心权威机构来分配。目前这个权威机构就是 Internet 分配号码权威机构（Internet Assigned Numbers Authority，IANA）。IANA 会根据 IAB（Internet Architecture Board）和 IEGS 的建议来进行 IPv6 地址的分配。

目前，IANA 已经委派 3 个地方组织来执行 IPv6 地址分配的任务。

① 欧洲的 RIPE-NCC（www.ripe.net）。

② 北美的 INTERNIC（www.internic.net）。

③ 亚太平洋地区的 APNIC（www.apnic.net）。

## 5.5.4　IPv6 地址表示形式

现有的 IP 地址（IPv4 IP 地址）是用 4 段十进制数的数字，用 "." 号隔开来表示的，每一段如果用二进制数表示，则包含 8 位。IPv6 的地址在表示和书写时，用冒号将 128 位分割成 8 个 16 位的段，这里的 128 位表示在一个 IPv6 地址中包括 128 个二进制数。

### 1. IPv6 地址的文本表示

有 3 种常规格式可用于以文本字符串形式表示 IPv6 地址。

第一种形式是 x:x:x:x:x:x:x:x，其中，"x" 是十六进制数值，分别对应于 128 位地址中的 8 个 16 位区段，例如 2001:fecd:ba23:cd1f:dcb1:1010:9234:4088。

第二种是一些 IPv6 地址可能包含一长串零位。为了便于以文本方式描述这种地址，制定了一种特殊的语法。"::" 的使用表示有多组 16 位零。"::" 只能在一个地址中出现一次，可用于压缩一个地址中的前导、末尾或相邻的 16 位零。例如 fec0:1:0:0:0:0:0:1234 可以表示为 fec0:1::1234。

当处理拥有 IPv4 和 IPv6 结点的混合环境时，可以使用 IPv6 地址的另一种形式，即 x:x:x:x:x:x:d.d.d.d。其中，"x" 是 IPv6 地址的 96 位高位顺序字节的十六进制数值，"d" 是 32 位低位顺序字节的十进制数值。通常，"映像 IPv4 的 IPv6 地址" 以及 "兼容 IPv4 的 IPv6 地址" 可以采用这种表示法表示，例如 0:0:0:0:0:0:10.1.2.3 以及 ::10.11.3.123。

### 2. IPv6 地址前缀

IPv6 地址前缀与 IPv4 中的 CIDR 相似，并写入 CIDR 表示法中。IPv6 地址前缀由该表示法表示为 IPv6-address/prefix-length。其中，"IPv6-address" 是用上面任意一种表示法表示的 IPv6 地址，"prefix-length" 是一个十进制数值，表示前缀由多少个最左侧相邻位构成，例如 fec0:0:0:1::1234/64。

地址的前 64 位 "fec0:0:0:1" 构成了地址的前缀。在 IPv6 地址中，地址前缀用于表示 IPv6 地址中有多少位表示子网。

**3. 单播地址**

IPv6 单播地址分为多种类型，分别是全局可聚集单播地址、站点本地地址以及链路本地地址。通常，单播地址在逻辑上如下所示。

| n 位 | 128-n 位 |
|---|---|
| 子网前缀 | 接口 ID |

IPv6 单播地址中的接口标识符用于在链路中标识接口。接口标识符在该链路中必须是唯一的，链路通常由子网前缀标识。

如果一个单播地址的所有位均为零，那么该地址称为未指定的地址，以文本形式表示为"::"。单播地址"::1"或"0:0:0:0:0:0:0:1"称为环回地址。结点向自己发送数据报时采用环回地址。

**4. IPv4 和 IPv6 的兼容性**

可以通过很多技术在 IPv6 地址框架内使用 IPv4 地址。

（1）兼容 IPv4 的 IPv6 地址

IPv6 转换机制使用一项技术以遂道操作方式在现有的 IPv4 结构上传输 IPv6 数据报。支持这种机制的 IPv6 结点使用一种特殊的 IPv6 地址，这种地址通过其低位顺序的 32 位携带 IPv4 地址。因此，这种地址称为"兼容 IPv4 的 IPv6 地址"，表示如下。

| 80 位 | 16 位 | 32 位 |
|---|---|---|
| 0 | 0000 | IPv4 地址 |

例如::192.168.0.1。

（2）映射 IPv4 的 IPv6 地址

有一种特殊类型的 IPv6 地址，其中包含嵌入的 IPv4 地址。可以采用这种地址将只支持 IPv4 的结点的地址表示为 IPv6 地址。该地址特别适用于既支持 IPv6，又支持 IPv4 的应用程序。因此，这种地址称为"映像 IPv4 的 IPv6 地址"，表示如下。

| 80 位 | 16 位 | 32 位 |
|---|---|---|
| 0 | ffff | IPv4 地址 |

例如::ffff:192.168.0.1。

（3）可聚集全局单播地址

全局单播地址是在全局范围内唯一的 IPv6 地址。在 RFC 2374 中，对该地址格式进行了全面的定义（一种 IPv6 可聚集全局单播地址格式），格式如下。

| 3 位 | 13 位 | 8 位 | 24 位 | 16 位 | 64 位 |
|---|---|---|---|---|---|
| FP | TLA ID | RES | NLA ID | SLA ID | Interface ID |

例如::ffff:192.168.0.1。

其中，FP = Format Prefix（格式前缀），对于可聚集全局单播地址，其值为"001"；TLA ID = Top-Level Aggregation Identifie（r 顶级聚集标识符）；RES = Reserved for future use（保留以备将来使用）；NLA ID = Next-Level Aggregation Identifier（下一级聚集标识符）；SLA ID = Site-Level Aggregation Identifier（站点级聚集标识符）；Interface ID = InterfaceIdentifier（接口标识符）。

（4）链路本地地址

链路本地地址具有以下几种格式。

| 10 位 | 54 位 | 64 位 |
|---|---|---|
| 1111111010 | 0 | 接口 ID |

链路本地地址用于在单个链路上对结点进行寻址。来自或发往链路本地地址的数据报不会被路由器转发。

（5）站点本地地址

站点本地地址具有以下几种格式。

| 10 位 | 38 位 | 16 位 | 64 位 |
|---|---|---|---|
| 1111111011 | 0 | 子网 ID | 接口 ID |

站点本地地址应在同一站点内使用。路由器不会转发任何站点本地源地址或目的地址是站点外部地址的数据报。

（6）多播地址

多播地址是一组结点的标识符。多播地址具有下列格式。

| 8 位 | 4 位 | 4 位 | 112 位 |
|---|---|---|---|
| 11111111 | 标志 | 范围 | 组 ID |

"标志"字段是一组 4 个标志"000T"。高位顺序的 3 位是保留位，必须为零。最后一位"T"说明它是否被永久分配。如果该值为零，说明它被永久分配，否则为暂时分配。

"范围"字段是一个 4 位字段，用于限制多播组的范围。例如，值"1"说明该多播组是一个结点本地多播组；值"2"说明其范围是链路本地。

"组 ID"字段标识多播组。以下是一些常用的多播组：所有结点地址=FF02:0:0:0:0:0:0:1（链路本地），所有路由器地址= FF02:0:0:0:0:0:0:2（链路本地），所有路由器地址= FF05:0:0:0:0:0:0:2（站点本地）。

为了便于大家对 IPv6 的理解，下面以表的形式把现在的 IPv4 与 IPv6 中的一些关键项进行对比，参见表 5.9。

表 5.9 IPv4 与 IPv6 比对表

| | IPv4 地址 | IPv6 地址 |
|---|---|---|
| 地址位数 | IPv4 地址总长度为 32 位 | IPv6 地址总长度为 128 位，是 IPv4 的 4 倍 |
| 地址格式表示 | 点分十进制格式 | 冒号分十六进制格式，带零压缩 |
| 分类 | 按 5 类划分总的 IP 地址 | 不适用，IPv6 没有对应地址划分，而主要是按传输类型划分 |
| 网络表示 | 点分十进制格式的子网掩码或以前缀长度格式表示 | 仅以前缀长度格式表示 |
| 环路地址 | 127.0.0.1 | ::1 |
| | 公共 IP 地址 | IPv6 的公共地址为"可聚集全球单点传输地址" |
| | 自动配置的地址（169.254.0.0/16） | 链路本地地址（FE80::/64） |
| | 多点传输地址（224.0.0.0/4） | IPv6 多点传输地址（FF00::/8） |
| | 包含广播地址 | 不适用，IPv6 未定义广播地址 |
| | 未指明的地址为 0.0.0.0 | 未指明的地址为::（0:0:0:0:0:0:0:0） |

续表

| | IPv4 地址 | IPv6 地址 |
|---|---|---|
| | 专用 IP 地址（10.0.0.0/8、172.16.0.0/12、192.168.0.0/16） | 站点本地地址（FEC0::/48） |
| 域名解析 | IPv4 主机地址（A）资源记录 | IPv6 主机地址（AAAA）资源记录 |
| 逆向域名解析 | IN-ADDR.ARPA 域 | IP6.INT 域 |

## 5.5.5 IPv6 数据报格式

IPv6 数据报格式由 3 部分组成：IPv6 数据报头、扩展（下一个头标）和高层数据。IPv6 数据报报头格式用图 5.14 来表示，各项具体的含义见表 5.10。

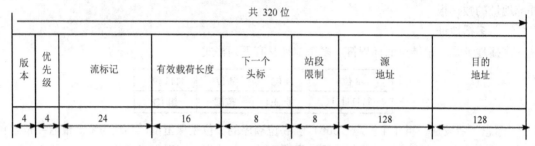

图 5.14 IPv6 数据报报头格式图

表 5.10　　　　　　　　　　　　　　IPv6 数据报头各项作用

| IPv6 数据报头项 | 作用 |
|---|---|
| 版本（Version） | IPv6 协议中规定该字段值为 6 |
| 优先级（Priority） | 当该字段为 0~7 时，表示在阻塞发生时允许进行延迟处理，值越大优先级越高；当该字段为 8~15 时，表示处理以固定速率传输的实时业务，值越大优先级越高 |
| 流标识（Flow Label） | 路由器根据流标识的值在连接前采取不同的策略 |
| 有效载荷长度（Payload Length） | 指扣除报头后的净负载长度 |
| 下一个头标（The Next Header） | 如果该数据有附加的扩展头，则该字段标识紧跟下一个扩展头；若无，则标识传输层协议种类，如 UDP（17）、TCP（6） |
| 站段限制（Hop Limit） | 即转发上限，该字段是为防止数据报传输过程中无休止地循环下去而设定的。该项首先被初始化，然后每经过一个路由器该值就减一，当减为零仍未到达目的端时就丢弃该数据报 |
| 源地址（Source Address） | 发送方 IP 地址，128 位 |
| 目的地址（Destination Address） | 接收方 IP 地址，128 位 |

下面对 IPv6 数据报报头的各项进行简单介绍。

### 1. 优先级

在 IPv6 优先级域中首先要区分以下两大业务量（Traffic）。

① 受拥塞控制的（Congestion-controlled）业务量。

② 不受拥塞控制的（Noncongestion-controlled）业务量。

在 IPv6 规范中，0～7 级的优先级为受拥塞控制的业务量保留，这种业务量的最低优先级为 1，Internet 控制用的业务量优先级为 7。不受拥塞控制的业务量是指当网络拥塞时不能进行速率调整的业务量。对时延要求很严的实时话音即是这类业务量的一个示例。在 IPv6 中将其值为 8～15 的优先级分配给这种类型的业务量。IPv6 优先级域分配如表 5.11 所示。

表 5.11                          IPv6 优先级域分配情况

| 优先级别 | 业 务 类 型 |
| --- | --- |
| 0 | 无特殊优先级 |
| 1 | 背景（Background）业务量（如网络新闻） |
| 2 | 零散数据传输（如电子邮件） |
| 3 | 保留 |
| 4 | 连续批量传输（如 FTP、NFS） |
| 5 | 保留 |
| 6 | 会话型业务量（如 Telnet 及窗口系统） |
| 7 | Internet 控制业务量（如寻路协议及 SNMP 协议） |
| 8～15 | 不受拥塞控制业务量（如实时语音业务等） |

注意：在受拥塞控制的业务量和实时业务量（即不受拥塞控制的业务量）之间不存在相对的优先级顺序。例如，高质量的图像分组的优先级取 8，SNMP 分组的优先级取 7，绝不会使图像分组优先。

#### 2. 流标识

一个流由其源地址、目的地址和流序号来命名。在 IPv6 规范中规定"流"是从某个源点向（单点或组播的）信宿发送的分组群中，源点要求中间路由器进行特殊处理的那些分组。也就是说，流是指源点、信宿和流标记三者分别相同的分组的集合。任何的流标记都不得在此路由器中保持 6s 以上。此路由器在 6s 之后必须删除高速缓存（Cache）中的登录项，当该流的下一个分组出现时，此登录项被重新学习。并非所有的分组都属于流。实际上，从 IPv4 向 IPv6 的过渡期间大部分的分组不属于特定的流。例如，SMTP、FTP 以及 WWW 浏览器等传统的应用均可生成分组。

#### 3. 有效载荷长度

有效载荷长度域指示 IP 基本头标以后的 IP 数据报剩余部分的长度，单位是字节。此域占 16 位，因而 IP 数据报通常应在 65535 字节以内。但如果使用 Hop By Hop 选项扩展头标的特大净荷选项，就能传输更大的数据报。利用此选项时净荷长度置 0。

#### 4. 下一个头标

下一个头标用来标识数据报中的基本 IP 头标的下一个头标，在此头标中，指示选项的 IP 头标和上层协议。表 5.12 列出了主要的下一个头标值，其中一些值是用来标识扩展头标的。

表 5.12                         IPv6 数据报头下一个头标域分配情况

| 下一个头标号 | 代 表 含 义 | 下一个头标号 | 代 表 含 义 |
| --- | --- | --- | --- |
| 0 | 中继选择项头标 | 46 | RSVP |
| 4 | IP | 50 | 封装化安全净荷 |

| 下一个头标号 | 代 表 含 义 | 下一个头标号 | 代 表 含 义 |
| --- | --- | --- | --- |
| 6 | TCP | 51 | 认证头标 |
| 17 | UDP | 58 | ICMP |
| 43 | 寻路头标 | 59 | 无下一个头标 |
| 44 | 报片头标 | 60 | 信宿选项头标 |
| 45 | IDRP | | |

**5. 站段限制**

站段限制决定了能够将分组传输到多远。主机在生成数据报时，在站段限制域中设置某一初值，然后将数据报送到网上的路由器。各路由器从该值起逐次减 1。如果数据报到达信宿之前其站段限制变为 0，该数据报就被抛弃掉。使用站段限制有两个目的，第一是防止寻路发生闭环（Loop）。因 IP 不能更正路由器的错误信息，无法使此数据报到达信宿，所以在 IP 中可以利用站段限制来防止数据报陷入寻路的死循环中。第二个目的是主机利用站段限制可在网内进行检索。PC 要向其中一个服务器发送数据报，无论发向哪个都行，为了减轻网络负荷，PC 可以利用站段限制搜索到离它最近的服务器。

**6. 源地址和目的地址**

基本 IP 头标中最后 2 个域是源地址和目的地址，它们各占 128 位。在此域中置入数据报最初的源地址和最后的目的地址。

**7. IP 扩展头标**

IPv4 头标中存在可变长度的选项，利用它可以处理具有指定路径控制、路径记录、时间标记（Time Stamp）和安全等选项的特殊分组。但因这种分组会影响网络的性能，故选项逐渐被废弃。IPv6 中规定了使用扩展头标（Extention Header）的特殊处理，扩展头标加在 IP 分组的基本头标之后。IPv6 规范中定义了若干种不同的扩展头标，它们由下一个头标域的值来标识。每种头部都是可选的，但一旦有多于一种头部出现时，它们必须紧跟在固有头部之后，并且最好按次序排列。

目前，IPv6 协议规定了如下可选的扩展项。

① 逐项选项头（Hop-by-Hop Option Header）：该字段定义了途经路由器所需检验的信息。

② 目的选项头：含目的站点处理的可选信息。

③ 路由（Routing）选项头：提供了到达目的地所必须经过的中间路由器。

④ 分段（Fragmentation）头：IPv6 对分段的处理类似于 IPv4，该字段包括数据报标识符、段号以及是否终止标识符。

⑤ 认证（Authentication）头：该字段保证了目的端对源端的身份验证。

⑥ 加载安全负载（Security Encrypted Payload）头：该字段对负载进行加密，以防止数据在传输过程中发生信息泄露。

# 5.6  网络层的设备

## 5.6.1  路由器

路由器工作在 OSI 模型的网络层，如图 5.15 所示。路由器连接具有相同网络通信结构的网络，也许这些网络更低层的结构并不相同。换句话说，路由器是和协议相关的。例如，一个路由器可以连接两个使用 TCP/IP 协议的网络，尽管一个是以太网，另一个是令牌环网。

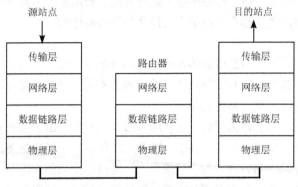

图 5.15 路由器和 OSI 模型

路由器可以连接不同结构的网络，因为它剥掉帧头和帧尾以获得里面的数据分组。如果路由器需要转发一个数据分组，它将用与新的连接使用的数据链路层协议一致的帧重新封装该数据分组。例如，路由器可能从局域网的路由端口上接收到一个以太网的帧，抽取出数据分组，然后构建一个帧中继的帧，再将新的帧从连接到帧中继网络的路由端口发送出去。每一次路由器拆散然后重建帧的过程中，帧中的数据分组保持不变。

**1. 路由器和网桥的区别**

路由器和网桥的一个重要区别是：网桥独立于高层协议，它把几个物理网络连起来后提供给用户的仍然是一个逻辑网络，用户根本不知道有网桥存在；路由器则利用互连网络协议将网络分成几个逻辑子网。路由器是面向协议的设备，能够识别网络层地址，而网桥只能识别链路层地址或称 MAC 地址，网桥对网络层地址视而不见。

在 OSI 分层结构中，网络层又可分为 3 个子层：子层访问层、子层增强层和互连网络 IP 层。子层访问层是子网的网络层，它提供基本网络层服务；子网增强层协调各子网提供的服务，屏蔽它们之间的差别；IP 层处理互连网络功能。路由器实现了这些层的功能，将包从一个网络转发到另一个网络，如图 5.16 所示。

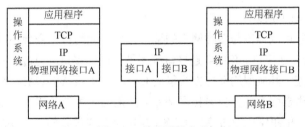

图 5.16 路由器的实现

网络层有自己的源和目的地址信息，如互连网络的 IP 地址。路由器利用 IP 地址来确定信息包发往哪个网络，如果源和目的网络号在同一网络中，则送往该网络的指定主机。一个信息包到达路由器后，先进入队列，然后路由器逐一处理，即提取信息包的目的地址，查看路由表，如果到达目的地的路径不止一条，则选择一条最佳路径。如果源子网的信息包太长，目的子网无法接收，路由器就把它分成更小的包，TCP/IP 协议中把这个过程叫"分段"。

使用了路由器，便开始进入广域网和远程通信链路的范畴。路由器最初用在由 20 个或更多的局域网互连组成的大型网络中，以保证业务在定义的路径上有效地流通。当使用租用线路连接局域网时，路由器尤为重要。由于这些连接可能速度慢、费用高，因此应使用过滤来使不需要的业务远离该连接。许多路由选择产品都是为支持通信策略设计的。

**2. 路由器端口**

路由器通常把分组从一条数据链路传输到另外一条数据链路上。为了传输分组，路由器会使用两个基本功能：路由选择功能和交换功能。路由器负责把分组沿着路径传输到下一个网络中。路由器使用地址的网络部分进行路由选择。

路由器与网络的连接部分称为接口，也被称为端口。在进行 IP 路由选择时，每个接口必须具有一个独立的、唯一的网络（或子网）地址，如图 5.17 所示。交换功能使得一台路由器能够在一个接口上接收分组，并且把它转发到另一个接口上。路由选择功能使得路由器能够选择最恰当的接口来进行分组的转发。地址的主机部分指的是路由器上的某个特定接口，该接口连接到该网络/子网上相邻的路由器。

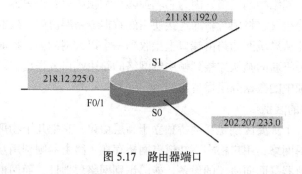

图 5.17　路由器端口

路由器连接两个或两个以上网络，为了保证路由选择的正确性，每个网络必须具有一个唯一的网络号。

**3. 路由器在网络互连中的作用**

作为网络层的网络互连设备，路由器在网络互连中起到了不可或缺的作用。与物理层或数据链路层的网络互连设备相比，其具有一些物理层或数据链路层的网络互连设备所没有的重要功能。

（1）提供异构网络的互连

在物理上，路由器可以提供与多种网络的接口，如以太网口、令牌环网口、FDDI 口、ATM口、串行连接口、SDH 连接口、ISDN 连接口等多种不同的接口。通过这些接口，路由器可以支持各种异构网络的互连，其典型的互连方式包括 LAN-LAN、LAN-WAN 和 WAN-WAN 等。

事实上，正是路由器强大的支持异构网络互连的能力，才使其成为 Internet 中的核心设备。图 5.18 所示为一个采用路由器互连的网络实例。从网络互连设备的基本功能来看，路由器具备了非常强的在物理上扩展网络的能力。

路由器之所以能支持异构网络的互连，关键还在于其在网络层能够实现基于 IP 协议的分组转发。只要所有互连的网络、主机及路由器能够支持 IP 协议，位于不同 LAN 和 WAN 中的主机之间就能以统一的 IP 数据报形式实现相互通信。以图 5.18 所示的主机 1 和主机 5 为例，一个位于以太网 1 中，一个位于令牌环网中，中间还隔着以太网 2。假定主机 1 要给主机 5 发送数据，则主机 1 将以主机 5 的 IP 地址为目的 IP 地址，以其 IP 地址为源 IP 地址启动 IP 分组的发送。由于目的主机和源主机不在同一网络中，为了发送该 IP 分组，主机 1 需要将该分组封装成以太网的帧发送给默认网关，即路由器 A 的 F0/0 端口；F0/0 端口收到该帧后进行帧的拆封并分离出 IP 分组，通过将 IP 分组中的目的网络号与自己的路由表进行匹配，决定将该分组由自己的 F0/1 口送出，但在送出之前，必须首先将该 IP 分组重新按以太网帧的格式进行封装，这次要以自己的 F0/1 口的 MAC 地址为源 MAC 地址，路由器 B 的 F0/0 口的 MAC 地址为目的 MAC 地址进行帧的封装，然后将帧发送出去；路由器 B 收到该以太网帧之后，通过帧的拆封，再度得到原来的 IP 分组，并通过查找自己的 IP 路由表，决定将该分组从自己的以太网口 T0 送出去，即以主机 5 的 MAC 地址为目的 MAC 地址，以自己的 T0 口的 MAC 地址为源 MAC 地址进行 802.5 令牌环网帧的封装，然后启动帧的发送；最后，该帧到达主机 5，主机 5 进行帧的拆封，得到主机 1 给自己的 IP 分组并送到自己的更高层，即传输层。

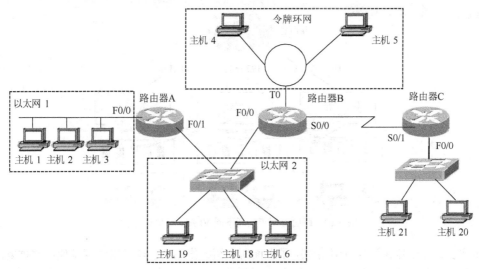

图 5.18　一个采用路由器互连的网络

（2）实现网络的逻辑划分

路由器在物理上扩展网络的同时，还提供了逻辑上划分网络的功能。如图 5.12 所示，当网络 1 中的主机 1 给主机 2 发送 IP 分组 1 的同时，网络 2 中的主机 5 可以给主机 6 发送 IP 分组 2，而网络 3 中的主机 18 可以向主机 19 发送 IP 分组 3，它们互不矛盾，因为路由器是基于第 3 层 IP 地址来决定是否进行分组转发的，所以这 3 个分组由于源和目的 IP 地址在同一网络中而都不会被路由器转发。换言之，路由器所连的网络必定属于不同的冲突域，即从划分冲突域的能力来看，路由器具有和交换机相同的性能。

不仅如此，路由器还可以隔离广播流量。假定主机 1 以目标地址"255.255.255.255"向本网中的所有主机发送一个广播分组，则路由器通过判断该目标 IP 地址就知道自己不必转发该 IP 分组，从而广播被局限于网络 1 中，而不会渗漏到网络 2 或网络 3 中；同样的道理，若主机 1 以广播地址 192.168.2.255 向网络 2 中的所有主机进行广播，则该广播也不会被路由器转发到网络 3 中，因为通过查找路由表，该广播 IP 分组是要从路由器的 F0/1 接口出去的，而不是 T0 接口。也就是说，由路由器相连的不同网段之间除了可以隔离网络冲突外，还可以相互隔离广播流量，即路由器不同接口所连的网段属于不同的广播域。广播域是对所有能分享广播流量的主机及其网络环境的总称。

网络互连设备所关联的 OSI 层次越高,其网络互连能力就越强。物理层设备只能简单地提供物理扩展网络的能力;数据链路层设备在提供物理上扩展网络能力的同时,还能进行冲突域的逻辑划分;而网络层设备在提供物理上扩展网络能力之外,同时提供了逻辑划分冲突域和广播域的功能。

（3）实现 VLAN 之间的通信

VLAN 限制了网络之间的不必要的通信,但在任何一个网络中,还必须为不同 VLAN 之间的必要通信提供手段,同时也要为 VLAN 访问网络中的其他共享资源提供途径,这些都要借助于 OSI 第 3 层或网络层的功能。第 3 层的网络设备可以基于第 3 层的协议或逻辑地址进行数据报的路由与转发,从而可提供在不同 VLAN 之间以及 VLAN 与传统 LAN 之间进行通信的功能,同时也为 VLAN 提供访问网络中的共享资源提供途径。VLAN 之间的通信可由外部路由器来实现。

图 5.19 所示为一个由外部路由器实现不同 VLAN 之间通信的示例。

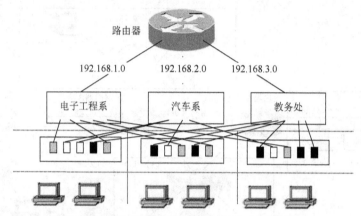

图 5.19　路由器用于实现不同 VLAN 之间的通信

事实上,路由器在计算机网络中除了上面所介绍的作用外,还可以实现其他一些重要的网络功能,如提供访问控制功能、优先级服务和负载平衡等。总之,路由器是一种功能非常强大的计算机网络互连设备。

## 5.6.2　3 层交换机

3 层交换技术解决了局域网中网段划分之后,网段中子网必须依赖路由器进行管理的局面,解决了传统路由器低速、复杂所造成的网络瓶颈问题。

### 1. 什么是 3 层交换

3 层交换(也称多层交换技术或 IP 交换技术)是相对于传统交换概念而提出的。众所周知,传统的交换技术是在 OSI 网络标准模型中的第 2 层(数据链路层)进行操作的,而 3 层交换技术是在 OSI 网络模型中的第 3 层实现了数据报的高速转发。简单地说,3 层交换技术就是:2 层交换技术+3 层转发技术。

### 2. 3 层交换原理

一个具有 3 层交换功能的设备是一个带有 3 层路由功能的 2 层交换机,但它是二者的有机结合,并不是简单地把路由器设备的硬件及软件叠加在局域网交换机上。

其原理是:假设两个使用 IP 协议的站点 A、B 通过 3 层交换机进行通信,发送站点 A 在开始发送时,把自己的 IP 地址与 B 站的 IP 地址比较,判断 B 站是否与自己在同一子网内。若目的站 B 与发送站 A 在同一子网内,则进行 2 层的转发。若两个站点不在同一子网内,如发送站 A 要与目的站 B 通信，发送站 A 要向"默认网关"发出 ARP（地址解析）封包，而"默认网关"的 IP 地址其实是 3 层交换机的 3 层交换模块。当发送站 A 对"默认网关"的 IP 地址广播出一个 ARP 请求时，如果 3 层交换模块在以前的通信过程中已经知道 B 站的 MAC 地址，则向发送站 A 回复 B 的 MAC 地址。否则，3 层交换模块根据路由信息向 B 站广播一个 ARP 请求，B 站得到此 ARP 请求后向 3 层交换模块回复其 MAC 地址，3 层交换模块保存此地址并回复给发送站 A，同时将 B 站的 MAC 地址发送到 2 层交换引擎的 MAC 地址表中。从这以后，A 向 B 发送的数据报便全部交给 2 层交换处理，信息得以高速交换。由于仅仅在路由过程中才需要 3 层处理，绝大部分数据都通过 2 层交换转发，因此 3 层交换机的速度很快，接近 2 层交换机的速度，同时比相同路由器的价格低很多。

### 3. 3 层交换机种类

3 层交换机可以根据其处理数据的不同而分为纯硬件和纯软件两大类。

① 纯硬件的 3 层技术相对来说技术复杂、成本高，但是速度快、性能好、带负载能力强。其原理是：采用 ASIC 芯片，采用硬件的方式进行路由表的查找和刷新，如图 5.20 所示。

当数据由端口接口芯片接收进来以后，首先在 2 层交换芯片中查找相应的目的 MAC 地址，如果查到，就进行 2 层转发，否则将数据送至 3 层引擎。在 3 层引擎中，ASIC 芯片查找相应的路由表信息，与数据的目的 IP 地址相对比，然后发送 ARP 数据报到目的主机，得到该主机的 MAC 地址，将 MAC 地址发到 2 层芯片，由 2 层芯片转发该数据报。

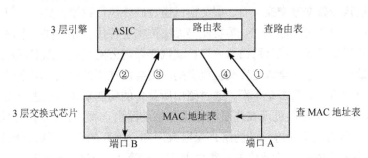

图 5.20  纯硬件 3 层交换机原理

注：① 端口 A 向 3 层交换模块发出 ARP 请求；② 3 层交换模块向端口 B 所在网段广播发出 ARP 请求；③ 端口 B 的 ARP 应答；④ 更新 MAC 地址表。

② 基于软件的 3 层交换机技术较简单，但速度较慢，不适合作为主干。其原理是：CPU 用软件的方式查找路由表，如图 5.21 所示。

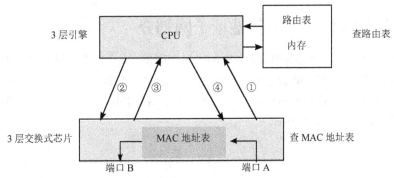

图 5.21  软件 3 层交换机原理

注：① 端口 A 向 3 层交换模块发出 ARP 请求；② 3 层交换模块向端口 B 所在网段广播发出 ARP 请求；③ 端口 B 的 ARP 应答；④ 更新 MAC 地址表。

当数据由端口接口芯片接收进来以后，首先在 2 层交换芯片中查找相应的目的 MAC 地址，如果查到，就进行 2 层转发，否则将数据送至 CPU。CPU 查找相应的路由表信息，与数据的目的 IP 地址相对比，然后发送 ARP 数据报到目的主机，得到该主机的 MAC 地址，将 MAC 地址发到 2 层芯片，由 2 层芯片转发该数据报。因为低价 CPU 处理速度较慢，因此这种 3 层交换机处理速度较慢。

#### 4. 3 层交换机和路由器的比较

传统的路由器在网络中有路由转发、防火墙、隔离广播等作用，而在一个划分了 VLAN 的网络中，逻辑上划分的不同网段之间通信仍然要通过路由器转发。由于在局域网上，不同 VLAN 之间的通信数据量很大，如果路由器要对每一个数据报都路由一次，随着网络上数据量的不断增大，它将成为瓶颈。而第 3 层交换技术就是将路由技术与交换技术合二为一的技术。在对第一个数据流进行路由后，它将会产生一个 MAC 地址与 IP 地址的映像表，当同样的数据流再次通过时，将根据此表直接从 2 层通过，而不是再次路由，从而消除了路由器进行路由选择而造成网络的延迟，提高了数据报转发的效率。路由器的转发采用最长匹配的方式，实现复杂，通常使用软件来实现。而 3 层交换机的路由查找是针对流的，它利用 Cache 技术，很容易采用 ASIC 实现，因此，可以大大节约成本，并实现快速转发。

但从技术上讲，路由器和 3 层交换机在数据报交换操作上存在着明显区别。路由器一般由基于微处理器的引接执行数据报交换，而 3 层交换机通过硬件执行数据报交换。因此与 3 层交换机相比，路由器功能更为强大，像 VPN 等功能仍无法被完全替代。处于同一个局域网中的各子网的互连，可以用 3 层交换机来代替路由器，但局域网必须与公网互联，以实现跨地域的网络，这时路由器就不可缺少。一个完全构建在交换机上的网络会出现诸如碰撞、堵塞以及通信混乱等问题。使用路由器将网络划分为多个子网，通过路由所具备的功能来有效地进行安全控制策略，则可以避开这些问题。3 层交换机现在还不能提供完整的路由选择协议，而路由器具备同时处理多个协议的能力。当连接不同协议的网络，像以太网和令牌环的组合网络，依靠 3 层交换机是不可能完成网间数据传输的。除此之外，路由器还具有第 4 层网络管理能力，这也是 3 层交换机所不具备的。

# 5.7 技 能 训 练

## 5.7.1 技能训练 1：B 类地址子网划分

假设申请了一个 B 类网络地址 150.193.0.0，至少需要 50 个用路由器连接的子网络，并且每个子网上最少应该能够处理 750 台主机。确定需要从地址的主机部分借的位数以及留下来作为主机地址的位数。现在使用这些子网中的 6 个，并为将来的发展保留 4 个子网，不要使用第 1 个和最后一个子网。填写表 5.13 中各项。

| 表 5.13 | | B 类地址 150.193.0.0 划分子网表 | | | | |
|---|---|---|---|---|---|---|
| 子网的编号 | 借来的子网位的二进制数值 | 子网地址 | 子网广播地址 | 主机位可能的二进制数值（范围）（5 位） | 子网/主机十进制数值的范围 | 是否可用 |
| | | | | | | |
| | | | | | | |
| | | | | | | |
| | | | | | | |
| | | | | | | |

## 5.7.2  技能训练 2：ARP 命令的使用

多数的网络操作系统都内置了一个 ARP 命令，用于查看、添加和删除高速缓存中的 ARP 表项。在 Windows XP 中，高速 Cache 中的 ARP 表可以包含动态和静态表项。动态表项随时间推移自动添加和删除。而静态表项一直保留在高速 Cache 中，直到人为删除或重新启动计算机为止。在 ARP 表中，每个动态表项的潜在生命周期为 10 min。新表项加入时定时器开始计时，如果某个表项添加后两分钟内没有被再次使用，则此表项过期并从 ARP 表中删除。如果某个表项始终在使用，则它的最长生命周期为 10 min。

### 1. 显示高速 Cache 中的 ARP 表

使用命令"ARP–a"可以显示高速 Cache 中的 ARP 表。如果高速 Cache 中的 ARP 表为空，则输出的结果为"NO ARP Entries Found"；如果 ARP 表中存在 IP 地址和 MAC 的映像关系，则显示该映射关系，如图 5.22 所示。表项有静态和动态两种。

图 5.22  利用"ARP-a"命令显示高速 Cache 中的 ARP 表

### 2. 添加 ARP 动态表项

可以利用 Ping 命令向一个站点发送消息，将这个站点 IP 地址与 MAC 地址的映像关系加入到 ARP 表中。再次使用命令"ARP–a"，观察 ARP 表有无变化。

### 3. 添加 ARP 静态表项

通过"arp–s inet_addr eth_addr"命令,可以将 IP 地址与 MAC 地址的映像关系手工加入到 ARP 表中。其中,"inet_addr"为 IP 地址,"eth_addr"为与其对应的 MAC 地址。静态表项不会自动从 ARP 表删除,直到人为删除或关机。执行命令 "arp-s 108.10.111 00-0A-E6-DF-F3-74"。

### 4. 删除 ARP 表项

无论是动态表项还是静态表项,都可以通过命令"arp–d inet_addr"删除,如执行命令"arp–d 10.8.10.112"。再次使用命令"ARP–a",观察 ARP 表有无变化。

## 5.7.3　技能训练 3:Ping 命令的使用

Ping 命令是利用回应请求/应答 ICMP 报文来测试目的主机或路由器的可达性。各种操作系统都集成了 Ping 命令。但不同的操作系统对 Ping 命令的实现稍有不同。

在 Windows XP 环境下,Ping 命令语法及部分常用的参数含义如下。

语法格式:Ping [-t] [-a] [-n count] [-l size] [-f] [-i TTL] [-v TOS] [-r count] [-s count] [[-j host-list] | [-k host-list]] [-w timeout] destination_ip_adddr。

表 5.14 给出了 Ping 命令各选项的具体含义。从表 5.14 可以看出,Ping 命令的许多选项实际上是指定互联网如何处理和携带回应请求/应答 ICMP 报文的 IP 数据报的。

表 5.14　　　　　　　　　　　　　　　　　Ping 命令选项

| 选　项 | 含　义 |
| --- | --- |
| -t | 不停地 Ping 目的主机,直到手动停止(按下 Control+C) |
| -a | 将 IP 地址解析为计算机主机名 |
| -n count | 发送回送请求 ICMP 报文的次数(默认值为 4) |
| -l size | 定义 echo 数据报大小(默认值为 32B) |
| -f | 在数据报中不允许分片(默认为允许分片) |
| -i TTL | 指定生存周期 |
| -v TOS | 指定要求的服务类型 |
| -r count | 记录路由 |
| -s count | 使用时间戳选项 |
| -j host-list | 利用 computer-list 指定的计算机列表路由数据报。连续计算机可以被中间网关分隔(路由稀疏源)IP 允许的最大数量为 9 |
| -k host-list | 利用 computer-list 指定的计算机列表路由数据报。连续计算机不能被中间网关分隔(路由严格源)IP 允许的最大数量为 9 |
| -w timeout | 指定超时间隔,单位为毫秒 |

### 1. 连续发送 Ping 测试报文

连续发送 Ping 测试报文可以使用-t 选项。例如执行命令"Ping 61.139.2.69 –t"连续向 IP 地址为 61.139.2.69 的主机发送 Ping 测试报文,可以使用 Ctrl + Break 显示发送和接收回应请求/应答 ICMP 报文的统计信息,如图 5.23 所示。也可以使用 Ctrl + C 结束 Ping 命令。

### 2. 自选数据长度的 Ping 测试报文

在默认情况下,Ping 命令使用的测试报文数据长度为 32B,使用 "-l size" 选项可以指定测试报文数据长度。例如使用命令"Ping 192.168.1.1 –l 1560",如图 5.24 所示。

图 5.23  连续发送 Ping 测试报文并查看统计信息          图 5.24  自定义 Ping 测试报文数据大小

### 3. 修改 Ping 命令的请求超时时间

默认情况下,系统等待 1000 ms 的时间以便让每个响应返回。如果超过 1000 ms,系统将显示"请求超时(Request Timed Out)"。在 Ping 测试报文经过延迟较长的链路时,响应可能会花更长的时间才能返回,这时可以使用"-w"选项指定更长的超时时间。例如命令"Ping 61.139.2.69 – w 5000"指定超时时间为 5000 ms。

如果目的地不可达,系统对 Ping 命令的屏幕响应随不可达原因的不同而异,最常见的有以下两种情况。

① 目的网络不可达( Destination Net Unreachable ):说明没有目的地的路由,通常是由于 reply from 中列出的路由器路由信息错误造成的。

② 请求超时(Request Timed Out):表明在指定的超时时间内没有对测试报文响应。其原因可能为路由器关闭、目的主机关闭、没有路由返回到主机或响应的等待时间大于指定的超时时间。

## 5.7.4  技能训练 4:Tracert 命令的使用

Tracert( 跟踪路由 )是路由跟踪实用程序,用于确定 IP 数据报访问目标所采取的路径。Tracert 命令用 IP 生存时间 ( TTL ) 字段和 ICMP 错误消息来确定从一个主机到网络上其他主机的路由。

通过向目的发送不同 IP 生存时间 ( TTL ) 值的"Internet 控制消息协议(ICMP )"回应数据报,Tracert 诊断程序确定到目的所采取的路由。要求路径上的每个路由器在转发数据报之前至少将数据报上的 TTL 递减 1。数据报上的 TTL 减为 0 时,路由器应该将"ICMP 已超时"的消息发回源系统。

Tracert 先发送 TTL 为 1 的回应数据报,并在随后的每次发送过程将 TTL 递增 1,直到目的响应或 TTL 达到最大值,从而确定路由。通过检查中间路由器发回的"ICMP 已超时"的消息确定路由。某些路由器不经询问直接丢弃 TTL 过期的数据报,这在 Tracert 实用程序中看不到。

Tracert 命令按顺序打印出返回"ICMP 已超时"消息的路径中的近端路由器接口列表。如果使用-d 选项,则 Tracert 实用程序不在每个 IP 地址上查询 DNS。

Tracert 命令格式为:

```
Tracert [-d] [-h maximum_hops] [-j host-list] [-w timeout] target_name
```

各参数解释如下。

① –d:指定不将 IP 地址解析到主机名称。

② –h maximum_hops：指定跳数以跟踪到称为 target_name 的主机的路由。

③ –j host-list：指定 Tracert 实用程序数据报所采用路径中的路由器接口列表。

④ –w timeout：等待 timeout 为每次回复所指定的毫秒数。

⑤ target_name：目的主机的名称或 IP 地址。

例：执行命令"Tracert 61.139.2.69"的结果如图 5.25 所示。

图 5.25　命令"tracert 61.139.2.69"执行结果

# 本章重要概念

1．TCP/IP 体系中的网络层向上只提供简单灵活的、无连接的、尽最大努力交付的数据报服务。网络层不提供服务质量的承诺，不保证分组交付的时限，所传送的分组可能出错、丢失、重复和失序。进程之间的通信的可靠性由运输层负责。

2．IP 网是虚拟的，因为从网络层上看，IP 网好像是一个统一的、抽象的网络（实际上是异构的）。IP 层抽象的互联网屏蔽了下层网络很复杂的细节，使我们能够使用统一的、抽象的 IP 地址处理主机之间的通信问题。

3．在互联网上的交付有两种：在本网络上的直接交付（不经过路由器）和到其他网络的间接交付（经过至少一个路由器，但最后一次一定是直接交付）。

4．一个 IP 地址在整个因特网范围内是唯一的。分类的№地址包括 A 类、B 类和 C 类地址（单播地址），以及 D 类地址（多播地址）。E 类地址未使用。

5．分类的 IP 地址由网络号字段（指明网络）和主机号字段（指明主机）组成。网络号字段最前面的类别位指明 IP 地址的类别。

6．IP 地址是一种分等级的地址结构。IP 地址管理机构在分配 IP 地址时只分配网络号，而主机号则由得到该网络号的单位自行分配。路由器仅根据目的主机所连接的网络号来转发分组。

7．IP 地址标志一台主机（或路由器）和一条链路的接口。多归属主机同时连接到两个或更多的网络上。这样的主机同时具有两个或更多的 IP 地址，其网络号必须是不同的。由于一个路由器至少应当连接到两个网络，因此一个路由器至少应当有两个不同的 IP 地址。

8．按照因特网的观点，用转发器或网桥连接起来的若干个局域网仍为一个网络。所有分配到网络号的网络（不管是范围很小的局域网，还是可能覆盖很大地理范围的广域网）都是平等的。

9．物理地址（即硬件地址）是数据链路层和物理层使用的地址，而 IP 地址是网络层和以上各层使用的地址，是一种逻辑地址（用软件实现的），在数据链路层看不见数据报的 IP 地址。

10．地址解析协议 ARP 把 IP 地址解析为硬件地址，它解决同一个局域网上的主机或路由器的 IP 地址和硬件地址的映像问题。ARP 的高速缓存可以大大减少网络上的通信量。

11. CIDR 的 32 位地址掩码（或子网掩码）由一串 1 和一串 0 组成，而 1 的个数就是前缀的长度。只要把 IP 地址和地址掩码逐位进行"逻辑与（AND)"运算，就很容易得出网络地址。A 类地址的默认地址掩码是 255.0.0.0。B 类地址的默认地址掩码是 255.255.0.0。C 类地址的默认地址掩码是 255.255.255.0。

12. 路由选择协议有两大类：内部网关协议（或自治系统内部的路由选择协议），如 RIP 和 OSPF；外部网关协议（或自治系统之间的路由选择协议），如 BGP-4。

13. 虚拟专用网 VPN 利用公用的因特网作为本机构各专用网之间的通信载体。VPN 内部使用因特网的专用地址。一个 VPN 至少要有一个路由器具有合法的全球 IP 地址，这样才能和本系统的另一个 VPN 通过因特网进行通信。所有通过因特网传送的数据都必须加密。

14. 使用网络地址转换 NAT 技术，可以在专用网络内部使用专用 IP 地址，而仅在连接到因特网的路由器使用全球 IP 地址。这样就大大节约了宝贵的 IP 地址。

# 习　　题

1. 网络层向上提供的服务有哪两种？试比较其优缺点。
2. 网络互连有何实际意义？进行网络互连时，有哪些共同的问题需要解决？
3. 作为中间设备，转发器、网桥、路由器和网关有何区别？
4. 试简单说明下列协议的作用：IP，ARP，RARP 和 ICMP。
5. IP 地址分为几类？各如何表示？IP 地址的主要特点是什么？
6. 试根据 IP 地址的规定，计算出表 4-2 中的各项数据。
7. 试说明 IP 地址与硬件地址的区别。为什么要使用这两种不同的地址？
8. IP 地址方案与我国的电话号码体制的主要不同点是什么？
9. 子网掩码为 255.255.255.0 代表什么意思？
10. 网络现在掩码为 255.255.255.248，问该网络能够连接多少个主机？
11. A 类网络和 B 类网络的子网号 subnet-id 分别为 16 个 1 和 8 个 1，问这两个网络的子网掩码有何不同？
12. 一个 B 类地址的子网掩码是 255.255.240.0。试问在其中每一个子网上的主机数最多是多少？
13. A 类网络的子网掩码为 255.255.0.255，它是否为一个有效的子网掩码？
14. 某个 IP 地址的十六进制表示为 C2.2F.14.81，试将其转换为点分十进制的形式。这个地址是哪一类 IP 地址？
15. C 类网络使用子网掩码有无实际意义？为什么？
16. 试辨认以下 IP 地址的网络类别。
（1）128.36.199.3
（2）21.12.240.17
（3）183.194.76.253
（4）192.12.69.248
（5）89.3.0.1
（6）200.3.6.2

# 第 **6** 章　运输层

本章首先概念介绍运输层协议的特点，然后讲述 UDP 协议，其余的篇幅都是讨论 TCP 协议和可靠传输的工作原理。

**本章重要内容如下。**

① 运输层为相互通信的应用进程提供逻辑通信。

② 端口和套接字的意义。

③ 无连接的 UDP 的特点以及面向连接 TCP 的特点。

# 6.1　运输层的功能概述

运输层是 OSI 参考模型的第 4 层，它为上一层提供了端到端（End to End）的可靠的信息传递。物理层可以使比特流在各链路上透明地运输。数据链路层则增强了物理层所提供的服务，它使相邻结点所构成的链路能够运输无差错的帧。网络层又在数据链路层的基础上，提供路由选择、网络互连的功能。而对于用户进程来说，希望得到的是端到端的服务（如主机 A 到主机 B 的 FTP），运输层就是建立应用间的端到端连接，并且为数据运输提供可靠或不可靠的连接服务。

运输层是 OSI 模型中建立在网络层和会话层之间的一个层次，它一般包括以下基本功能。

① 连接管理（Connection Management）：定义了允许两个用户像直接连接一样开始交谈的规则。通常把连接的定义和建立的过程称为握手（Handshake）。运输层要建立、维持和终止一个会话，运输层与其对等系统建立面向连接的会话。在数据运输开始时，发送方和接收方的应用都要通知各自的操作系统初始化一个连接，一台主机发起的连接必须被另一台主机接收才行。当所有的同步操作完成之后，一个连接就建立了，数据运输也就开始了，在运输的过程中，两台主机还需要继续通过协议软件来通信，以验证数据是否被正确接收。数据运输完成后，发送端主机发送一个标识数据运输结束的指示。接收端主机在数据运输完成后确认数据运输结束，连接终止。

② 流量控制（Flow Control）：就是以网络普遍接受的速度发送数据，从而防止网络拥塞造成数据报的丢失。运输层独立于低层而运行。运输层和数据链路层的流量控制区别在于：运输层定义了端到端用户之间的流量控制，数据链路层定义了两个中间的相邻结点的流量控制。

③ 差错检测（Error Detection）：数据链路层的差错检测功能提供了可靠的链路运输，但无法保证源点和目的之间的运输完全无错，比如网络中的路由器收到了完整无缺的 IP 分组，但是在将含有分组的帧重新格式化的过程中，出现了影响分组内容的错误。这种错误可能是由于软件或硬件问题导致路由器在进行分组期间引起的，也就是说，并不是由于物理链路在进行数据运输的过

程中产生的，因此，数据链路层的差错检测功能无法通过校验和识别出差错。运输层的差错检测机制会检测到这种类型的错误。

④ 对用户请求的响应（Response to User's Request）：包括对发送和接收数据请求的响应，以及特定请求的响应，如用户可能要求高吞吐率、低延迟或可靠的服务。

⑤ 建立无连接或面向连接的通信：TCP/IP 协议的 TCP 提供面向连接的运输层服务，UDP 则提供无连接的运输层服务。

从通信子网的角度，也可以这样理解，作为资源子网中的终端用户是不可能对通信子网内部加以直接控制的，即不可能通过更换性能更好的路由器或增强数据链路层的纠错能力来提高网络层的服务质量，只能依靠在自己主机上所增加的这个运输层来检测分组的丢失或数据的残缺，并采取相应的补救措施。所以，运输层不仅有存在的必要，它还是 OSI 参考模型中非常重要的一层，起到承上启下的不可或缺的作用，从而被看成整个分层体系的核心。但是，只有资源子网中的端设备才会具有运输层，通信子网中的设备一般至多只具备 OSI 下面 3 层的功能，即通信功能。根据上述原因，通常又将 OSI 模型中的下面 3 层称为面向通信子网的层，而将运输层及以上的各层称为面向资源子网或主机的层。另一种划分则是将运输层及以下的各层统称为面向数据通信的层，而将运输层之上的会话层、表示层及应用层这些不包含任何数据传输功能的层统称为面向应用的层，如图 6.1 所示。

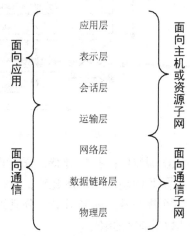

图 6.1　运输层在 OSI 模型中的地位

# 6.2　TCP/IP 的运输层

由于 TCP/IP 的网络层提供的是面向无连接的数据报服务，也就是说，IP 数据报运输会出现丢失、重复或乱序的情况，因此，在 TCP/IP 网络中运输层就变得极为重要。TCP/IP 的运输层提供了两个主要的协议，即运输控制协议（Transport Control Protocol，TCP）和用户数据报协议（User Datagram Protocol，UDP）。

## 6.2.1　TCP 协议

尽管 TCP/IP 的网络层提供的是一种面向无连接的 IP 数据报服务，但运输层的 TCP 旨在向 TCP/IP 的应用层提供一种端到端的面向连接的可靠的数据流运输服务。TCP 常用于一次运输要交换大量报文的情形，如文件运输、远程登录等。

为了实现这种端到端的可靠运输，TCP 必须规定运输层的连接建立与拆除的方式、数据运输格式、确认的方式、目标应用进程的识别以及差错控制和流量控制机制等。与所有网络协议类似，TCP 将自己所要实现的功能集中体现在了 TCP 的协议数据单元中。

### 1. TCP 分段的格式

TCP 的协议数据单元被称为分段（Segment），TCP 通过分段的交互来建立连接、运输数据、发出确认、进行差错控制、流量控制及关闭连接。分段分为两部分，即分段头和数据。所谓分段头，就是 TCP 为了实现端到端可靠运输所加上的控制信息，而数据是指由高层即应用层来的数据。图 6.2 所示为 TCP 分段头的格式，其中有关字段的说明如下。

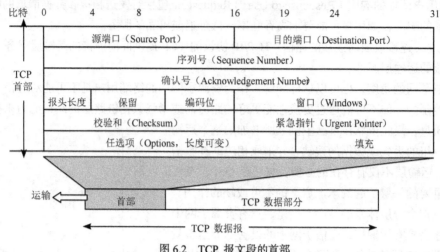

图 6.2　TCP 报文段的首部

① 源端口：占 16 比特，分段的源端口号。

② 目的端口：占 16 比特，分段的目的端口号。

③ 序列号：占 32 比特，分段的序列号，表示该分段在发送方的数据流中的位置，用来保证到达数据顺序的编号。

④ 确认号：占 32 比特，下一个期望接收的 TCP 分段号，相当于是对对方所发送的并已被本方所正确接收的分段的确认。顺序号和确认号共同用于 TCP 服务中的确认、差错控制。

⑤ 报头长度：TCP 头长，以 32 位字长为单位。实际上相当于给出数据在数据段中的开始位置。

⑥ 保留：占 6 比特，为将来的应用而保留，目前置为“0”。

⑦ 编码位：占 6 比特，TCP 分段有多种应用，如建立或关闭连接、运输数据、携带确认等，这些编码位用于给出与分段的作用及处理有关的控制信息，详细参见表 6.1。

⑧ 窗口：占 32 比特，窗口的大小表示发送方可以接收的数据量，单位为字节。使用可变大小的滑动窗口协议来进行流量控制。

⑨ 校验和：占 32 比特，用于对分段首部和数据进行校验。通过将所有 16 位字以补码形式相加，然后再对相加和取补，正常情况下应为“0”。

⑩ 紧急指针：占 16 比特，给出从当前顺序号到紧急数据位置的偏移量。

⑪ 任选项：长度可变。TCP 只规定了一种选项，即最大报文段长度（MSS）。

⑫ 填充：当任选项字段长度不足 32 位字长时，需要加以填充。

⑬ 数据：来自高层即应用层的协议数据。

表 6.1　　　　　　　　　　　TCP 分段头中的编码位字段的含义

| 编码位（从左到右）的标识 | 该位置“1”的含义 |
| --- | --- |
| 紧急比特（URG） | 表示启用了紧急指针字段 |
| 确认比特（ACK） | 表示确认字段是有效的 |
| 推送比特（PSH） | 请求急迫操作，即分段一到马上发送应用程序，而不等到接收缓冲区满时才发送应用程序 |

续表

| 编码位（从左到右）的标识 | 该位置"1"的含义 |
|---|---|
| 复位比特（RST） | 连接复位。复位因主机崩溃或其他原因而出现错误的连接，也可用于拒绝非法的分段或拒绝连接请求 |
| 同步比特（SYN） | 与 ACK 合用以建立 TCP 连接。例如，SYN=1，ACK=0 表示连接请求；而 SYN=1，ACK=1 表示同意建立连接 |
| 终止比特（FIN） | 表示发送方已无数据要发送，从而要释放连接，但接收方仍可继续接收发送方此前发送的数据 |

#### 2. 端口和套接字

上面 TCP 分段格式中出现了"源端口"和"目的端口"字段。"端口"是英文 Port 的意译，作为计算机术语，"端口"被认为是计算机与外界通信交流的出入口。

由网络 OSI 参考模型可知，运输层与网络层最大的区别是运输层提供进程通信能力，网络通信的最终地址不仅包括主机地址，还包括可描述网络进程的某种标识。所以，TCP/IP 协议所涉及的端口是指用于实现面向连接或无连接服务的通信协议端口，是对网络通信进程的一种标识，其属于一种抽象的软件结构，包括一些数据结构和 I/O（输入/输出）缓冲区，故属于软件端口范畴。

应用程序（调入内存运行后一般称为进程）通过系统调用与某运输层端口建立绑定（Binding）后，运输层传给该端口的所有数据都被建立这种绑定的相应进程所接收，相应进程发给运输层的数据也都从该端口输出。在 TCP/IP 协议的实现中，端口操作类似于一般的 I/O 操作，进程获取一个端口，相当于获取本地唯一的 I/O 文件，可以用一般的读写方式访问。

每个端口都拥有一个叫端口号的整数描述符，用来标识不同的端口或进程。在 TCP/IP 运输层，定义一个 16 比特长度的整数作为端口标识，也就是说，可定义 $2^{16}$ 个端口，其端口号从 0 到 $2^{16}-1$。由于 TCP/IP 运输层的 TCP 和 UDP 协议是两个完全独立的软件模块，因此，各自的端口号也相互独立，即各自可独立拥有 $2^{16}$ 个端口。

如图 6.3 所示，每种应用层协议或应用程序都具有与运输层唯一连接的端口，并且使用唯一的端口号将这些端口区分开来。当数据流从某一个应用发送到远程网络设备的某一个应用时，运输层根据这些端口号，就能够判断出数据是来自于哪一个应用，想要访问另一台网络设备的哪一个应用，从而将数据运输到相应的应用层协议或应用程序。

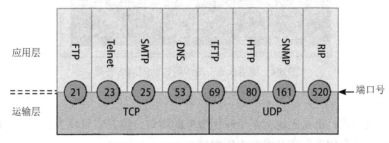

图 6.3 应用层与运输层之间的接口

端口根据其对应的协议或应用不同，被分配了不同的端口号。负责分配端口号的机构是Internet 编号管理局（IANA）。目前，端口的分配有 3 种情况，这 3 种不同的端口可以根据端口号加以区别。

（1）保留端口

这种端口号一般都小于 1024。它们基本上都被分配给了已知的应用协议（如图 6.3 所示的部分端口）。目前，这一类端口的端口号分配已经被广大网络应用者接受，形成了标准，在各种网络的应用中调用这些端口号就意味着使用它们所代表的应用协议。这些端口由于已经有了固定的使用者，所以不能被动态地分配给其他应用程序。表 6.2 给出了一些常用的保留端口。

表 6.2                        TCP 和 UDP 的一些常用保留端口

|  | 端 口 号 | 关 键 字 | 应 用 协 议 |
| --- | --- | --- | --- |
| UDP 保留端口举例 | 53 | DNS | 域名服务 |
|  | 69 | TFTP | 简单文件运输协议 |
|  | 161 | SNMP | 简单网络管理协议 |
|  | 520 | RIP | RIP 路由选择协议 |
| TCP 保留端口举例 | 21 | FTP | 文件运输协议 |
|  | 23 | Telnet | 虚拟终端协议 |
|  | 25 | SMTP | 简单邮件运输协议 |
|  | 53 | DNS | 域名服务 |
|  | 80 | HTTP | 超文本运输协议 |

（2）动态分配的端口

这种端口的端口号一般都大于 1024。这一类的端口没有固定的使用者，它们可以被动态地分配给应用程序使用。也就是说，在使用应用软件访问网络的时候，应用软件可以向系统申请一个大于 1024 的端口号，临时代表这个软件与运输层交换数据，并且使用这个临时的端口与网络上的其他主机通信。图 6.4 显示了使用动态分配的端口访问网络资源的情况。

图 6.4 显示的是在使用微软公司的 IE 浏览器上网时，在 DOS 窗口中使用 netstat 命令查看端口使用情况的图示。IE 浏览器使用了 3693、3692 等多个动态分配的端口号。

图 6.4   使用动态分配的端口访问网络资源

（3）注册端口

注册端口比较特殊，也是固定为某个应用服务的端口，但是它所代表的不是已经形成标准的应用层协议，而是某个软件厂商开发的应用程序。

某些软件厂商通过使用注册端口，使它的特定软件享有固定的端口号，而不用向系统申请动态分配的端口号。通常，这些特定的软件要使用注册端口，其厂商必须向端口的管理机构注册。

大多数注册端口的端口号大于 1024。

TCP 和 UDP 都允许 16 位的端口值，分别能够提供 65 536 个端口。不论端口号大于还是小于 1024，以上 3 种端口都分别属于 TCP 和 UDP。当然，也有些协议的端口既属于 TCP，也属于 UDP。

当网络中的两台主机进行通信时，为了表明数据是由源端的哪一种应用发出的，以及数据所要访问的是目的端的哪一种服务，TCP/IP 协议会在运输层封装数据段时，把发出数据的应用程序的端口作为源端口，把接收数据的应用程序的端口作为目的端口，添加到数据段的头中，从而使主机能够同时维持多个会话的连接，使不同应用程序的数据不发生混淆。一台主机上的多个应用程序可同时与其他多台主机上的多个对等进程进行通信，所以需要对不同的虚电路进行标识。对 TCP 虚电路连接采用发送端和接收端的套接字（Socket）组合来识别，如（Socket1，Socket2）。所谓套接字，实际上是一个通信端点，每个套接字都有一个套接字序号，包括主机的 IP 地址与一个 16 位的主机端口号，如（主机 IP 地址，端口号）。如图 6.5 所示，表现了源端口与目的端口的作用。

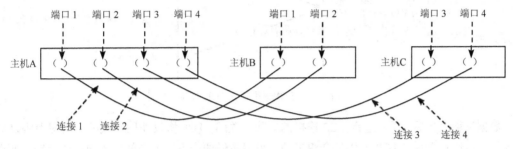

图 6.5　端口的概念示意图

应该指出，尽管采用了上述的端口分配模式，但在实际使用中，经常会采用端口复位向技术。所谓端口复位向，是指将一个著名端口复位向到另一个端口，例如默认的 HTTP 端口是 80，不少人将它复位向到另一个端口，如 8080。

端口在运输层的作用有点类似 IP 地址在网络层的作用或 MAC 地址在数据链路层的作用，只不过 IP 地址和 MAC 地址标识的是主机，而端口标识的是网络应用进程。由于同一时刻一台主机上会有大量的网络应用进程在运行，所以需要有大量的端口号来标识不同的进程。

正是由于 TCP 使用通信端点来识别连接，才使得一台计算机上的某个 TCP 端口号可以被多个连接所共享，从而程序员可以设计出能同时为多个连接提供服务的程序，而不需要为每个连接设置各自的本地端口号。

### 3. TCP 的连接建立和拆除

TCP 连接包括建立与拆除两个过程。TCP 使用三次握手协议来建立连接。连接可以由任何一方发起，也可以由双方同时发起。一旦一台主机上的 TCP 软件已经主动发起连接请求，运行在另一台主机上的 TCP 软件就被动地等待握手。图 6.6 所示为三次握手建立 TCP 连接的简单示意。主机 1 首先发起 TCP 连接请求，并在所发送的分段中将编码位字段中的 SYN 位置为"1"，ACK 位置为"0"。主机 2 收到该分段，若同意建立连接，则发送一个连接接收的应答分段，其中，编码位字段的 SYN 和 ACK 位均被置为"1"，指示对第一个 SYN 报文段的确认，以继续握手操作；否则，主机 2 要发送一个将 RST 位置为"1"的应答分段，表示拒绝建立连接。主机 1 收到主机 2 发来的同意建立连接分段后，还有再次进行选择的机会，若其确认要建立这个连接，则向主机 2 发送确认分段，用来通知主机 2 双方已完成建立连接；若其不想建立这个连接，则可以发送一个将 RST 位置为"1"的应答分段，告之主机 2 拒绝建立连接。

不管是哪一方先发起连接请求，一旦连接建立，就可以实现全双向的数据运输，而不存在主从关系。TCP 将数据流看做字节的序列，将从用户进程接收的任意长的数据，分成不超过 64 KB

（包括 TCP 头在内）的分段，以适合 IP 数据报的载荷能力。所以，对于一次运输要交换大量报文的应用（如文件运输、远程登录等），往往需要以多个分段进行运输。

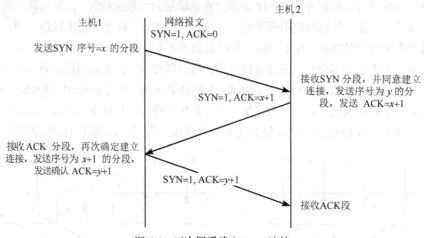

图 6.6　三次握手建立 TCP 连接

　　数据运输完成后，还要进行 TCP 连接的拆除或关闭。TCP 协议使用修改的三次握手协议来关闭连接，以结束会话。TCP 连接是全双工的，可以看做两个不同方向的单工数据流运输。所以，一个完整连接的拆除涉及两个单向连接的拆除。如图 6.7 所示，当主机 1 的 TCP 数据已发送完毕时，在等待确认的同时可发送一个将编码位字段的 FIN 位置"1"的分段给主机 2。若主机 2 已正确接收主机 1 的所有分段，则会发送一个数据分段正确接收的确认分段，同时通知本地相应的应用程序，对方要求关闭连接，接着再发送一个对主机 1 所发送的 FIN 分段进行确认的分段。否则，主机 1 就要重传那些主机 2 未能正确接收的分段。收到主机 2 关于 FIN 确认后的主机 1 需要再次发送一个确认拆除连接的分段，主机 2 收到该确认分段意味着从主机 1 到主机 2 的单向连接已经结束。但是，此时在相反方向上，主机 2 仍然可以向主机 1 发送数据，直到主机 2 数据发送完毕并要求关闭连接。一旦当两个单向连接都被关闭，则两个端结点上的 TCP 软件就要删除与这个连接有关的记录，于是，原来所建立的 TCP 连接被完全释放。

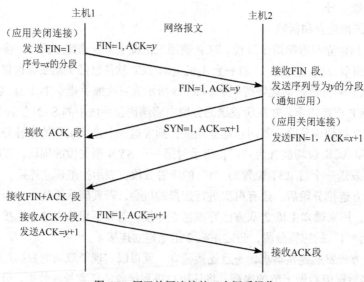

图 6.7　用于关闭连接的三次握手操作

#### 4. TCP 可靠数据运输技术

TCP 采用了许多与数据链路层类似的机制来保证可靠的数据运输，如采用序列号、确认、滑动窗口协议等。只不过 TCP 的目的是为了实现端到端结点之间的可靠数据运输，而数据链路层协议是为了实现相邻结点之间的可靠数据运输。

首先，TCP 要为所发送的每一个分段加上序列号，保证每一个分段能被接收方接收，并只被正确地接收一次。

其次，TCP 采用具有重传功能的积极确认技术作为可靠数据流运输服务的基础。这里，"确认"是指接收端在正确收到分段之后向发送端回送一个确认（ACK）信息。发送方将每个已发送的分段备份在自己的发送缓冲区里，而且在收到相应的确认之前是不会丢弃所保存的分段的。"积极"是指发送方在每一个分段发送完毕的同时启动一个定时器，假如定时器的定时期满而关于分段的确认信息尚未到达，则发送方认为该分段已丢失并主动重发。为了避免由于网络延迟引起迟到的确认和重复的确认，TCP 规定在确认信息中捎带一个分段的序号，使接收方能正确地将分段与确认联系起来。

再次，采用可变长的滑动窗口协议进行流量控制，以防止由于发送端与接收端之间的不匹配而引起数据丢失。这里所采用的滑动窗口协议与数据链路层的滑动窗口协议在工作原理上是完全相同的，唯一的区别在于，滑动窗口协议用于运输层是为了在端到端结点之间实现流量控制，而用于数据链路层是为了在相邻结点之间实现流量控制。TCP 采用可变长的滑动窗口，使发送端与接收端可根据自己的 CPU 和数据缓存资源对数据发送和接收能力作出动态调整，从而灵活性更强，也更合理。例如，假设主机 1 有一个大小为 4096 字节长的缓冲区，向主机 2 发送 2048 字节长度的数据分段，则在未收到主机 2 的关于该 2048 字节长度分段的确认之前，主机 1 向其他主机只能声明自己有一个 2048 字节长度的发送缓冲区。过一段时间后，假定主机 1 收到了来自主机 2 的确认，但其中声明的窗口大小为 0，这表明主机 2 虽然已经正确收到主机 1 前面所发送的分段，但目前主机 2 已不能接收任何来自主机 1 的新的分段了，除非以后主机 2 给出窗口大于 0 的新信息。

#### 5. TCP 流量控制

TCP 采用大小可变的滑动窗口机制实现流量控制功能。窗口的大小是字节。在 TCP 报文段首部的窗口字段写入的数值就是当前给对方设置发送窗口的数据的上限。

在数据运输过程中，TCP 提供了一种基于滑动窗口协议的流量控制机制，用接收端接收能力（缓冲区的容量）的大小来控制发送端发送的数据量。

在建立连接时，通信双方使用 SYN 报文段或 ACK 报文段中的窗口字段捎带着各自的接收窗口尺寸，即通知对方从而确定对方发送窗口的上限。在数据运输过程中，发送方按接收方通知的窗口尺寸和序号发送一定量的数据，接收方根据接收缓冲区的使用情况动态调整接收窗口尺寸，并在发送 TCP 报文段或确认段时捎带新的窗口尺寸和确认号通知发送方。

如图 6.8 所示。设主机 A 向主机 B 发送数据。双方确定的窗口值是 400。设一个报文段为 100 字节长，序号的初始值为 1（即 SEQ1=1）。在图 6.8 中，主机 B 进行了三次流量控制。第一次将窗口减小为 300 字节，第二次将窗口减为 200 字节，最后一次减至零，即不允许对方再发送数据了。这种暂停状态将持续到主机 B 重新发出一个新的窗口值为止。

在以太网的环境下，当发送端不知道对方窗口大小时，便直接向网络发送多个报文段，直至收到对方通告的窗口大小为止。但如果在发送方和接收方有多个路由器和较慢的链路时，就可能出现一些问题，一些中间路由器必须缓存分组，并有可能耗尽存储空间，这样就会严重降低 TCP

连接的吞吐量。这时采用一种称为慢启动的算法，慢启动为发送方的 TCP 增加一个拥塞窗口，当与另一个网络的主机建立 TCP 连接时，拥塞窗口被初始化为 1 个报文段（即另一端通告的报文段大小），每收到一个 ACK，拥塞窗口就增加一个报文段（以字节为单位）。发送端取拥塞窗口与通告窗口中的最小值作为发送上限。拥塞窗口是发送方使用的流量控制，而通告窗口是接收方使用的流量控制。开始时发送一个报文段，然后等待 ACK。当收到该 ACK 时，拥塞窗口从 1 增加为 2，即可发送两个报文段。当收到这两个报文段的 ACK 时，拥塞窗口就增加为 4。这是一种指数增加的关系。在某些互连网络的中间某些点上可能达到了互联网的容量，于是中间路由器开始丢弃分组，这时通知发送方它的拥塞窗口开得过大。

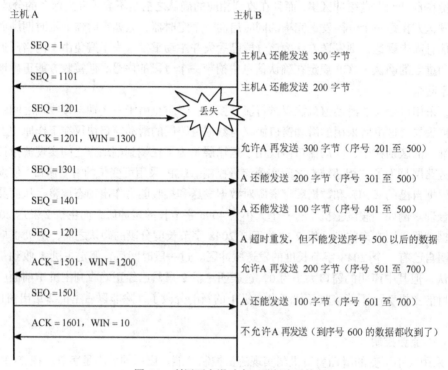

图 6.8  利用可变滑动窗口进行流量控制

## 6.2.2  拥塞控制

当网络中出现太多的分组时，网络性能开始下降，这种情况称为拥塞。拥塞是分组交换网中的一个非常重要的问题。如果网络中负载，即发送到网络中的数据量超过了网络的容量（网络中能处理的数据量），那么在网络中就可能发生拥塞。所谓拥塞控制，就是防止过多的数据注入到网络中，这样可以使网络中的设备或连接不致过载。

### 1. 拥塞的原因与危害

网络拥塞往往是由许多因素引起的。例如，当某个结点缓存的容量太小时，到达该结点的分组因无存储空间暂存而不得不被丢弃。现在设想将该结点缓存的容量扩展到非常大，于是凡到达该结点的分组均可在结点的缓存队列中排队，不受任何限制。由于输出链路的容量和处理机的速度并未提高，因此在这队列中的绝大多数分组的排队等待时间将会大大增加，结果上层软件只好把它们进行重传（因为早就超时了）。由此可见，简单地扩大缓存的存储空间同样会造成网络资源的严重浪费，因而解决不了网络拥塞的问题。

又如，处理机处理的速率太慢可能引起网络的拥塞。简单地将处理机的速率提高，可能会使上述情况缓解一些，但往往又会将瓶颈转移到其他地方。问题的实质往往是整个系统的各个部分不匹配。只有所有的部分都平衡了，问题才会得到解决。

拥塞常常趋于恶化。如果一个路由器没有足够的缓存空间，它就会丢弃一些新到的分组。但当分组被丢弃时，发送这一分组的源点就会重传这一分组，甚至可能还要重传多次，这样会引起更多的分组流入网络和被网络中的路由器丢弃。可见，拥塞引起的重传并不会缓解网络的拥塞，反而会加剧网络的拥塞。

拥塞控制与流量控制的关系密切，它们之间也存在着一些差别。所谓拥塞控制就是防止过多的数据注入到网络中，这样可以使网络中的路由器或链路不致过载。拥塞控制所要做的都有一个前提，就是网络能够承受现有的网络负荷。拥塞控制是一个全局性的过程，涉及所有的主机、路由器，以及与降低网络传输性能有关的所有因素。但 TCP 连接端点只要迟迟不能收到对方的确认信息，就猜想在当前网络中的某处很可能发生了拥塞，但这时却无法知道拥塞到底发生在网络的何处，也无法知道发生拥塞的具体原因（是访问某个服务器的通信量过大？还是在某个地区出现了自然灾害）。

相反，流量控制往往指点对点通信量的控制，是个端到端的问题（接收端控制发送端）。流量控制所要做的就是抑制发送端发送数据的速率，以便使接收端来得及接收。

用一个简单例子说明这种区别。设某个光纤网络的链路传输速率为 1 000Gbit/s。有一个巨型计算机向一个 PC 以 1Gbit/s 的速率传送文件。显然，网络本身的带宽是足够大的，因而不存在产生拥塞的问题。但流量控制却是必需的，因为巨型计算机必须经常停下来，以便使 PC 来得及接收。

但如果有另一个网络，其链路传输速率为 1Mbit/s，而有 1 000 台大型计算机连接在这个网络上。假定其中的 500 台计算机分别向其余的 500 台计算机以 100kbit/s 的速率发送文件。那么现在的问题已不是接收端的大型计算机是否来得及接收，而是整个网络的输入负载是否 超过网络所能承受的。

拥塞控制和流量控制之所以常常被混淆，是因为某些拥塞控制算法是向发送端发送控制报文的，并告诉发送端网络已出现麻烦，必须放慢发送速率。这点和流量控制是很相似的。

进行拥塞控制需要付出代价。首先需要获得网络内部流量分布的信息。在实施拥塞控制时，还需要在结点之间交换信息和各种命令，以便选择控制的策略和实施控制。这样就产生了额外开销。拥塞控制有时需要将一些资源（如缓存、带宽等）分配给个别用户（或一些类别的用户）单独使用，这样就使得网络资源不能更好地实现共享。十分明显，在设计拥塞控制策略时，必须全面衡量得失。

图 6.9 所示的横坐标是提供的负载（Offered Load），代表单位时间内输入给网络的分组数目。因此，提供的负载也称为输入负载或网络负载。纵坐标是吞吐量（Throughput），代表单位时间内从网络输出的分组数目。具有理想拥塞控制的网络在吞吐量饱和之前，网络吞吐量 应等于提供的负载，故吞吐量曲线是 45° 的斜线。但当提供的负载超过某一限度时，由于网络资源受限，吞吐量不再增长而保持为水平线，即吞吐量达到饱和。这就表明提供的负载中有一部分损失掉了（例如，输入到网络的某些分组被某个结点丢弃了）。虽然如此，在这种理想的拥塞控制作用下，网络的吞吐量仍然维持在其所能达到的最大值。

但是，实际网络的情况就很不相同了。从图 6.9 可看出，随着提供的负载的增大，网络吞吐量的增长速率逐渐减小。也就是说，在网络吞吐量还未达到饱和时，就已经有一部分的输入分组被丢弃了。当网络的吞吐量明显小于理想的吞吐量时，网络就进入了轻度拥塞的状态。值得注意的是，当提供的负载达到某一数值时，网络的吞吐量反而随提供的负载的增大而下降，这时网络就进入了拥塞状态。当提供的负载继续增大到某一数值时，网络的吞吐量就下降到零，网络已无法工作。这就是所谓的死锁（Deadlock）。

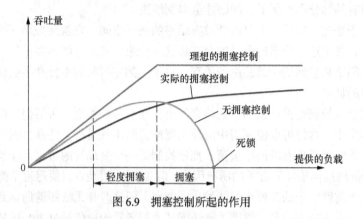

图 6.9  拥塞控制所起的作用

从原理上讲，寻找拥塞控制的方案无非是寻找使不等式不再成立的条件。这或者增大网络的某些可用资源（如业务繁忙时增加一些链路，增大链路的带宽，或使额外的通信量从另外的通路分流），或减少一些用户对某些资源的需求（如拒绝接收新的建立连接的请求，或要求用户减轻其负荷，这属于降低服务质量）。但正如上面所讲过的，在采用某种措施时，还必须考虑到该措施所带来的其他影响。

实践证明，拥塞控制是很难设计的，因为它是一个动态的（而不是静态的）问题。当前网络正朝着高速化的方向发展，很容易出现缓存不够大而造成分组的丢失。但分组的丢失是网络发生拥塞的征兆，而不是原因。在许多情况下，甚至正是拥塞控制机制本身成为引起网络性能恶化甚至发生死锁的原因，这点应特别引起重视。

由于计算机网络是一个很复杂的系统，因此，可以从控制理论的角度来看拥塞控制这个问题。这样，从大的方面看，可以分为开环控制和闭环控制两种方法。开环控制方法就是在设计网络时，事先将有关发生拥塞的因素考虑周到，力求网络在工作时不产生拥塞。一旦整个系统运行起来，就不再中途进行改正了。

闭环控制是基于反馈环路的概念。属于闭环控制的有以下几种措施。

① 监测网络系统以便检测到拥塞在何时、何处发生。

② 把拥塞发生的信息传送到可采取行动的地方。

③ 调整网络系统的运行以解决出现的问题。

有很多的方法可用来监测网络的拥塞，主要的一些指标是：由于缺少缓存空间而被丢弃的分组的百分数、平均队列长度、超时重传的分组数、平均分组时延、分组时延的标准差等。上述这些指标的上升都标志着拥塞的增长。

一般在监测到拥塞发生时，要将拥塞发生的信息传送到产生分组的源站。当然，通知拥塞发生的分组同样会使网络更加拥塞。

另一种方法是在路由器转发的分组中保留一个比特或字段，用该比特或字段的值表示网络没有拥塞或产生了拥塞。也可以由一些主机或路由器周期性地发出探测分组，以询问拥塞是否发生。

此外，过于频繁地采取行动以缓和网络的拥塞，会使系统产生不稳定的振荡。但过于迟缓地采取行动又不具有任何实用价值。因此，要采用某种折中的方法。但选择正确的时间常数是相当困难的。

### 2. 拥塞控制的基本方法

（1）慢开始和拥塞避免

发送方维持一个叫做拥塞窗口 cwnd（Congestion Window）的状态变量。拥塞窗口的大小取决于网络的拥塞程度，并且动态地在变化。发送方让自己的发送窗口等于拥塞窗口。以后我们就知道，如果再考虑到接收方的接收能力，那么发送窗口还可能小于拥塞窗口。

发送方控制拥塞窗口的原则是：只要网络没有出现拥塞，拥塞窗口就再增大一些，以便把更多的分组发送出去。但只要网络出现拥塞，拥塞窗口就减小一些，以减少注入到网络中的分组数。

发送方又是如何知道网络发生了拥塞呢？我们知道，当网络发生拥塞时，路由器就要丢弃分组。因此只要发送方没有按时收到应当到达的确认报文，就可以猜想网络可能出现了拥塞。现在通信线路的传输质量一般都很好，因传输出差错而丢弃分组的概率是很小的（远小于 1%）。

下面将讨论拥塞窗口 cwnd 的大小是怎样变化的。从"慢开始算法"讲起。

慢开始算法的思路是这样的。当主机开始发送数据时，如果立即把大量数据字节注入到网络，那么就有可能引起网络拥塞，因为现在并不清楚网络的负荷情况。经验证明，较好的方法是先探测一下，即由小到大逐渐增大发送窗口，也就是说，由小到大逐渐增大拥塞窗口数值。通常在刚刚开始发送报文段时，先把拥塞窗口 cwnd 设置为一个最大报文段 MSS 的数值。而在每收到一个对新的报文段的确认后，把拥塞窗口增加至多一个 MSS 的数值。用这样的方法逐步增大发送方的拥塞窗口 cwnd，可以使分组注入到网络的速率更加合理。

下面用例子说明慢开始算法的原理。为方便起见，用报文段的个数作为窗口大小的单位（请注意，实际上 TCP 是用字节作为窗口的单位的），这样可以使用较小的数字来说明拥塞控制的原理。

一开始发送方先设置 cwnd =1，发送第一个报文段 $M_1$，接收方收到后确认。发送方收到对的确认后，把 cwnd 从 1 增大到 2，于是发送方接着发送 $M_2$ 和 $M_3$ 两个报文段。接收方收到后发回对 $M_2$ 和 $M_3$ 的确认。发送方每收到一个对新报文段的确认（重传的不算在内）就使发送方的拥塞窗口加 1，因此，发送方在收到两个确认后，cwnd 就从 2 增大到 4，并可发送 $M_4 \sim M_7$ 共 4 个报文段（见图 6.10）。因此，使用慢开始算法后，每经过一个传输轮次（Transmission Round），拥塞窗口 cwnd 就加倍。

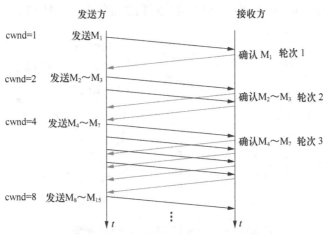

图 6.10　发送方每收到确认就把窗口 cwnd 加 1

这里我们使用了一个名词——传输轮次。从图 6.10 可以看出，一个传输轮次所经历的时间其实就是往返时间 RTT。不过使用"传输轮次"更加强调：把拥塞窗口 cwnd 所允许发送的报文段都连续发送出去，并收到了对已发送的最后一个字节的确认。例如，拥塞窗口 cwnd 的大小是 4

个报文段，那么这时的往返时间 RTT 就是发送方连续发送 4 个报文段，并收到这 4 个报文段的确认总共经历的时间。

我们还要指出，慢开始的"慢"并不是指 cwnd 的增长速率慢，而是指在 TCP 开始发送报文段时先设置 cwnd=1，使发送方在开始时只发送一个报文段（目的是试探一下网络的拥塞情况），然后再逐渐增大 cwnd。它当然比按照大的 cwnd—一下子把许多报文段突然注入到网络中要"慢得多"，但对防止网络出现拥塞是一个非常有力的措施。

为了防止拥塞窗口 cwnd 增长过大引起网络拥塞，还需要设置一个慢开始门限 ssthresh 状态变量（如何设置 ssthresh 后面还要讲）。慢开始门限 ssthresh 的用法如下。

当 cwnd < ssthresh 时，使用上述的慢开始算法。

当 cwnd > ssthresh 时，停止使用慢开始算法，而改用拥塞避免算法。

当 cwnd = ssthresh 时，既可使用慢开始算法，也可使用拥塞避免算法。

拥塞避免算法的思路是让拥塞窗口 cwnd 缓慢地增大，即每经过一个往返时间 RTT 就把发送方的拥塞窗口 cwnd 加 1，而不是加倍。这样，拥塞窗口 cwnd 按线性规律缓慢增长，比慢开始算法的拥塞窗口增长速率缓慢得多。

无论在慢开始阶段还是在拥塞避免阶段，只要发送方判断网络出现拥塞（其根据就是没有按时收到确认），就要把慢开始门限 ssthresh 设置为出现拥塞时的发送方窗口值的一半（但不能小于 2），然后把拥塞窗口 cwnd 重新设置为 1，执行慢开始算法。这样做的目的就是要迅速减少主机发送到网络中的分组数，使发生拥塞的路由器有足够时间把队列中积压的分组处理完毕。

图 6.11 用具体数值说明了上述拥塞控制的过程。现在发送窗口的大小和拥塞窗口一样大。

① 当 TCP 连接进行初始化时，把拥塞窗口 cwnd 置为 1。前面已说过，为了便于理解，图中的窗口单位不使用字节，而使用报文段的个数。慢开始门限的初始值设置为 16 个报文段，即 ssthresh=16。在执行慢开始算法时，拥塞窗口 cwnd 的初始值为 1。以后发送方每收到一个对新报文段的确认 ACK，就把拥塞窗口值加 1，然后开始下一轮的传输（请注意，图 6.11 的横坐标是传输轮次）。因此，拥塞窗口 cwnd 随着传输轮次按指数规律增长。当拥塞窗口 cwnd 增长到慢开始门限值 ssthresh 时（即当 cwnd=16 时），就改为执行拥塞避免算法，拥塞窗口按线性规律增长。

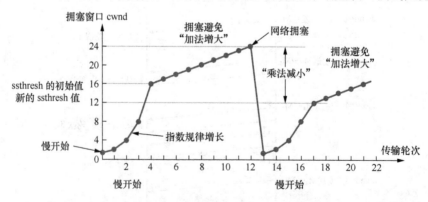

图 6.11  慢开始和拥塞避免算法的实现举例

② 假定拥塞窗口的数值增长到 24 时，网络出现超时（这很可能就是网络发生拥塞了）。更新后的 ssthresh 值变为 12（即变为出现超时时的拥塞窗口数值 24 的一半），拥塞窗口再重新设置为 1，并执行慢开始算法。当 cwnd = ssthresh =12 时改为执行拥塞避免算法，拥塞窗口按线性规律增长，每经过一个往返时间增加一个 MSS 的大小。

在 TCP 拥塞控制的文献中经常出现"乘法减小"（Multiplicative Decrease）和"加法增大"（Additive Increase）这样的提法。"乘法减小"是指不论在慢开始阶段还是拥塞避免阶段，只要出现超时（即很可能出现了网络拥塞），就把慢开始门限值 ssthresh 减半，即设置为当前的拥塞窗口的一半（与此同时，执行慢开始算法）。当网络频繁出现拥塞时，ssthresh 值就下降得很快，以大大减少注入到网络中的分组数。而"加法增大"是指执行拥塞避免算法后，使拥塞窗口缓慢增大，以防止网络过早出现拥塞。上面两种算法合起来常称为 AIMD 算法（加法增大乘法减小）。对这种算法进行适当修改后，又出现了其他一些改进的算法。但使用最广泛的还是 AIMD 算法。

这里要再强调一下，"拥塞避免"并非指完全能够避免了拥塞。利用以上的措施要完全避免网络拥塞还是不可能的。"拥塞避免"是说在拥塞避免阶段将拥塞窗口控制为按线性规律增长，使网络比较不容易出现拥塞。

（2）快重传和快恢复

上面讲的慢开始和拥塞避免算法是 1988 年提出的 TCP 拥塞控制算法。1990 年又增加了两个新的拥塞控制算法，即快重传和快恢复。

提出这两个算法是基于如下的考虑。

如果发送方设置的超时计时器时限已到，但还没有收到确认，那么很可能是网络出现了拥塞，致使报文段在网络中的某处被丢弃。在这种情况下，TCP 马上把拥塞窗口 cwnd 减小到 1，并执行慢开始算法，同时把慢开始门限值 ssthresh 减半，如前面的图 6.11 所示。这是不使用快重传的情况。

再看使用快重传的情况。快重传算法首先要求接收方每收到一个失序的报文段后就立即发出重复确认（为的是使发送方及早知道有报文段没有到达对方），而不要等待自己发送数据时才进行捎带确认。在图 6.12 所示的例子中，接收方收到了 $M_1$ 和 $M_2$ 后都分别发出了确认。现假定接收方没有收到 $M_3$，但接着收到了 $M_4$。显然，接收方不能确认 $M_4$，因为 $M_4$ 是收到的失序报文段（按照顺序的 $M_3$ 还没有收到）。根据可靠传输原理，接收方可以什么都不做，也可以在适当时机发送一次对 $M_2$ 的确认。但按照快重传算法的规定，接收方应及时发送对 $M_2$ 的重复确认，这样做可以让发送方及早知道报文段没有到达接收方。发送方接着发送 $M_5$ 和 $M_6$。接收方收到后，还要再次发出对 $M_2$ 的重复确认。这样，发送方共收到了接收方的四个对 $M_2$ 的确认，其中后三个都是重复确认。快重传算法规定，发送方只要一连收到三个重复确认，就应当立即重传对方尚未收到的报文段 $M_3$，而不必继续等待为 $M_3$ 设置的重传计时器到期。由于发送方能尽早重传未被确认的报文段，因此采用快重传后可以使整个网络的吞吐量提高约 20%。

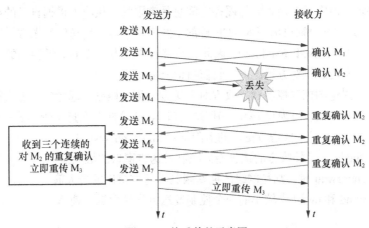

图 6.12　快重传的示意图

与快重传配合使用的还有快恢复算法，其过程有以下两个要点。

① 当发送方连续收到三个重复确认时，就执行"乘法减小"算法，把慢开始门限 ssthresh 减半，这是为了预防网络发生拥塞。请注意，接下去不执行慢开始算法。

② 由于发送方现在认为网络很可能没有发生拥塞（如果网络发生了严重的拥塞，就不会一连有好几个报文段连续到达接收方，也就不会导致接收方连续发送重复确认），因此与慢开始不同之处是现在不执行慢开始算法（即拥塞窗口 cwnd 现在不设置为 1），而是把 cwnd 值设置为慢开始门限 ssthresh 减半后的数值，然后开始执行拥塞避免算法（"加法增大"），使拥塞窗口缓慢地线性增大。

图 6.13 给出了快重传和快恢复的示意图，并标明了"TCP Reno 版本"，这是目前使用很广泛的版本。图中还画出了已经废弃不用的虚线部分（TCP Tahoe 版本）。请注意它们的区别就是：新的 TCP Reno 版本在快重传之后采用快恢复算法，而不是采用慢开始算法。

请注意，有的快重传实现是把开始时的拥塞窗口 cwnd 值再增大一些（增大 3 个报文段的长度），即等于 ssthresh+3*MSS。这样做的理由是：既然发送方收到三个重复的确认，就表明有三个分组已经离开了网络。这三个分组不再消耗网络的资源，而是停留在接收方的缓存中（接收方发送出三个重复的确认就证明了这个事实）。可见，现在网络中并不是堆积了分组，而是减少了三个分组。因此，可以适当把拥塞窗口扩大些。

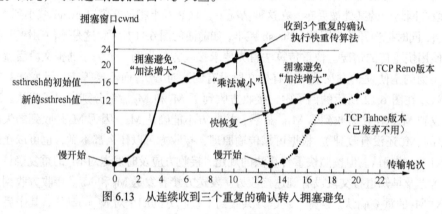

图 6.13 从连续收到三个重复的确认转入拥塞避免

在采用快恢复算法时，慢开始算法只是在 TCP 连接建立时和网络出现超时时才使用。

采用这样的拥塞控制方法使得 TCP 的性能有明显的改进。

在这一节的开始我们就假定了接收方总是有足够大的缓存空间，因而发送窗口的大小由网络的拥塞程度来决定。但实际上接收方的缓存空间总是有限的。接收方根据自己的接收能力设定了接收窗口 rwnd，并把这个窗口值写入 TCP 首部中的窗口字段，传送给发送方。因此，接收窗口又称为通知窗口（Advertised Window）。因此，从接收方对发送方的流量控制的角度考虑，发送方的发送窗口一定不能超过对方给出的接收窗口值 rwnd。

如果把本节所讨论的拥塞控制和接收方对发送方的流量控制一起考虑，那么很显然，发送方窗口的上限值应当取为接收方窗口 rwnd 和拥塞窗口 cwnd 这两个变量中较小的一个，即：

$$发送方窗口的上限值=Min\ [rwnd, cwnd]$$

当 rwnd < cwnd 时，是接收方的接收能力限制发送方窗口的最大值。

反之，当 cwnd<rwnd 时，则是网络的拥塞限制发送方窗口的最大值。

也就是说，rwnd 和 cwnd 中较小的一个控制发送方发送数据的速率。

## 6.2.3 用户数据报协议（UDP）

### 1. UDP 概述

UDP 只在 IP 的数据报服务之上增加了很少的功能，这就是端口的功能（有了端口，运输层就能进行复用和分用）和差错检测的功能。UDP 在某些方面有其特殊的优点。

① 发送数据之前不需要建立连接，减少了开销和发送数据之前的时延。

② UDP 不使用拥塞控制，也不保证可靠交付，因此，主机不需要维持具有许多参数的、复杂的连接状态表。

③ UDP 用户数据报只有 8 个字节的首部开销。

④ 由于 UDP 没有拥塞控制，因此网络出现的拥塞不会使源主机的发送效率降低，这对某些实时应用是很重要的。很多的实时应用（如 IP 电话、实时视频会议等）要求源主机以恒定的速率发送数据，并且允许在网络发生拥塞时丢失一些数据，但却不允许数据有太大的时延，UDP 正好适合这种要求。

UDP 常用于一次性运输数据量较小的网络应用如表 6.3 所示，如 SNMP、DNS 应用数据的运输。因为对于这些一次性运输数据量较小的网络应用，若采用 TCP 服务，则所付出的关于连接建立、维护和拆除的开销是非常不合算的。

表 6.3           一些应用和应用层协议主要使用的运输层协议

| 应　　用 | 关　键　字 | 运输层协议 |
| --- | --- | --- |
| 域名服务 | DNS | |
| 简单文件运输协议 | TFTP | |
| 路由选择协议 | RIP | |
| IP 地址配置 | BOOTP、DHCP | |
| 简单网络管理协议 | SNMP | UDP |
| 远程文件服务器 | NFS | |
| IP 电话 | 专用协议 | |
| 流式多媒体通信 | 专用协议 | |
| 多播 | IGMP | |
| 文件运输协议 | FTP | |
| 远程虚拟终端协议 | Telnet | |
| 万维网 | HTTP | TCP |
| 简单邮件运输协议 | SMTP | |
| 域名服务 | DNS | |

### 2. UDP 数据报的首部格式

UDP 有两个字段：数据字段和首部字段。首部字段只有 8 字节，由 4 个字段组成，每个字段都是 2 字节，如图 6.14 所示，各字段意义如下。

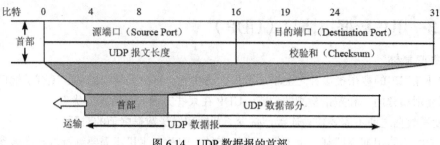

图 6.14　UDP 数据报的首部

① 源端口：占 16 比特，源端口号。

② 目的端口：占 16 比特，目的端口号。

③ UDP 报文长度：占 16 比特，UDP 用户数据报的长度。

④ 校验和：占 16 比特，防止 UDP 用户数据报在运输中出错。

在 UDP 中也采用与 TCP 中类似的端口概念来标识同一主机上的不同网络进程，并且两者在分配方式上也是类似的。UDP 与应用层之间的端口都是用报文队列来实现的。

# 6.3　TCP/IP 实用工具

TCP/IP 已经成为计算机网络的一套工业标准。下面就介绍几个 TCP/IP 实用程序的使用。

**1. hostname 命令**

此程序用于显示当前计算机的名称，即主机名。

**2. ipconfig 命令、winipcfg 命令**

ipconfig 程序显示当前计算机 IP 协议的一些配置属性，如 IP 地址、网关、子网掩码等。键入 ipconfig/all 则可以得到 IP 协议的所有配置属性。值得注意的是，在运行 DHCP（动态客户端地址配置协议）的系统中该程序特别有用，它能允许用户查看 DHCP 配置过的变量。

winipcfg 这个程序的功能与 ipconfig 的功能类似，只是 ipconfig 程序以 DOS 界面形式来显示执行结果（且此程序一般在 Windows NT 系统中），而 winipcfg 程序是以窗口界面形式来显示 IP 协议配置属性结果的（且此程序一般是在 Windows 98 系统中）。

利用这两个程序，我们还可以查找到网络适配器的物理地址，这在某些时候是特别有用的。

**3. ping 和 tracert 命令**

这两个命令在第 5 章网络层已经介绍过。

**4. netstat 命令、nbtstat 命令**

当要对网络的整体使用状况了解时，这个实用程序显得较有效果。尤其是当一些小型网络中没有安装网管软件时，利用它提供的比较完整的统计信息，能为我们向上级部门报告网络的使用情况时拿出强有力的数据证明提供方便。

通常，用得较多的情形有以下 3 种。

① 统计网络适配器的状态信息，用 netstal &#0;r。

② 统计网络中当前路由表中的所有路由信息，用 netstal &#0;r。

③ 统计网络中数据帧 r 的传送情况，用 netstat interval（如 netstat5）等。

nbtstat 这个实用程序使用 NBT（TCP/IP 上的 NetBIOS）来显示协议的统计信息和当前的

TCP/IP 连接，其使用情况可类似参考 netstat。

以上所述实用程序都是在命令提示符下键入执行的，要得到关于这些实用程序的帮助可在命令提示符下键入一个程序名并跟有"-?"，如 ping-?。

# 本章重要概念

1. 运输层提供应用进程间的逻辑通信，也就是说，运输层之间的通信并不是真正在两个运输层之间直接传送数据的。运输层向应用层屏蔽了下面网络的细节（如网络拓扑、所采用的路由选择协议等），它使应用进程看见的就是好像在两个运输层实体之间有一条端到端的逻辑通信信道。

2. 网络层为主机之间提供逻辑通信，而运输层为应用进程之间提供端到端的逻辑通信。

3. 运输层有两个主要的协议：TCP 和 UDP。它们都有复用和分用，以及检错的功能。当运输层采用面向连接的 TCP 协议时，尽管下面的网络是不可靠的（只提供尽最大努力服务），但这种逻辑通信信道就相当于一条全双工通信的可靠信道。当运输层采用无连接的 UDP 协议时，这种逻辑通信信道仍然是一条不可靠信道。

4. 运输层用一个 16 位端口号来标志一个端口。端口号只具有本地意义，它只是为了标志本计算机应用层中的各个进程在和运输层交互时的层间接口。在因特网的不同计算机中，相同的端口号是没有关联的。

5. 两台计算机中的进程要互相通信，不仅要知道对方的 IP 地址（为了找到对方的计算机），而且还要知道对方的端口号（为了找到对方计算机中的应用进程）。

6. 运输层的端口号分为服务器端使用的端口号（0～1023 指派给熟知端口，1024～49151 是登记端口号）和客户端暂时使用的端口号（49152～65535）。

7. UDP 的主要特点是：①无连接；②尽最大努力交付；③面向报文；④无拥塞控制；⑤支持一对一、一对多、多对一和多对多的交互通信；⑥首部开销小（只有四个字段：源端口、目的端口、长度、检验和）。

8. TCP 的主要特点是：①面向连接；②每一条 TCP 连接只能是点对点的（一对一）；③提供可靠交付的服务；④提供全双工通信；⑤面向字节流。

9. TCP 用主机的 IP 地址加上主机上的端口号作为 TCP 连接的端点。这样的端点就叫做套接字（Socket）或插口。套接字用（IP 地址：端口号）来表示。

10. 停止等待协议能够在不可靠的传输网络上实现可靠的通信。每发送完一个分组就停止发送，等待对方的确认。在收到确认后再发送下一个分组。分组需要进行编号。

11. 超时重传是指只要超过了一段时间仍然没有收到确认，就重传前面发送过的分组（认为刚才发送的分组丢失了）。因此，每发送完一个分组需要设置一个超时计时器，其重传时间应比数据在分组传输的平均往返时间更长一些。这种自动重传方式常称为自动重传请求 ARQ。

12. 在停止等待协议中，若接收方收到重复分组，就丢弃该分组，但同时还要发送确认。

# 习　题

1. 试说明运输层在协议栈中的地位和作用。运输层的通信和网络层的通信有什么重要的区别？为什么运输层是必不可少的？

2. 网络层提供数据报或虚电路服务对上面的运输层有何影响？

3. 当应用程序使用面向连接的 TCP 和无连接的 IP 时，这种传输是面向连接的，还是无连接的？

4. 试用画图解释运输层的复用。画图说明许多个运输用户复用到一条运输连接上，而这条运输连接又复用到 IP 数据报上。

5. 试举例说明有些应用程序愿意采用不可靠的 UDP，而不愿意采用可靠的 TCP。

6. 接收方收到有差错的 UDP 用户数据报时应如何处理？

7. 如果应用程序愿意使用 UDP 完成可靠传输，这可能吗？请说明理由。

8. 为什么说 UDP 是面向报文的，而 TCP 是面向字节流的？

9. 端口的作用是什么？为什么端口号要划分为三种？

10. 试说明运输层中伪首部的作用。

11. 某个应用进程使用运输层的用户数据报 UDP，然后继续向下交给 IP 层后，又封装成 IP 数据报。既然都是数据报，是否可以跳过 UDP 而直接交给 IP 层？哪些功能 UDP 提供了，但 IP 没有提供？

# 第7章 网络应用

网络应用是计算机网络体系结构的最上层，是设计和建立计算机网络的最终目的，也是计算机网络中发展最快的部分。从早期的基于文本的应用到 21 世纪将因特网代入千家万户的万维网，到今天的即时通信、P2P 文件共享等，网络应用一直层出不穷。

**本章重要内容如下。**

① 应用层的主要功能介绍。

② 域名系统 DNS 的功能介绍。

③ 万维网和 Web 服务的相关内容介绍。

## 7.1 应用层功能概述

应用层位于 OSI 参考模型的最高层，它通过使用下面各层所提供的服务，直接向用户提供服务，是计算机网络与用户之间的界面或接口。应用层由若干面向用户提供服务的应用程序和支持应用程序的通信组件组成。

为了向用户提供有效的网络应用服务，应用层需要确立相互通信的应用程序或进程的有效性并提供同步，需要提供应用程序或进程所需要的信息交换和远程操作，需要建立错误恢复的机制以保证应用层数据的一致性。应用层为各种实际应用所提供的这些通信支持服务统称为应用服务组件（Application Service Element，ASE）。

不同的 ASE 使得各种实际的应用能够方便地与下层进行通信。其中，最重要的 3 个 ASE 分别是关联控制服务组件（Association Control Service Element，ACSE）、远端操作业务组件（Remote Operation Service Element，ROSE）和传输服务组件（Reliable Transfer Service Element，RTSE）。ACSE 可以将两个应用程序名关联起来，用于在两个应用程序之间建立、维护和终止连接；ROSE 采用类似远端过程调用的请求/应答机制实现远程操作；RTSE 则通过优化会话层来提供可靠的传输。

在应用服务组件外，OSI 的应用层提供了 5 种不同的应用协议来解决不同的应用类型要求。它们是报文处理系统（Message Handling System，MHS）；文件传输、存取和管理（File Transfer, Access and Management，FTAM）；虚拟终端协议（Virtual Terminal Protocol，VTP）；目录服务（Directory Service，DS）；事物处理（Transaction Processing，TP）；远程数据库访问（Remote Database Access，RDA）等。

但是，由于目前 OSI 参考模型只是起到参考模型的作用，所以并没有实际的网络应用是按照上述协议实现的。而 TCP/IP 的应用层却相反，拥有许多主流的应用层协议和基于这些协议实现的 TCP/IP 应用。

# 7.2    网络应用程序体系结构

TCP/IP 的应用层解决 TCP/IP 应用所存在的共性问题，包括与应用相关的支撑协议和应用协议两大部分。TCP/IP 应用层的支撑协议包括域名服务系统（DNS）、简单网络管理协议（SNMP）等；典型应用包括 Web 浏览、电子邮件、文件传输访问、远程登录等，与应用相关的协议包括超文本传输协议（HTTP）、简单邮件传输协议（SMTP）、文件传输协议（FTP）、简单文件传输协议（TFTP）和远程登录（Telnet）等。

① DNS：DNS 是一个名字服务的协议，它提供了主机域名到 IP 地址的转换。

② SNMP：简单网络管理协议（SNMP）是应用层协议，在网络设备之间实施管理信息的交换。SNMP 使得网络管理员可以管理网络的性能，查找和解决网络问题，以及规划网络的增长。它是一个标准的用于管理 IP 网络上结点的协议。

SNMP 管理的网络包含以下 3 个组件。

● 被管理设备：包含 SNMP 代理的网络结点，位于被管理网络中。被管理设备收集和存储管理信息，通过 SNMP 使这些协议能够访问网络管理系统（NMS）。被管理设备有时称为网络基本设备，它们可能是路由器和访问服务器、交换机和网桥、集线器、计算机主机或者打印机。

● 代理（Agent）：存在于被管理设备上的网络管理软件模块。代理有本地管理信息的认知，能把这些信息转换成兼容于 SNMP 的格式。

● 网络管理系统（NMS）：检测和控制被管理设备的执行应用软件。NMS 提供网络管理所需要的处理和内存资源。在管理网络中，至少有一个或一个以上的 NMS。

③ HTTP：用来在浏览器和 WWW 服务器之间传输超文本的协议。

④ SMTP：简单邮件传输协议主要用于 Internet 上的电子邮件传输，它是网络中的一个标准协议，使用这个协议的通信软件可以自动地收发电子邮件，并对过程中出现的错误作出相应的处理。

⑤ FTP：建立在 TCP 协议上，用于实现文件传输的协议。用户通过 FTP 可以方便地连接到远程服务器上，可以进行查看、删除、移动、复制、更改远程服务器上的文件内容的操作，并能进行上传文件和下载文件等操作。FTP 工作时使用两个 TCP 连接，一个用于交换命令和应答，另一个用于移动文件。

⑥ TFTP：建立在 UDP 协议之上用于提供小而简单的文件传输服务，从某个意义上来说是对 FTP 的一种补充，特别是在文件特别小并且只有传输需求的时候该协议显得更加有效。

⑦ Telnet：实现虚拟或仿真终端的服务，允许用户把自己的计算机当作远程主机上的一个终端，使用基于文本界面的命令连接并控制远程计算机。通过该协议用户可以登录到远程主机并在远程主机上执行操作命令，控制和管理远程主机上的文件及其他资源。

## 7.2.1    客户/服务器交互模型

应用软件之间最常用、最重要的交互模型是客户/服务器模型。互联网提供的 Web 服务、E-mail 服务、FTP 服务等都是以该模型为基础的。

### 1. 什么是客户/服务器模型

应用程序之间为了能顺利地进行通信，一方通常需要处于守候状态，等待另一方请求的到来。在分布式计算中，一个应用程序被动地等待，而另一个应用程序通过请求启动通信的模式就是客户/服务器模式。

实际上，客户（Client）和服务器（Server）分别是指两个应用程序。客户向服务器发出服务请求，服务器对客户的请求作出响应。图 7.1 所示为一个通过互联网进行交互的客户/服务器模型。在图 7.1 中，服务器处于守候状态，并监视客户端的请求。客户端发出请求，并请求经互联网传输给服务器。一旦服务器接收到这个请求，就可以执行请求所指定的任务，并将执行的结果由互联网回送给客户。

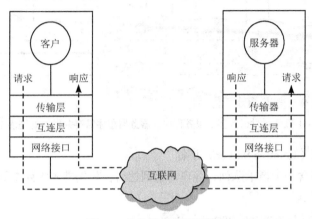

图 7.1 客户/服务器交互模型

### 2. 客户/服务器的特性

一台主机上通常可以运行多个服务器程序，每个服务器程序需要并发地处理多个客户的请求，并将处理的结果返回给客户。因此，服务器程序通常比较复杂，对主机的硬件资源（如 CPU 的处理速度、内存的大小等）及软件资源（如分时、多线程网络操作系统等）都有一定的要求。而客户程序由于功能相对简单，通常不需要特殊的硬件和高级的网络操作系统。在图 7.2 中，运行服务器程序的主机同时提供 Web 服务、FTP 服务和文件服务。由于客户 1、客户 2 和客户 3 分别运行访问文件服务和 Web 服务的客户端程序，因此，通过互联网，客户 1 可以访问运行文件服务主机上的文件系统，而 Web 服务器程序根据客户 2 和客户 3 的请求，同时为他们提供服务。

客户/服务器模型不但很好地解决了互联网应用程序之间的同步问题（何时开始通信、发送信息、接收信息等），而且客户/服务器非对等相互作用的特点很好地适应了互联网资源分配不均的客观事实，因此成为互联网应用程序相互作用的主要模型。

在 TCP/IP 互连网络中，服务器程序通常使用 TCP 协议或 UDP 协议的端口号作为自己的特定标志。在服务器程序启动时，首先在本地主机注册自己使用的 TCP 或 UDP 端口号，这样服务器程序在声明该端口号已被占用的同时，也通知本地主机如果在该端口上收到信息，则需要将这些信息转交给注册该端口的服务器程序处理。在客户程序需要访问某个服务时，可以通过与服务器程序使用的 TCP 端口建立连接（或直接向服务器程序使用的 UDP 端口发送信息）来实现。

在互连网络中，客户发起请求完全是随机的，可能出现多个请求同时到达服务器的情况。因此，服务器必须具备处理多个并发请求的能力，服务器有两种实现方案。

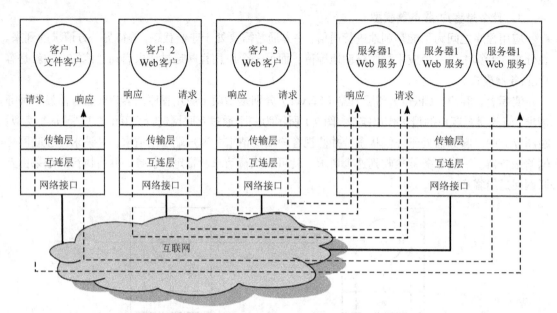

图 7.2　一台主机可同时运行多个服务程序，服务器程序需要并发地处理多个客户的请求

（1）重复服务器（Iterative Server）方案

服务器程序中包含一个请求队列，客户请求到达后，首先进入队列中等待，服务器按照先进先出的原则顺序作出响应。

（2）并发服务器（Concurrent Server）方案

并发服务器是一个守护进程，在没有请求到达时它处于等待状态。一旦客户请求到达，服务器立即再为之创建一个子进程，然后回到等待状态，由子进程响应请求。当下一个子进程到达时，服务器再为之创建一个子进程。其中，并发服务器叫做主服务器，子进程叫做从服务器。

## 7.2.2　C/S 和 B/S 结构

### 1. C/S 结构

C/S 又称 Client/Server 或客户/服务器模式。C/S 型数据库应用程序由两部分组成：服务器和客户机。服务器指数据库管理系统（Database Manage System，DBMS），用于描述、管理和维护数据库的程序系统，是数据库系统核心组成部分，对数据库进行统一的管理和控制。客户机则将用户的需求送交到服务器，再从服务器返回数据给用户。

C/S 型数据库非常适合于网络应用，可以同时被多个用户所访问，并赋予不同的用户以不同的安全权限。C/S 型数据库支持的数据量一般比文件型数据库大得多，还支持分布式的数据库（即同一数据库位于多台服务器上）。同时，C/S 型数据库一般都能完善地支持 SQL 语言（所以也被称做 SQL 数据库）。这些特性决定了 C/S 型数据库适合于高端应用。

常见的 C/S 型数据库有著名的 Oracle、Sybase、Informix、微软的 Microsoft SQL server、IEM 的 DB2，以及 Delphi 自带的 InterBase 等。

C/S 的优点是能充分发挥客户端 PC 的处理能力，很多工作可以在客户端处理后再提交给服务器，对应的优点就是客户端响应速度快。缺点主要有以下几个。

● 只适用于局域网。而随着互联网的飞速发展，移动办公和分布式办公越来越普及，这就需要系统具有扩展性。以这种方式进行远程访问需要专门的技术，同时要对系统进行专门的设计来处理分布式的数据。

● 客户端需要安装专用的客户端软件。首先涉及到安装的工作量，其次任何一台电脑出现问题（如病毒、硬件损坏），都需要进行安装或维护。特别是有很多分部或专卖店的情况，不仅是工作量的问题，还有路程的问题。另外，系统软件升级时，每一台客户机都需要重新安装，其维护和升级成本非常高。

● 对客户端的操作系统一般也会有限制。可能适应于 Win98，但不能用于 Win2000 或 Windows XP。或者不适用于微软新的操作系统等，更不用说 Linux、UNIX 了。

### 2. B/S 结构

B/S 是 Brower/Server 的缩写，在 B/S 结构中，客户机上安装一个浏览器（Browser），如 Netscape Navigator 或 Internet Explorer，服务器上安装 Oracle、Sybase、Informix 或 SQL Server 等数据库和应用程序。用户通过浏览器发出某个请求，通过应用程序服务器—数据库服务器之间一系列复杂的操作之后，返回相应的 HTML 页面给浏览器。

B/S 最大的优点就是可以在任何地方进行操作而不用安装任何专门的软件。只要有一台能上网的电脑就能使用，客户端零维护。系统的扩展非常容易，只要能上网，再由系统管理员分配一个用户名和密码，就可以使用了。甚至可以在线申请，通过公司内部的安全认证（如 CA 证书）后，不需要人的参与，系统可以自动分配给用户一个账户进入系统。

## 7.2.3  DNS 服务

任何 TCP/IP 应用在网络层都是基于 IP 协议实现的，因此必然要涉及到 IP 地址。但是 32 位二进制数长度的 IP 地址和 4 组十进制数的 IP 地址难以记忆，所以应用程序很少直接使用 IP 地址来访问主机。一般采用更容易记忆的 ASCII 串符号来指代 IP 地址，这种特殊用途的 ASCII 串被称为域名。例如，人们很容易记住代表新浪网的域名"www.sina.com"，但是恐怕极少有人知道或者记得新浪网站的 IP 地址。使用域名访问主机虽然方便，但却带来了一个新的问题，即所有的应用程序在使用这种方式访问网络时，首先需要将这种以 ASCII 串表示的域名转换为 IP 地址，因为网络本身只认识 IP 地址。

域名与 IP 地址的映像在 20 世纪 70 年代由网络信息中心（NIC）负责完成，NIC 记录所有的域名地址和 IP 地址的映像关系，并负责将记录的地址映像信息分发给接入 Internet 的所有最低级域名服务器（仅管辖域内的主机和用户）。每台服务器上维护一个称之为"hosts.txt"的文件，记录其他各域的域名服务器及其对应的 IP 地址。NIC 负责所有域名服务器上"hosts.txt"文件的一致性。主机之间的通信直接查阅域名服务器上的 hosts.txt 文件。但是，随着网络规模的扩大，接入网络的主机也不断增加，从而要求每台域名服务器都可以容纳所有的域名地址信息就变得极不现实，同时对不断增大的 hosts.txt 文件一致性的维护也浪费了大量的网络系统资源。

为了解决这些问题，提出了域名系统（Domain Name System，DNS）的概念，它通过分级的域名服务和管理功能提供了高效的域名解释服务。DNS 包括域及域名、主机、域名服务器三大要素。

### 1. 域、域名和域名空间

域（Domain）指由地理位置或业务类型而联系在一起的一组计算机构成的一种集合，一个域内可以容纳多台主机。在域中，所有主机由域名（Domain name）来标识，而域名由字符和（或）数字组成，用于替代主机的数字化地址。当 Internet 的规模不断增大时，域和域中所拥有的主机数目也随之增多，管理一个大而经常变化的域名集合就变得非常复杂，为此提出了一种分级的基于域的命名机制，从而得到了分级结构的域名空间。

域名空间的分级结构有点类似于邮政系统中的分级地址结构，如"中国四川省 电子科技大学成都学院"。如图 7.3 所示，在域名空间的根域之下，被分为几百个顶级（top-level）域，其中每个域可以包括许多主机；还可以被划分为子域，而子域下还可以有更小的子域划分。域名空间的整个形状如一棵倒立的树，根不代表任何具体的域，树叶则代表没有子域的域，但这种叶子域可以包含一台主机或者成千上万台的主机。

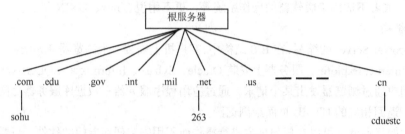

图 7.3 域名空间示意图

顶级域名由一般域名和国家域名两大类组成。其中，一般域名最初只有 6 个域，即 com（商业机构）、edu（教育单位）、gov（政府部门）、mil（军事单位）、net（提供网络服务的系统）和 org（非 com 类的组织），后来又增加了一个为国际组织所使用的顶级域名 int；国家级域名是指代表不同国家的顶级域名，如 cn 表示中国，uk 表示英国，fr 表示法国，jp 表示日本等。几乎所有美国组织都处于一般域中，而所有非美国的组织都列在其所在国的域下。

采用分级结构的域名空间后，每个域就采用从结点往上到根的路径命名，一个完整的名字就是将结点所在的层到最高层的域名串起来，成员间由点分隔。例如在图 7.3 中关于电子科技大学成都学院的域名就应表达为 cduestc.cn。域名对大小写不敏感。成员名最多长达 63 个字符，路径全名不能超过 255 个字符。

每个域都对分配在其下面的域存在控制权。要创建一个新的域，必须征得其所属域的同意。如果电子科技大学成都学院希望自己的域名为 cduestc.edu.cn，则需要向 edu.cn 的域管理者提出申请并获得批准。采取这种方式，就可以避免同一域中的名字冲突，并且每个域都记录自己的所有子域。一旦一个新的子域被创建和登记，则这个子域还可以创建自己的子域而无需再征得其上一级的同意，即采用分级管理的方式。例如，若电子科技大学成都学院想再为它的信息中心创建一个子域，这时就不需要再征得 edu.cn 的同意了。

注意，域的命名遵循的是组织界限，而不是物理网络。位于同一物理网络内的主机可以有不同的域，而位于同一域内的主机也可属于不同的物理网络。

**2. 域名系统与域名解析**

在 Internet 中向主机提供域名解析服务的机器被称为域名服务器或名字服务器。从理论上讲，一台名字服务器就可以包括整个 DNS 数据库，并响应所有的查询。但实际上这样 DNS 服务器就会由于负载过重而不能运行。于是，与分级结构的域名空间相对应，用于域名解析的域名系统 DNS 在实现上也采用了层次化模式，类似于分布式数据库查询系统。

域名解析使用 UDP 协议，其 UDP 端口号为 53，域名服务器又叫名字服务器。提出 DNS 解析请求的主机与域名服务器之间采用客户/服务器（C/S）模式工作。当某个应用程序需要将一个名字映像为一个 IP 地址时，应用程序调用一种名为解析器（resolver，参数为要解析的域名地址）的库过程，由解析器将 UDP 分组传输给本地 DNS 服务器，由本地 DNS 服务器负责查找名字并将 IP 地址返回给解析器。解析器再把它返回给调用程序。本地 DNS 服务器以数据库查询方式完成域名解析过程，并且采用了递归查询。

## 7.2.4　Web 服务

万维网（World Wide Web，WWW）是 Internet 上发展最快同时又使用最多的一项服务，它可以提供包括文本、图形、声音和视频等在内的多媒体信息的浏览。

### 1. Web 的基本概念

WWW 由遍布在 Internet 中的被称为 WWW 服务器（又称为 Web 服务器）的计算机组成。Web 是一个容纳各种类型信息的集合，从用户的角度看，万维网由庞大的、世界范围的文档集合而成，简称为页面（page）。

用户使用浏览器总是从访问某个主页（Homepage）开始的。由于页中包含了超链接，因此可以指向另外的页，这样就可以查看大量的信息。

（1）万维网

WWW 是网络应用的典范，它可让用户从 Web 服务器上得到文档资料，它所运行的模式叫做客户/服务器（C/S）模式。

（2）网页（Web Pages 或 Web Documents）

又称"Web 页"，它是浏览 WWW 资源的基本单位。就好比看书要一页一页地去翻一样。每个网页对应磁盘上一个单一的文件，其中可以包括文字、表格、图像、声音、视频等。

一个 WWW 服务器通常被称为"Web 站点"或者"网站"。每个这样的站点中，都有许许多多的 Web 页作为它的资源。

（3）主页（Home Page）

WWW 是通过相关信息的指针链接起来的信息网络，由提供信息服务的 Web 服务器组成。在 Web 系统中，这些服务信息以超文本文档的形式存储在 Web 服务器上。在每个 Web 服务器上都有一个 Home Page（主页），它把服务器上的信息分为几个大类，通过主页上的链接来指向它们，其他超文本文档称做页，通常也把它们称做页面或 Web 页。主页反映了服务器所提供的信息内容的层次结构，通过主页上的提示性标题（链接指针），可以转到主页之下的各个层次的其他各个页面，如果用户从主页开始浏览，可以完整地获取这一服务器所提供的全部信息。

（4）超文本（Hypertext）

在大多数情况下，计算机里存放的文字信息是顺序显示在显示器上的。例如，用文字编辑处理器 Word 显示文本，总是从头到尾顺序显示，这样的文档称为普通文档。超文本文档不同于普通文档，超文本文档中也可以有大段的文字，用来说明问题，除此之外最重要的是文档之间的链接。互相链接的文档可以在同一个主机上，也可以分布在网络的不同主机上，超文本就因为有这些链接才具有更好的表达能力。用户在阅读呈现在屏幕上的超文本信息时，可以随意跳跃一些章节，阅读下面的内容，也可以从计算机里取出存放在另一个文本文件中的相关内容，甚至可以从网络上的另一台计算机中获取相关的信息。

（5）超媒体（Hypermedia）

就信息的呈现形式而言，除文本信息以外，还有语音、图像和视频（或称动态图像）等信息，统称为多媒体。在多媒体的信息浏览中引入超文本的概念，就是超媒体。

（6）超级链接（Hyperlink）

在超文本/超媒体页面中，通过指针可以转向其他的 Web 页，而新的 Web 页又指向另一些 Web

页的指针。这样一种没有顺序、没有层次结构，如同蜘蛛网般的链接关系就是超链接。

（7）超文本标记语言（HTML）

HTML 是 ISO 标准 8879——标准通用标识语言（Standard Generalized Markup Language，SGML）在万维网上的应用。所谓标识语言就是格式化的语言，存在于 WWW 服务上的网页，是由 HTML 描述的。它使用一些约定的标记对 WWW 上各种信息（包括文字、声音、图形、图像、视频等）、格式以及超级链接进行描述。当用户浏览 WWW 上的信息时，浏览器会自动解释这些标记的含义，并将其显示为用户在屏幕上所看到的网页。

一个 HTML 文本包括文件头（Head）、文件（Body）主体两部分。其结构如下所示：

```
<HTML>
  <HEAD>
    </HEAD>
      <BODY>
        O
        </BODY>
</HTML>
```

其中，<HTML>表示页的开始，</HTML>表示页结束，它们是成对使用的。<HEAD>表示头开始，</HEAD>表示头结束；<BODY>表示主体开始，</BODY>表示主体结束，它们之间的内容才会在浏览器的正文中显示出来。HTML 的标识符有很多，有兴趣的同学可以查看有关网页制作方法的书籍。

（8）超文本传输协议（HTTP）

超文本传输协议（Hypertext Transfer Protocol，HTTP）是用来在浏览器和 WWW 服务器之间传输超文本的协议。HTTP 协议由两个相当明显的项组成：从浏览器到服务器的请求集和从服务器到浏览器的应答集。HTTP 协议是一种面向对象的协议，为了保证 WWW 客户机与 WWW 服务器之间通信不会产生二义性，HTTP 精确定义了请求报文和响应报文的格式。HTTP 会话过程包括以下 4 个步骤：连接、请求、应答、关闭，如图 7.4 所示。

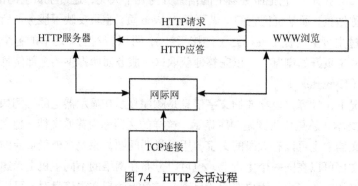

图 7.4　HTTP 会话过程

（9）统一资源定位器 URL

WWW 是以页面的形式来组织信息的。WWW 采用了统一资源定位器（Uniform Resource Locator，URL）来识别不同的页面，知道页面的具体位置，以及如何访问页面。

URL 是在 Internet 上唯一确定资源位置的方法，其基本格式为：

协议：//主机域名/资源文件名

其中，协议（Protocol）用来指明资源类型，除了 WWW 用的 HTTP 协议之外，还可以是 FTP、Telnet 等；主机域名表示资源所在机器的 DNS 名字；资源文件名用以提出资源在所处机器上的位置，包含路径和文件名，通常是"目录名/目录名/文件名"，也可以不含有路径。例如，电子科技大学成都学院的 WWW 主页的 URL 就表示为 http://www.cduestc.cn/index.asp。

在输入 URL 时，资源类型和服务器地址不分字母的大小写，但目录和文件名则可能区分字母的大小写。这是因为大多数服务器安装了 UNIX 操作系统，而 UNIX 的文件系统是区分文件名的大小写的。表 7.1 列出了由 URL 地址表示的各种类型的资源。

表7.1　　　　　　　　　　　　　　　URL 地址表示的资源类型

| URL 资源名 | 功　能 |
| --- | --- |
| HTTP | 多媒体资源，由 Web 访问 |
| FTP | 与 Anonymous 文件服务器连接 |
| Telnet | 与主机建立远程登录连接 |
| Mailto | 提供 E-mail 功能 |
| Wais | 广域信息服务 |
| News | 新闻阅读与专题讨论 |
| Gopher | 通过 Gopher 访问 |

（10）动态万维网文档

利用 HTML 创建的文档称为静态文档，该文档创作完毕后就存放在万维网服务器中，在被用户浏览的过程中，内容不会改变。

动态文档是指文档的内容是浏览器访问万维网服务器时才由应用程序动态创建的。当浏览器请求到达时，万维网服务器要运行另一个应用程序，并将控制转移到此应用程序中。接着，该应用程序对浏览器发来的数据进行处理，并输出 HTTP 格式的文档，万维网服务器将应用程序的输出作为对浏览器的响应。

要实现动态文档，应增加通用网关接口（Common Gateway Interface，CGI）。CGI 是一种标准，它定义了动态文档应如何创建，输入数据应如何提供给应用程序，以及输出结果应如何使用。

表单用来将用户数据从浏览器传递给万维网服务器。在创建动态文档时，表单和 CGI 程序经常配合使用。表单在浏览器的屏幕出现时，就有一些方框和按钮，可供用户选择和点取。有的方框可让用户输入数据。

（11）活动万维网文档

随着 HTTP 和互联网浏览器的发展，动态文档已明显地不能满足发展的需要。动态文档一旦建立，它所包含的信息内容也就固定下来而无法及时刷新屏幕，并且也无法提供动画之类的显示效果。

① 活动文档：有两种技术可用于浏览器屏幕显示的连续更新。一种技术称为服务器推送（Server Push），这种技术是将所有的工作都交给服务器，服务器不断地运行与动态文档相关联的应用程序，定期更新信息，并发送更新过的文档。另一种提供屏幕连续更新的技术是活动文档（Active Document）技术。这种技术是将所有的工作都转移给浏览器端。每当浏览器请求一个活动文档时，服务器就返回一段程序副本，使该程序副本在浏览器端运行，这时，活动文档程序可与用户直接交互。并可连续地改变屏幕的显示。只要用户运行活动文档程序，活动文档的内容就可以连续地改变。

② 用 Java 技术创建活动文档：由美国 Sun 分司开发的 Java 语言是一项用于创建和运行活动

文档的技术。在 Java 技术中使用"小应用程序（Applet）"来描述活动文档程序。当用户从万维网服务器下载一个嵌入了 Java 小应用程序的 HTML 文档后，用户可以在浏览器的显示屏幕上单击某个图像，然后就可看到动画的效果；或是在某个下拉式菜单中单击某个项目，就可看到根据用户键入的数据所得到的计算结果。

（12）XML 简介

XML（Extensible Market Language）是一种描述数据的标记语言，它不同于 HTML，使用 HTML 是为了制作网页，使用 XML 是为了描述数据，它使各用类型的数据有统一的标准的格式，使数据的语义容易理解。XML 没有预定义的标记，使用时需要定义表达数据的标记，使用 DTD 或 Schema 定义 XML 文档标记的语法规则。XML 数据文档可以放在 HTML 文档内，也可以作为一个单独的文件。当作为外部文件时要使用.xml 后缀名存储。

（13）VRML 简介

VRML 是虚拟实境描述模型语言（Virtual Reality Modeling Language）的简称。它是描述虚拟环境中场景的一种标准，利用它可以在 Internet 上建立交互式的三维多媒体的境界。VRML 的基本特征包括分布式、交互式、平台无关、三维、多媒体集成、逼真自然等，被称为"第二代 Web"，其应用范围相当广泛，包括科学研究、教学、工程、建筑、商业、娱乐、广告、电子商务等，已经被越来越多的人们所重视，国际标准化组织 1998 年 1 月正式将其批准为国际标准。

VRML 是一种建模语言，其基本目标是建立 Internet 上的交互式三维多媒体，也就是说，它是用来描述三维物体及其行为的。可以构建虚拟境界（Virtual Word），其基本特征包括分布式、三维、交互性、多媒体集成、境界逼真性等。VRML 的出现使虚拟现实像多媒体和 Internet 一样逐渐走进我们的生活。简单地说，以 VRML 为基础的第二代 WWW = 多媒体+虚似现实+Internet。

第一代 WWW 是一种访问文档的媒体，能够提供阅读的感受，使那些对 Windows 风格熟悉的人们容易使用 Internet，而以 VRML 为核心的第二代 WWW 将使用户如身处真实世界，在一个三维环境里随意探寻 Internet 上无比丰富的巨大信息资源。每个人都可以从不同的路线进入虚拟世界，与虚拟物体交互。这样，控制感受的就不再是计算机，而是用户自己，人们可以以习惯的自然方式访问各种场所，在虚拟社区中"直接"交谈和交往。

VRML 在远程教育、科学计算可视化、工程技术、建筑、电子商务、交互式娱乐、艺术等领域都有着广泛的应用前景，利用它可以创建多媒体通信、分布式虚拟现实、设计协作系统、网络游戏、虚拟社会等全新的应用系统。

**2. WWW 服务的实现过程**

WWW 以客户/服务器的模式进行工作。运行 WWW 服务器程序并提供 WWW 服务的机器被称为 WWW 服务器；在客户端，用户通过一个被称为浏览器（Browser）的交互式程序来获得 WWW 信息服务。常用到的浏览器有 Mosaic、Netscape 和微软的 IE（Internet Explorer）。

对于每个 WWW 服务器，站点都有一个服务器监听 TCP 的 80 端口（注：80 为 HTTP 默认的 TCP 端口），看是否有从客户端（通常是浏览器）过来的连接。当客户端的浏览器在其地址栏里输入一个 URL 或者单击 Web 页上的一个超链接时，Web 浏览器就要检查相应的协议以决定是否需要重新打开一个应用程序，同时对域名进行解析以获得相应的 IP 地址。然后，以该 IP 地址并根据相应的应用层协议（即 HTTP）所对应的 TCP 端口与服务器建立一个 TCP 连接。连接建立之后，客户端的浏览器使用 HTTP 协议中的"GET"功能向 WWW 服务器发出指定的 WWW 页面请求，服务器收到该请求后将根据客户端所要求的路径和文件名使用 HTTP 协议中的"PUT"功能将相应的 HTML 文档回送到客户端，如果客户端没有指明相应的文件名，则由服务器返回一个默认的 HTML 页面。页面传输完毕则中止相应的会话连接。

下面以一个具体的例子来说明 WWW 服务的实现过程。假设有用户要访问电子科技大学成都学院的主页 http://www.cduestc.cn/index.asp。则浏览器与服务器的信息交换过程如下。

① 浏览器确定 URL。

② 浏览器向 DNS 获取 Web 服务器 www.cduestc.cn 的 IP 地址。

③ 浏览器以相应的 IP 地址 125.71.5.44 应答。

④ 浏览器和 IP 地址为 125.71.5.44 的 80 端口建立一条 TCP 连接。

⑤ 浏览器执行 HTTP 协议，发送 GET/index.asp 命令，请求读取该文件。

⑥ www.cduestc.cn 服务器返回 index.asp 文件到客户端。

⑦ 释放 TCP 连接。

⑧ 浏览器显示 index.asp 中的所有正文和图像。

自 WWW 服务问世以来，已取代电子邮件服务成为 Internet 上最为广泛的服务。除了普通的页面浏览外，WWW 服务中的浏览器/服务器（Brower/Server，B/S）模式还取代了传统的 C/S 模式，被广泛用于网络数据库应用开发中。

## 7.2.5　E-mail 服务

电子邮件（Electronic Mail，E-mail）是 Internet 上最受欢迎也最为广泛的应用之一。电子邮件服务是一种通过计算机网络与其他用户进行联系的快速、简便、高效、廉价的现代化通信手段。电子邮件之所以受到广大用户的喜爱，是因为与传统通信方式相比，其具有成本低、速度快、安全与可靠性高、可达到范围广、内容表达形式多样等优点。

电子邮件有自己规范的格式，电子邮件的格式由信封和内容两大部分组成，即邮件头（Header）和邮件主体（Body）两部分。邮件头包括收信人 E-mail 地址、发信人 E-mail 地址、发送日期、标题和发送优先级等，其中，前两项是必选的。邮件主体才是发件人和收件人要处理的内容，早期的电子邮件系统只能传递文本信息，而通过使用多用途 Internet 邮件扩展协议（Multipurpose Internet Mail Extensions，MIME），现在还可以发送语音、图像和视频等信息。对于 E-mail 主体不存在格式上的统一要求，但对信封即邮件头有严格的格式要求，尤其是 E-mail 地址。

E-mail 地址的标准格式为：<收信人信箱名>@主机域名。其中，收信人信箱名指用户在某个邮件服务器上注册的用户标识，相当于他的一个私人邮箱，收信人信箱名通常用收信人姓名的缩写来表示；@为分隔符，一般把它读为英文的 at；主机域名是指信箱所在的邮件服务器的域名。例如，×××@163.com，表示在网易 163 邮件服务器上的名为×××的用户信箱。

有了标准的电子邮件格式外，电子邮件的发送与接收还要依托由用户代理、邮件服务器和邮件协议组成的电子邮件系统。图 7.5 给出了电子邮件系统的简单示意图。其中，用户代理运行在客户机上的一个本地程序，它提供命令行方式、菜单方式或图形方式的界面来与电子邮件系统交互，允许人们读取和发送电子邮件，如 Outlook Express 或 Hotmail 等。邮件服务器包括邮件发送服务器和邮件接收服务器。顾名思义，所谓邮件发送服务器是指为用户提供邮件发送功能的邮件服务器，如图 7.5 的 SMTP 服务器；而邮件接收服务器是指为用户提供邮件接收功能的邮件服务器，如图 7.5 中的 POP3 服务器。用户在发送邮件时，要使用邮件发送协议，常见的邮件发送协议有简单邮件传输协议（Simple Mail Transfer Protocol，SMTP）和 MIME 协议，前者只能传输文本信息，后者则可以传输包括文本、声音、图像等在内的多媒体信息。当用户代理向电子邮件发送服务器发送电子邮件时或邮件发送服务器向邮件接收服务器发送电子邮件时都要使用邮件发送协议。用户从邮件接收服务器接收邮件时,要使用邮件接收协议,通常使用邮局协议(Post Office Protocol, POP3),该协议在 RFC1225 中定义,具有用户登录、退出、读取消息、删除消息的命令。POP3 的关键之处在于其能从远程邮箱中读取电子邮件,并将它存在用户本地的机器上以便以后读取。通常,SMTP 使用 TCP 的 25 号端口,而 POP3 则使用 TCP 的 110 号端口。

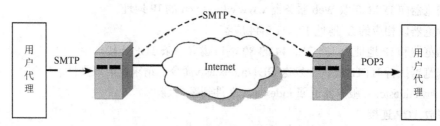

图 7.5　电子邮件系统的组成

图 7.6 给出了一个电子邮件发送和接收的具体实例。假定用户 XXX 使用"XXX@sina.com.cn"作为发信人地址向用户 YYY 发送一个文本格式的电子邮件,该发信人地址所指向的邮件发送服务器为 smtp.sina.com.cn,收信人的 E-mail 地址为"YYY@263.net"。

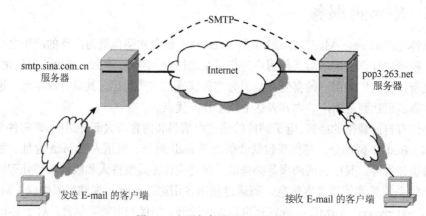

图 7.6　电子邮件发送和接收实例

首先,用户 XXX 在自己的机器上使用独立的文本编辑器、字处理程序或是用户代理内部的文本编辑器来撰写邮件正文,然后,使用电子邮件用户代理程序(如 Outlook Express)完成标准邮件格式的创建,即选择创建新邮件图标,填写收件人地址、主题、邮件的正文、邮件的附件等。

一旦用户邮件发送之后,则"用户代理程序"将用户的邮件传给负责邮件传输的程序,由其在 XXX 所用的主机和名为 smtp.sina.com.cn 的发送服务器之间建立一个关于 SMTP 的连接,并通过该连接将邮件发送至服务器 smtp.sina.com.cn。

发送方服务器 smtp.sina.com.cn 在获得用户 XXX 所发送的邮件后,根据邮件接收者的地址,在发送服务器与 YYY 的接收邮件服务器之间建立一个 SMTP 的连接,并通过该连接将邮件送至 YYY 的接收服务器。

接收方邮件服务器 pop3.263.net 接收到邮件后,根据邮件接收者的用户名将邮件放到用户的邮箱中。在电子邮件系统中,为每个用户分配一个邮箱(用户邮箱)。例如在基于 UNIX 的邮件服务系统中,用户邮箱位于/usr/spool/mail/目录下,邮箱标识一般与用户标识相同。

当邮件到达邮件接收服务器后,用户随时都可以接收邮件。当用户 YYY 需要查看自己的邮箱并接收邮件时,首先要在自己的机器与邮件接收服务器 pop3.263.net 之间建立一条关于 POP3

第7章 网络应用 | 175

的连接，该连接也是通过系统提供的"用户代理程序"进行的。连接建立之后，用户就可以从自己的邮箱中"取出"邮件进行阅读、处理、转发或回复邮件等操作。

电子邮件的"发送→传递→接收"是异步的，邮件发送时并不要求接收者正在使用邮件系统，邮件可存放在接收用户的邮箱中，接收者随时可以接收。

## 7.2.6 文件传输协议

### 1. 概述

文件传输协议（File Transfer Protocol，FTP）是 Internet 上使用最广泛的文件传输协议。FTP允许提供交互式的访问，允许用户指明文件的类型和格式，并允许文件具有存取权限。FTP 屏蔽了各计算机系统的细节，因而适合于在异构网络中任意计算机之间传输文件。

### 2. FTP 的基本工作原理

FTP 使用客户/服务器模式，即由一台计算机作为 FTP 服务器提供文件传输服务，而由另一台计算机作为 FTP 客户端提出文件服务请求并得到授权的服务。一个 FTP 服务器进程可同时为多个客户进程提供服务。FTP 的服务器进程由两大部分组成：一个主进程，负责接收新的请求；若干个从属进程，负责处理单个请求。主进程的工作步骤如下。

① 打开端口 21，使客户进程能够连接上。

② 等待客户进程发出连接请求。

③ 启动从属进程来处理客户进程发出的请求。从属进程对客户进程的请求处理完毕后即终止，但从属进程在运行期间根据需要还可能创建其他一些子进程。

④ 回到等待状态，继续接受其他客户进程发来的请求，主进程与从属进程的处理并发进行。

FTP 服务器与客户之间使用 TCP 作为实现数据通信与交换的协议，然而与其他客户/服务器模型不同的是，FTP 客户与服务器之间建立的是双重连接，一个是"控制连接（Control Connection）"，另一个是"数据传输连接（Data Transfer Connection）"。控制连接传输命令，告诉服务器将传输哪个文件。数据传输连接也使用 TCP 作为传输协议，传输所有数据，如图 7.7 所示。

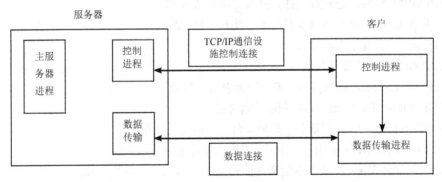

图 7.7 FTP 客户/服务器模型

在 FTP 的服务器上，只要启动了 FTP 服务，则总是有一个 FTP 的守护进程在后台运行以随时准备对客户端的请求作出响应。当客户端需要文件传输服务时，将首先设法与 FTP 服务器之间的控制连接相连，在连接建立过程中服务器会要求客户端提供合法的登录名和密码，在许多情况下，使用匿名登录，即采用"anonymous"为用户名，自己的 E-mail 地址作为密码。一旦该连接被允许建立，相当于在客户机与 FTP 服务器之间打开了一个命令传输的通信连接，所有与文件管理有关的命令将通过该连接被发送至服务器端执行。该连接在服务器端使用 TCP 端口号的默认值为 21，并且该连接在整个 FTP 会话期间一直存在。每当请求文件传输即要求从服务器复制文件到客户机时，服务器将再形成另一个独立的通信连接，该连接与控制连接使用不同的协议端口号，默认情况下在服务器端使用 20 号 TCP 端口，所有文件可以以 ASCII 模式或二进制数模式通过该数据通道传输。

一旦客户请求的一次文件传输完毕则该连接就要被拆除，新一次的文件传输需要重新建立一条数据连接。但前面所建立的控制连接则被保留，直至全部的文件传输完毕客户端请求退出时才会被关闭。

用户可以使用 FTP 命令来进行文件传输，这种模式称为交互模式。当用户交互使用 FTP 时，FTP 发出一个提示，用户输入一条命令，FTP 执行该命令并发出下一提示。FTP 允许文件沿任意方向传输，即文件可以上传与下载，在交互方式下，也提供了相应的文件上传与下载的命令。前面介绍过，FTP 有文本方式与二进制数方式两种文件传输类型，所以用户在进行文件传输之前，还要选择相应的传输类型。根据远程计算机文本文件所使用的字符集是 ASCII 还是 EBCDIC，用户可以用 ASCII 或 EBCDIC 命令来指定文本方式传输；所有非文本文件，例如，声音剪辑或者图像等都必须用二进制数方式传输，用户输入 binary 命令可将 FTP 置成二进制数模式。如在 Windows 2000 操作系统下可使用如下形式的 FTP 命令：

```
FTP [-d-g-i-n-t-v] [host]
```

其中，host 代表主机名或者主机对应的 IP 地址；参数 d 表示允许调试；g 表示不允许在文件名中出现 "*" 和 "?" 等通配符；i 表示多文件传输时，不显示交互信息；n 表示不利用 $HOME/netrc 文件进行自动登录；t 允许分组跟踪；v 显示所有从远程服务器上返回的信息。"[]" 表示其中的内容为命令的可选参数。

用户输入 FTP 命令如 "ftp://10.8.10.248" 后，屏幕就会显示 "FTP >" 提示符，表示用户进入 FTP 工作模式，在该模式下用户可输入 FTP 操作的子命令。常见的 FTP 子命令及其功能如下。

- ASCII：进入 ASCII 方式，传输文本文件。
- BINARY：传输二进制数文件，进入二进制数方式。
- BYE 或 QUIT：结束本次文件传输，退出 FTP 程序。
- CD dir：改变远地当前目录。
- LCD dir：改变本地当前目录。
- DIR 或 LS [remote-dir] [local-file]：列表远地目录。
- GET remote-file [local-file]：获取远地文件。
- MGET remote-files：获取多个远地文件，可以使用通配符。
- PUT local-file [remote-file]；将一个本地文件传递到远地主机上。
- MPUT local-files：将多个本地文件传到远地主机上，可用通配符。
- DELETE remote-file：删除远地文件。
- MDELETE remote-files：删除远地多个文件。
- MKDIR dir-name：在远地主机上创建目录。
- RMDIR dir-name：删除远地目录。
- OPEN host：与指定主机的 FTP 服务器建立连接。
- CLOSE：关闭与远地 FTP 程序的连接。
- PWD：显示远地当前目录。

- STATUS：显示 FTP 程序的状态。
- USER user-name [password] [account]：向 FTP 服务器表示用户身份。

另外，有许多工具软件被开发出来用于实现 FTP 的客户端功能，如 NetAnts、Cute FTP、WSFTP 等，另外 Internet Explorer 和 Netscape Navigator 也提供 FTP 客户软件的功能。这些软件的共同特点是采用直观的图形界面，通常还实现了文件传输过程中的断点再续和多路传输功能。

### 3. 简单文件传输协议（TFTP）

TFTP 是一个很小且易于实现的文件传输协议。TFTP 也使用客户/服务器模式，使用 UDP 数据报。TFTP 没有一个庞大的命令集，没有列目录的功能，也不能对用户进行身份认证。

TFTP 可用于 UDP 环境而且 TFTP 代码所占的内存较小。每次传输的数据是 512 字节，但最后一次可不足 512 字节；可支持 ASCII 码或二进制数传输；可对文件进行读或写。

在开始工作时，TFTP 客户进程发送一个读请求 PDU 或写请求 PDU 给 TFTP 服务器进程，其端口号为 69。TFTP 服务器进程要选择一个新的端口和 TFTP 客户进程进行通信。TFTP 共有 5 种协议数据单元（PDU），即读请求 PDU、写请求 PDU、数据 PDU、确认 PDU 和差错 PDU。

TFTP 协议被 Cisco 的网络设备用来作为操作系统和配置文件的备份工具。在 Cisco 网络设备组成的网络里，可以用一台主机或服务器作为 TFTP 服务器，并且把网络中各台 Cisco 设备的 IOS 和配置文件备份到这台 TFTP 服务器上，以防备可能的严重故障或人为因素使网络设备的 IOS 或运行配置丢失。当发生这种情况时，可以方便快速地通过 TFTP 协议从 TFTP 服务器上把相应的文件传输到网络设备中，及时恢复设备的正常工作。

## 7.2.7 Telnet 服务

### 1. Telnet 基本概念

远程登录（Telnet）是一种远程登录程序，这里登录的概念借助于多用户系统。在多用户系统中，合法用户从终端通过输入用户名和口令进入主机系统的过程称为登录。登录后，可以进行文件操作，可以运行系统中的程序，还可以共享主机中的其他资源。Telnet 使得本地终端和远程终端的访问不加任何区分。

远程登录的应用十分广泛，其意义和作用主要表现在以下几方面。

① 提高了本地计算机的功能。由于通过远程登录计算机，用户可以直接使用远程计算机的资源，因此，在自己计算机上不能完成的复杂处理就可以通过远程登录到可以进行该处理的计算机上去完成，从而大大提高了本地计算机的处理功能。

② 扩大了计算机系统的通用性。有些软件系统只能在特定的计算机上运行，通过远程登录，不能运行这些软件的计算机也可以使用这些软件，从而扩大了它们的通用性。

③ 使用 Internet 的其他功能。通过远程登录几乎可以利用 Internet 的各种功能。

④ 访问大型数据库的联机检索系统。大型数据库联机检索系统（如 Dialog、Medline 等）的终端，一般是运行简单的通信软件，通过本地的 Dialog 或者 Medline 的远程检索访问程序直接进行远地检索。由于这些大型数据库系统的主机往往都装载 TCP/IP 协议，故通过 Internet 也可以进行检索。

### 2. Telnet 基本原理

Telnet 服务系统也是客户/服务器工作模式，主要由 Telnet 服务器、Telnet 客户机和 Telnet 通信协议组成。在本地系统运行客户程序，在远程系统需要运行 Telnet 服务器程序，Telnet 通过 TCP 协议提供传输服务，端口号是 23。当本地客户程序需要登录服务时，通过 TCP 建立连接。远程登录服务过程基本上分为 3 个步骤。

① 当本地用户在本地系统登录时建立 TCP 连接。

② 将本地终端上键入的字符传输到远程主机。

③ 远程主机将操作结果回送到本地终端。

用户在本地终端上操作就如同操作本地主机一样，用户可以获得在权限范围之内的所有服务，包括运行程序、获得信息、共享资源等。

启动 Telnet 应用程序进行登录时，首先给出远程计算机的域名或 IP 地址，系统开始建立本地计算机与远程计算机的连接。连接建立后，再根据登录过程中远程计算机系统的询问正确地键入自己的用户名和口令，登录成功后用户的键盘和计算机就好像与远程计算机直接相连一样，可以直接输入该系统的命令或执行该机上的应用程序。工作完成后可以通过登录退出，通知系统结束 Telnet 的联机过程，返回到自己的计算机系统中。

远程登录有两种形式：第一种是远程主机有用户的账户，用户可以用自己的账户和口令访问远程主机；第二种形式是匿名登录，一般 Internet 上的主机都为公众提供一个公共账户，不设口令。大多数计算机仅需输入 "guest" 即可登录到远程计算机上，这种形式在使用权限上受到一定限制。Telnet 命令格式为：

```
Telnet <主机域名><端口号>
```

主机域名可以是域名方式，也可以是 IP 地址。一般情况下，Telnet 服务使用 TCP 端口号 23 作为默认值，对于使用默认值用户可以不输端口号。但有时 Telnet 服务设定了专用的服务器端口号，这时，使用 Telnet 命令登录时，必须输入端口号。

Telnet 在运行过程中，实际上启动的是两个程序，一个叫 Telnet 客户程序，它运行在本地机上；另一个叫 Telnet 服务器程序，它运行在需要登录的远程计算机上。执行 Telnet 命令的计算机是客户机，连接到上面的那台计算机是远程主机。

连接主机成功后，接下来是登录主机。当然，要成为合法用户，必须输入可以通过主机验证的用户名和密码。成功登录后，本地机就相当于一台与服务器连接的终端，可以使用各种主机操作系统支持的指令。

当本地用户从键盘输入的字符传输到远程系统后，服务器程序并不直接参与处理的过程，而是交由远程主机操作系统进行处理。操作系统把处理的结果再交由服务器程序返回本地终端。

**3. 虚拟终端（NVT）**

NVT 是一种标准格式，在客户端，客户软件通过 TCP 连接传输之前把本地格式转变为 NVT 标准格式。在服务器端，服务器软件再把 NVT 格式转换为远程系统能够识别的格式，这样，有关键盘输入表示的异质性（不同操作系统对键盘的输入存在不同的表示方法）便被 NVT 所屏蔽（来自于 IP 协议对底层网络的屏蔽）。这样才可以使得在运行 Windows XP 的 PC 上可以访问 UNIX 操作系统的远程主机。

**4. Telnet 应用**

使用 Telnet 首先要获得一个客户软件。客户软件很多，如常用的 Cterm、NetTerm 等。Windows 操作系统也内置一个 Telnet 客户端软件。通过 "开始" → "运行"，输入 Telnet 即可运行这个程序。

在 Internet 上目前主要使用 Telnet 登录访问 BBS 站点。在网络上通过 Telnet 远程配置路由器、交换机、服务器等。

## 7.2.8 电子公告板

BBS 的英文全称是 Bulletin Board Service，即公告板服务。BBS 最早起源于美国，最初是一些电脑爱好者团体自发组织的，用来在计算机上传递信息、互相交流。随着计算机与通信技术的飞速发展，特别是随着 Internet 在 20 世纪 80 年代后期的迅速崛起，BBS 纷纷连入 Internet。目前的 BBS 已同 WWW、FTP、电子邮件等 Internet 应用服务一样，成为 Internet 上最著名的服务功能之一。

BBS 在 Internet 上为人们开辟了一块类似公告板形式的公共场所供彼此交流信息。在 BBS 系统中，每一个人都可以在公告板上阅读信息，也可以在公告板上张贴信息，其张贴的可以是供别人阅读的文章，也可以是对别人文章的响应。这种交流信息的方式是公开的、轻松的，没有保密性。一个 BBS 系统包含多个电子公告板，每一块公告板都围绕一个特定的内容，如足球公告板、歌剧公告板等。在这些公告板中一部分是有专人管理的，另一部分没有专人管理，是经过申请并得到允许后可以进入并参加讨论的。另外，还有一些是系统向用户发布信息使用的，这些公告板只能阅读不能张贴。

BBS 系统是由 BBS 服务器、公告板信息和 BBS 服务软件组成的。在 Internet 上有许多 BBS 服务器，每一个 BBS 服务器由于发布的信息内容不同而各有特色，但大多具有以下基本功能。

### 1. 传递信息

传递信息一向是 BBS 最基本的功能之一。BBS 用户通过在站上阅读和撰写文章以及收发信件来达到互相交流信息的目的。

### 2. 邮件服务

BBS 一般都提供了邮件服务的功能，用户可以在站上给其他的用户发信，而不管对方现在是否在站上；同样，用户也可以在站上收到其他人发来的邮件。有些 BBS 站还具有在不同的 BBS 站之间通过某种程序相互转信的功能。Internet 上的 BBS 有时还具有在站上收发 E-mail 的功能。

### 3. 在线交谈

BBS 的另一个极为吸引人的地方就是在线交谈，站上用户可以通过键盘的输入进行实时对话。在线交谈时面对的只是对方的账户，你甚至不清楚对方是男是女，大家彼此平等。BBS 提供了两人私下交谈方式和多人对谈的不同谈话模式，用户可以选择。

### 4. 文件传输

在不同的计算机用户之间，经常需要大量的数据和资料，这也是 BBS 的主要用途之一。许多计算机软件公司都有自己的 BBS 系统，用户可以通过 BBS 购买并下载各种软件产品，获取软件的升级版本，寻求技术支持等。在许多电脑爱好者所建立的业余 BBS 站上，用户不仅可以从站上下载自己想要的文章，而且还可以获取一些常用的免费软件或试用软件。有些 BBS 站还提供上传功能，用户可以将自己编制的程序或自己得到的一些免费软件与别人共享。

### 5. 网上游戏

许多 BBS 都提供了互动式的网络游戏，用户可以找个网友在 BBS 上打牌、下棋或玩其他更刺激的游戏。

BBS 主要有以下几种方式。

（1）完全基于 Web 的 BBS

这种方式完全基于浏览器模式，便捷、实用。登录到这些站点可以在 WWW 浏览的地址栏中直接输入 URL 地址，例如：

珠海的珍珠海 BBS 站（http://zhbbs.ml.org）；

广州的蓝天 BBS 站（http://bbs.gznet.com）；

湛江的碧海银沙站（http://zhanjiang.ml.org）；

首都在线 263 的在线聊天室（http://chat.263.net）。

（2）UNIX 下的终端仿真并实行 Web 扩展功能的 BBS

登录这类 BBS 站点可以用 Telnet 方式，还可以使用专用软件，在 MS-DOS 状态下采用 Telnet 方式的命令格式为：Telnet <主机域名或 IP 地址> <端口号>。

目前，这类 BBS 主要集中在教育网，比较好的站点很多，具体如下。

清华大学的水木清华站（bbs.tsinghua.edu.cn）：讨论的范围是目前国内最广的，技术性文章多且精彩，增加了检索的方便性。

北京大学的未名空间站（bbs.mit.edu）：主要为文史方面的信息交流区，解答迅速，上站人数多，电脑技术和文史讨论的专业性是本站的特点。

中国科技大学的瀚海星云站（bbs.ustc.edu.cn）：该站不但保留了原始的 BBS 站的所有服务项目，而且还提供特别服务功能，支持 FTP 上传、下载。

国家智能计算机中心的曙光站（jet.ncic1.ac.cn）：及时公布最新的科研信息，并提供咨询业务，帮助实时解决问题，并提供技术援助。

## 7.2.9 P2P 通信服务

P2P（Peer to Peer，对等网络）是不同于 C/S、B/S 等传统模式的新通信技术，它最大的特点是抛开了应用服务器的束缚，用户之间可以通信、共享资源或协同工作。

P2P 工作组给出的定义是：通过在系统之间的直接交换实现计算机资源和服务的共享。

P2P 应用程序由一些（通常是动态的）对等点组成。

网络上现有的许多服务可以归入 P2P 的行列，如 ICQ、AOL、微软的 MSN Messenger、QQ 等是最流行的 P2P 应用。

P2P 技术的互联网产品正在迅速开辟一块新的互联网应用市场，例如 ICQ 类的即时通信工具不仅创立了一个巨大市场，而且在多个领域扩展，如移动通信市场，ICQ 产品的多信息格式（文字、语言的支持）和即时性，可以为常规通信增加信息内容（文字、图片）和通信对象（网上 ICQ 用户）。

IRC 是 Internet Relay Chat 的缩写，即 Internet 中继聊天，它是网上聊天的一种方式。IRC 也是一种典型的客户/服务器工作模式。在 IRC 模式中，必须存在一个具有固定 IP 地址的 IRC 服务器，这个服务器上运行着特定内容的服务器程序，用户可以通过 IRC 客户机登录到 IRC 服务器上，而后利用 IRC 服务器提供的功能与其他人聊天。

用户在客户端进行 IRC 聊天主要有两种方式：通过 IRC 站点所提供的 WWW 网址链接到聊天站点，通过浏览器聊天；另一种方式是使用专门的聊天软件，以 Telnet 方式登录到 IRC 服务器上。

ICQ 是 I Seek You 的连音缩写，被称为"网络寻呼机"，它的主要功能就是让您知道网络上的朋友现在有没有上线，然后可以通过互送 Messages 交谈、直接聊天、互相交换文件等方式进行交流。

## 7.2.10　IP 电话和 VOIP

IP 电话是指在 IP 网上通过 TCP/IP 协议实时传输语音信息的应用。它采用了压缩编码及统计复用等技术，把普通电话的模拟信号转换成可由 Internet 传输的 IP 数据报。使用 IP 电话替代国际长途电话可大大降低通话成本。

基于 Internet 的实时语音通信，是目前 Internet 技术应用的一个重大发展方向，通过 IP 网络，传输商业质量的话音/传真，已经开始冲击到传统的电话业务，特别是国际长途业务。

"Voice Over IP"，就是指应用于 IP 网络上实现话音及传真信号传输的一门全新的集成业务数据网络技术。其特点在于其软硬件均经过精心设计和开发，可以通过任何 IP 网络提供无缝的话音/传真集成。目前，世界数据网络通信领域的领先厂商均在紧锣密鼓地加紧开发这方面的产品。

对于公众业务，和传统的 PSTN 相比，IP 电话能够更加高效地利用网络资源；可以提供更为廉价的服务，现在已经有一些 ISP 开始提供 IP 电话服务，并且价格低廉，可以比传统的电话费低 40%～70%。

对于企业用户来说，通过 IP 网关传输长途电话/传真，同样具有重要的意义，节省长途电话费用，减少设备投资。

### 1. IP 电话标准

ITU-T 于 1996 年通过了 H.323vl 标准，其目的在于给 IP 电话提供一个国际标准，H.323 标准定义了 4 个 IP 电话组件：Terminal, Gateway, MCU（Multipoint Control Unit）和 Gatekeeper。

① Terminal：是一个符合 H.323 标准的客户终端，可以是软件（如 Netmeeting）也可以是硬件（如专用的 Internet Phone），它提供了实时的双向传输用以传输声音。

② Gateway：完成 PSTN/PBA/ISDN 网络之间的协议转换，主要包括传输格式的转换（如 H.225.0 到 H.221），通信过程的转换（如 H.245 到 H.242），另外还完成音频格式的转换和呼叫建立。因此，如果要建立异构网络间的通话（如 PSTN 到 Internet），网关是必需的，否则网关可以省略。

③ Gatekeeper：负责用户注册和管理，如地址映像、呼叫认证和管理、呼叫记录和区域管理。

④ MCU：其功能是实现多点通信，使得 Internet 能够支持诸如网络会议这样的一些多点应用。

### 2. IP 电话的分类

（1）PC-to-PC（计算机到计算机）

它利用了先进的计算机多媒体技术，需要专用软件，适合于计算机爱好者使用。通话双方同时上网，适用软件有 IPhone、VoxPhone、Netmeeting、MediaringTalk、CoolTalk 等。

软件将从麦克风收集的声音通过声卡转换成数字信号，在压缩后通过网络将这些信号传输到接收方一端，再由接收方 PC 上的软件将收到的信号解压缩，通过声卡转换为模拟信号或由音箱或耳机播放出来，从而实现整个通话过程。支持视频信号的软件有 IPhone、Netmeeting 等，其视频传输过程和声音传输具有同样的原理。

（2）PC-to-Phone（计算机到电话）

通话时，一方 PC 和专用软件直接上网，通过 IP 电话服务器拨到对方电话机上。支持这种功能的软件有 Net2Phone、IPhone 等。

PC 到电话通话的实现过程，如 Net2Phone，语音到电话的转换是由 Net2Phone 公司的主机通过公司的电话呼叫对方的对话完成的。

（3）Phone-to-Phone（电话到电话）

这种类型又分为 3 种不同的应用形式。

● 通话双方都有 PC 与电话直接连接，用户不必直接操作 PC，但是只能进行单点对单点的通话，没有标准的通信服务功能。

● 通话双方都不需要使用计算机，只需要各自配备上网账户和专用的 IP 电话设备（Aplio、InfoTalk 等，用来完成电话号码与 IP 地址的互译以及拨叫、通话等功能）。

● IP 电话服务器支持下的"电话到电话"方式，由服务提供商提供全套服务，通话双方不需增加任何软硬件设备，只需利用现有电话即可实现 IP 电话功能（单点对多点、多点对单点、普通拨号、随时通话等）。

目前，以上 3 种类型的 IP 电话在国内都已经有应用。尽管性能不同，但不管如何分类，所有的 IP 电话都遵循一个宗旨——利用 Internet 传输语音。

### 7.2.11  网络新闻

网络新闻系统是由新闻稿（Article）、新闻组（News Group）、新闻服务器及新闻阅读软件组成的。新闻组和新闻稿统称为网络新闻（Usernet），网络新闻存放在新闻服务器中，新闻阅读软件安装在用户计算机上。在 Internet 上有许多新闻服务器，它们之间可以根据一定的协议交流新闻稿。整个网络新闻系统是一个整体，用户在使用时只要与一台新闻服务器连接，就可以阅读网络新闻。

在网络新闻中，新闻稿是指一条消息、一个课题或一份报告。

新闻稿的书写格式与电子邮件相同。一篇新闻稿分为新闻头和新闻体两部分，新闻头包括作者地址、文章主题、发稿日期。新闻体是文章的具体内容。

新闻稿的管理方式与 BBS 系统相似，每一篇新闻稿都安装在隶属的新闻组中，在这里新闻稿类似公告板上的信息，新闻组类似公告板。

在网络新闻系统中，为了便于人们查找新闻稿，系统将内容相近的新闻稿编在一个新闻组里，又将类型相近的新闻组编成一个大的新闻组。这种分层管理的方法很像 DOS 系统中目录的管理方法，即树形结构管理。用户在查找新闻稿时要从根目录开始，按隶属关系向下查找，每一层之间用"."隔开。

### 7.2.12  电子出版物

电子出版物是指能够在计算机上阅读的刊物，包括图书（Books）、文学作品（Litergworks）、杂志（Magazines）、期刊（Journals）等。

在 Internet 上有许多电子出版物，这些刊物主要来源于各大学的图书馆以及专门的电子刊物出版组织。

Internet 上的电子刊物大部分是文本文件，用户可以方便地阅读并下载到自己的计算机中。

除了以上列出的 Internet 提供的服务以外，Internet 还给我们提供了 WAIS（Wide Area Information Server，广域信息服务器）服务。WAIS 是一个为用户提供查询 Internet 各类数据库的通用接口软件。用户只需通过移动光标即可选择所需查询的数据库，键入查询关键字，系统就能自动地进行远程查询。

## 7.2.13　IP 地址信息查询服务

RFC812 定义了一个非常简单的 Internet 信息查询协议——WHOIS 协议。其基本内容是，先向服务器的 TCP 端口 43 建立一个连接，发送查询关键并加上回车换行，然后接收服务器的查询结果。

世界上各级 Internet 管理机构秉承公开、公正、共享的原则，设立了可以查知 IP 地址和域名所有者登记资料的 WHOIS 服务器，以便所有 Internet 的使用者排除故障、打击网上非法活动。全世界国际区域性的 IP 地址管理机构有 4 个：ARIN、RIPE、APNIC、LACNIC。表 7.2 列出了重要的 Internet 管理机构和常用的 WHOIS 服务器服务提供查询的内容。

表 7.2　　　　　　　　重要的 Internet 管理机构和常用的 WHOIS 服务器

| 机构缩写 | WHOIS 服务器地址 | 机构全名及地点 | 提供查询内容 |
| --- | --- | --- | --- |
| CERNIC | Whois.edu.cn | 中国教育与科研计算机网网络信息中心（清华大学·中国北京） | 中国教育网内的 IP 地址和.edu.cn 域名信息 |
| CNNIC | Whois.cnnic.net.cn | 中国互联网信息中心（中国科学院计算机网络信息中心·中国北京） | .cn 域名（除.edu.cn）信息 |
| INTERNIC | Whois.internic.net | 互联网信息中心（美国洛杉矶市 Marina del Rey 镇） | .com,.net,.org,.biz,.info,.name 域名的注册信息（只给出注册代理公司） |
| ARIN | Whois.arin.net | 美国 Internet 号码注册中心（美国弗吉尼亚州 Chantilly 市） | 全世界早期网络及现在的美国、加拿大、撒哈拉沙漠以南非洲的 IP 地址注信息 |
| APNIC | Whois.apnic.net | 亚洲与太平洋地区网络信息中心（澳大利亚昆士兰州密尔顿镇） | 东亚（包括中国大陆和台湾）、南亚、大洋洲 IP 地址信息 |
| RIPE | Whois.ripe.net | 欧洲 IP 地址注册中心（荷兰阿姆斯特丹） | 欧洲、北非、西亚地区的 IP 地址信息 |
| TWNIC | Whois.twnic.net | 台弯互联网信息中心（中国台弯台北） | .tw 域名和部分台弯岛内 IP 地址信息 |
| JPNIC | Whois.nic.ad.jp | 日本互联网信息中心（日本东京） | .jp 域名和日本境内的 IP 地址信息 |
| KRNIC | Whois.krnic.net | 韩国互联网信息中心（韩国汉城） | .kr 域名和韩国境内的 IP 地址信息 |
| LACNIC | Whois.lacnic.net | 拉丁美洲及加勒比互联网信息中心（巴西圣保罗） | 拉丁美洲及加勒比海诸岛 IP 地址信息 |

表中得到的自动 WHOIS 服务，是按照如图 7.8 所示的流程，依次查询若干个 WHOIS 服务器之后，得到某个 IP 地址的 WHOIS 信息。

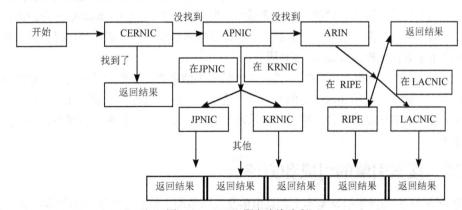

图 7.8　WHOIS 服务查询流程

除了以上列出的 Internet 提供的服务以外，Internet 还给我们提供了 WAIS（Wide Area Information Server，广域信息服务器）服务。WAIS 即广域信息服务器（Wide Ares Information Server），是用户查询 Internet 上各数据库的一个通用接口软件，也称为数据库的数据库，WAIS 可进行全文检索，即根据关键字在文件内部进行查找（Gopher 和 Archie 只能根据文件题目和简介来检索）。WAIS 是一个分布式系统，它将数据和信息分布在许多计算机上。用户只要用光标选取要查询的数据库并键入查询关键字，WAIS 就能自动进行远程查询。目前在 Internet 上已有数百个 WAIS 数据。

### 7.2.14  信息查询工具

Gopher 是基于菜单驱动的信息查询软件，它可将用户的请求转换成 FTP 或 Telnet 命令。通过 Gopher 用户可对 Internet 上的远程连机信息系统进行实时访问，而不必知道所访问的机器的地址。另外，利用 Internet 还可进行网上交谈、多人聊天、网上购物等。正是因为 Internet 提供了如此丰富多彩的服务，通过这些服务用户可以找到自己所需的各种信息，所以 Internet 的广大用户真正可以作到"秀才不出门，尽知天下事"。

# 7.3  Internet 的信息检索

用户上网后，面对浩如烟海的信息资源，往往会有一种无从下手的感觉，为了从大量的信息中取得所需要的那一部分，就需要使用检索工具通过不同的检索方法得到所需要的信息。

### 7.3.1  搜索引擎

为了充分利用网上资源，就需要能迅速地找到自己所需的信息。这就需要给网上信息资源建立索引，就像图书馆有图书目录索引一样。

正是基于该想法，网上出现了一种独特的网站，它们本身并不提供信息，而是致力于组织和整理网上的信息资源，建立信息的分类目录，如按社会科学、教育、艺术、商业、娱乐、计算机等分类。用户连接上这些站点后通过一定的索引规则，可以方便地查找到所需要信息的存放位置，这类网站叫做搜索引擎。

随着 Internet 技术的不断发展，现在著名的搜索引擎都提供了各种特色的查询功能，能自动检索和整理网上的信息资源，致使这些功能强大的搜索已成为访问 Internet 信息资源的最有效手段，从而导致了各大搜索引擎之间的激烈竞争。许多搜索引擎已经不是单纯地提供查询和导航服务，而是开始全方位地提供 Internet 信息服务。

现在的 Yahoo（中文称为"雅虎"）是最著名的提供信息搜索服务的公司之一，它拥有一个庞大的数据库，存储了大量的 Internet 网址，包含艺术、商业、教育、宗教、社会、新闻等众多领域。Yahoo 对全部的信息进行分类整理，根据网页的内容分别安排在多级目录下，网页之间进行超文本链接。

### 7.3.2  搜索引擎的组成和原理

目前 Internet 上的搜索引擎基本上都是由信息提取系统、信息管理系统和信息检索系统 3 部分组成。

### 1. 信息提取系统

信息提取系统是在搜索引擎服务器上运行的绰号为"蜘蛛（spider）"或"机器人（robots）"的网页搜索软件，用于自动访问 WWW 站点，并提取被访问站点的信息（如标题、关键词等）。当发现被访问站点中的链接时，这些程序还会自动转到这些链接，继续进行信息提取。

### 2. 信息管理系统

要对所提取的信息进行分类整理。不同的搜索引擎在搜索结果的数量上，以及经过分类整理后提供给用户使用的数据质量上可能大不相同。有的系统是利用网页搜索软件记录下每一页的所有文本内容；而有的系统则首先分析数据库中的地址，以判断哪些站点最受欢迎，然后再用软件记录这些站点的信息。记录的信息包括从 HTML 标题到整个站点的所有文本内容，以及经过算法处理后的摘要。

### 3. 信息检索系统

搜索引擎的信息检索系统主要用于将用户输入的检索词与系统信息进行匹配，并根据内容相关度对检索结果进行排序。

## 7.3.3　中文搜索引擎

随着我国 Internet 建设的飞速发展，国内的网上中文网站数量急剧增加，连同港、澳、台地区以及一些海外中文网站，已在全球形成了一定的网络中文文化氛围，吸引了广大中文 Internet 用户。这些中文网站上的信息资源，如果没有强大的中文搜索引擎，将是很难得到充分利用的。

由于中文的语法和组词特点不同于英文，而且本身有简体和繁体之分，因此就有了国标码 GB 和大五码 Big5 等许多内码，这就决定了中文搜索引擎的开发难度要远远大于英文搜索引擎。目前，中文搜索引擎在技术上已经成熟，开始进入实用化和商品化阶段。

目前比较出名的中文搜索引擎如下。

- 中文 Yahoo：http://cn.yahoo.com。
- 中国导航搜索引擎：http://www.chinavigator.com.cn。
- 中国公众多媒体通信网搜索引擎：http://search.bi.cninfo.net。
- 中国教育和科研网网络指南针：http://www.compass.net.edu.cn:8010/。
- 中国经济信息网搜索引擎：http://www.cei.gov.cn。
- 搜狐：http://www.sohu.com。
- 东方网景搜索引擎：http://www.east.com.cn。
- 网易搜索引擎：http://www.nease.net。
- 百度搜索：http://baidu.com/index.php。
- Google 搜索：http://www.google.com。

## 7.3.4　专用搜索引擎

### 1. 域名搜索引擎

负责 Internet 域名注册的国际机构叫做 Internic，它的网址是 http://www.internic.com，在该网站上维护着一个 Whois 数据库，其中记录着所有二级域名的详细资料，在该网站的主页上，用户可以通过 Whois 数据库查询到任何一个二级域名及其注册情况等。

Internet 的 Whois 数据库只能查询.com 和.net 之类的顶级域名，对中国顶级域名.cn 下的网络域名就无能为力了。中国互联网信息中心（CNNIC）是负责国内 Internet 域名注册的机构，通过使用其网站上的 Whois 数据库，可以查询.edu.cn 之外所有以.cn 结尾的域名情况。Whois 数据库的网址是 http://www.cnnic.net.cn/cnnic/query/domain.html。

**2. 网址搜索引擎**

使用域名搜索引擎的 Whois 数据库可以确切地查询到域名的情况，但有时所查到的网址太长，不便于记忆，人们往往只是模糊地记得域名的一部分，这时就可以使用网址搜索引擎 Websitez 来查找具体的网络地址，其网址是 http://www.websites.com。

**3. 主机名搜索引擎**

通常情况下，域名比 IP 地址更便于记忆，但也有时用户只记得 IP 地址，为了查找其对应的域名网址信息，就可以利用主机名搜索引擎。其网址是 http://www.mit.edu:8001/。该网站的界面比较简单，但是它的搜索功能却很强大。

**4. FTP 搜索引擎**

在 Internet 上有许多 Archie 服务器，它自动定期查询 FTP 服务器，将其中的文件索引创建到一个可搜索的数据库中。FTP 用户只要给出希望查询的文件类型及文件名，Archie 服务器就会指出在哪个 FTP 服务器上存放着这样的文件，其网址是 http://ftpsearch.ntnu.no。

# 本章重要概念

1. 应用层协议是为了解决某一类应用问题，而问题的解决又是通过位于不同主机中的多个应用进程之间的通信和协同工作来完成的。应用层规定了应用进程在通信时所遵循的协议。应用层的许多协议都是基于客户服务器方式的。客户是服务请求方，服务器是服务提供方。

2. 域名系统 DNS 是因特网使用的命名系统，用来把便于人们使用的机器名字转换为 IP 地址。DNS 是一个联机分布式数据库系统，并采用客户服务器方式。

3. 域名到 IP 地址的解析是由分布在因特网上的许多域名服务器程序（即域名服务器）共同完成的。

4. 因特网采用层次树状结构的命名方法，任何一台连接在因特网上的主机或路由器，都有一个唯一的层次结构的名字，即域名。域名中的点和点分十进制 IP 地址中的点没有关系。

5. 域名服务器分为根域名服务器、顶级域名服务器、权限域名服务器和本地域名服务器。

6. 文件传送协议 FTP 使用 TCP 可靠的运输服务。FTP 使用客户服务器方式。一个 FTP 服务器进程可同时为多个客户进程提供服务。在进行文件传输时，FTP 的客户和服务器之间要建立两个并行的 TCP 连接——控制连接和数据连接。实际用于传输文件的是数据连接。

7. 万维网 WWW 是一个大规模的、联机式的信息储藏所，可以非常方便地从因特网上的一个站点链接到另一个站点。

8. 万维网的客户程序向因特网中的服务器程序发出请求，服务器程序向客户程序送回客户所要的万维网文档。在客户程序主窗口上显示出的万维网文档称为页面。

9. 万维网使用统一资源定位符 URL 来标志万维网上的各种文档，并使每一个文档在整个因特网的范围内具有唯一的标识符 URL。

10. 万维网客户程序与服务器程序之间进行交互所使用的协议是超文本传送协议 HTTP。HTTP 使用 TCP 连接进行可靠的传送。但 HTTP 协议本身是无连接、无状态的。HTTP/1.1 协议使用了持续连接（分为非流水线方式和流水线方式）。

11. 万维网使用超文本标记语言 HTML 来显示各种万维网页面。

12. 万维网静态文档在文档创作完毕后就存放在万维网服务器中，在被用户浏览的过程中，内容不会改变。动态文档的内容是在浏览器访问万维网服务器时才由应用程序动态创建的。

13. 活动文档技术可以使浏览器屏幕连续更新。活动文档程序可与用户直接交互，并可连续地改变屏幕的显示。

14. 在万维网中用来进行搜索的工具叫做搜索引擎。搜索引擎大体上可划分为全文检索搜索引擎和分类目录搜索引擎两大类。

15. 电子邮件是因特网上使用最多的和最受用户欢迎的一种应用。电子邮件把邮件发送到收件人使用的邮件服务器，并放在其中的收件人邮箱中，收件人可随时上网到自己使用的邮件服务器进行读取，相当于"电子信箱"。

16. 一个电子邮件系统有三个主要组成构件，即用户代理、邮件服务器，以及邮件协议（包括邮件发送协议，如 SMTP，和邮件读取协议，如 POP3）。用户代理和邮件服务器都要运行这两种协议。

17. 电子邮件的用户代理就是用户与电子邮件系统的接口，它向用户提供一个很友好的视窗界面来发送和接收邮件。

18. 从用户代理把邮件传送到邮件服务器，以及在邮件服务器之间的传送，都要使用 SMTP 协议。但用户代理从邮件服务器读取邮件时，则要使用 POP 3（或 IMAP）协议。

19. 基于万维网的电子邮件使用户能够利用浏览器收发电子邮件。用户浏览器和邮件服务器之间的邮件传送使用 HTTP 协议，而在邮件服务器之间邮件的传送仍然使用 SMTP 协议。

# 习　　题

1. 因特网的域名结构是怎样的？它与目前的电话网的号码结构有何异同之处？

2. 域名系统的主要功能是什么？域名系统中的本地域名服务器、根域名服务器、顶级域名服务器以及权限域名服务器有何区别？

3. 举例说明域名转换的过程。域名服务器中的高速缓存的作用是什么？

4. 设想有一天整个因特网的 DNS 系统都瘫痪了（这种情况不大会出现），试问还有可能给朋友发送电子邮件吗？

5. 文件传送协议 FTP 的主要工作过程是怎样的？为什么说 FTP 是带外传送控制信息？主进程和从属进程各起什么作用？

6. 简单文件传送协议 TFTP 与 FTP 的主要区别是什么？各用在什么场合？

7. 远程登录 TELNET 的主要特点是什么？什么叫做虚拟终端 NVT？

8. 解释以下名词。各英文缩写词的原文是什么？

WWW, URL, HTTP, HTML, CGI，浏览器，超文本，超媒体，超链，页面，活动文档，搜索引擎。

9. 假定一个超链接从一个万维网文档链接到另一个万维网文档时，由于万维网文档上出现了差错而使得超链接指向一个无效的计算机名字。这时浏览器将向用户报告什么？

10. 假定要从已知的 URL 获得一个万维网文档。若该万维网服务器的 IP 地址开始时并不知道，试问：除 HTTP 外，还需要什么应用层协议和运输层协议？

11. 你所使用的浏览器的高速缓存有多大？请进行一个实验：访问几个万维网文档，然后将你的计算机与网络断开，然后再回到你风才访问过的文档。你的浏览器的高速缓存能够存放多少个页面。

12. 什么是动态文档？试兴趣出万维网使用动态文档的一些例子。

13. 浏览器同时打开多个 TCP 连接进行浏览的优缺点如何？请说明理由。

# 第 **8** 章 网络安全

随着计算机网络的发展，网络中的安全问题也日趋严重。当网络的用户来自社会各个行业时，大量在网络中存储和传输的数据就需要保护。

**本章重要内容如下。**

① 计算机网络面临的安全性威胁。

② 常见黑客攻击手段。

③ 网络安全解决方案。

# 8.1 概　述

## 8.1.1 计算机网络安全的定义

信息技术的使用给人们生活、工作的方方面面带来了数不尽的便捷和好处。然而，计算机信息技术也和其他科学技术一样是一把双刃剑。当大多数人们使用信息技术提高工作效率，为社会创造更多财富的同时，另外一些人利用信息技术却做着相反的事情。他们非法侵入他人的计算机系统窃取机密信息、篡改和破坏数据，给社会造成难以估量的巨大损失。据统计，全球约 20s 就有一次计算机入侵事件发生，Internet 上的网络防火墙约 1/4 被突破，70%以上的网络信息主管人员报告因机密信息泄露而受到了损失。

网络安全是一个关系国家安全和主权、社会的稳定、民族文化的继承和发扬的重要问题，网络安全涉及计算机科学、网络技术、通信技术、密码技术、信息安全技术、应用数学、数论、信息论等多种学科。

网络安全从其本质上来讲就是网络上的信息安全，是指网络系统的硬件、软件及其系统中的数据受到保护，不因偶然的或者恶意的原因而遭到破坏、更改、泄露，系统连续可靠正常地运行，网络服务不中断。从广义来说，凡是涉及到网络上信息的保密性、完整性、可用性、真实性和可控性的相关技术和理论都是网络安全所要研究的领域。网络安全涉及的内容既有技术方面的问题，也有管理方面的问题，两方面相互补充，缺一不可。技术方面主要侧重于防范外部非法用户的攻击，管理方面则侧重于内部人为因素的管理。如何更有效地保护重要的信息数据、提高计算机网络系统的安全性已经成为所有计算机网络应用必须考虑和必须解决的一个重要问题。

## 8.1.2 网络安全的内容

计算机网络的安全性问题实际上包括两方面的内容：一是网络的系统安全，二是网络的信息安全。由于计算机网络最重要的资源是它向用户提供的服务及所拥有的信息，因而计算机网络的安全性可以定义为：保障网络服务的可用性和网络信息的完整性。前者要求网络向所有用户有选择地随时提供各自应得到的网络服务，后者则要求网络保证信息资源的保密性、完整性、可用性和准确性。可见建立安全的网络系统要解决的根本问题是如何在保证网络的连通性、可用性的同时，对网络服务的种类、范围等行使适当程度的控制，以保障系统的可用性和信息的完整性不受影响。

一个安全的计算机网络应该具有以下几个特点。

### 1. 可靠性

可靠性是网络系统安全最基本的要求，可靠性主要是指网络系统硬件和软件无故障运行的性能。提高可靠性的具体措施：提高设备质量，配备必要的冗余和备份，采取纠错、自愈和容错等措施，强化灾害恢复机制，合理分配负荷等。

### 2. 可用性

可用性是指网络信息可被授权用户访问的特性，即网络信息服务在需要时，能够保证授权用户使用。这里包含两个含义：一个是当授权用户访问网络时不致被拒绝；另一个是授权用户访问网络时要进行身份识别与确认，并且对用户的访问权限加以规定的限制。

### 3. 保密性

保密性是指网络信息不被泄露的特性。保密性是在可靠性和可用性的基础上保证网络信息安全的非常重要的手段。保密性可以保证信息即使泄露，非授权用户在有限的时间内也不能识别真正的信息内容。常用的保密措施：防监听、防辐射、信息加密和物理保密（限制、隔离、隐蔽、控制）等。

### 4. 完整性

完整性是指网络信息未经授权不能进行改变的特性，即网络信息在存储和传输过程中不被删除、修改、伪造、乱序、重放和插入等，保持信息的原样。影响网络信息完整性的主要因素：设备故障、误码、人为攻击以及计算机病毒等。

### 5. 不可抵赖性

不可抵赖性也称做不可否认性，主要用于网络信息的交换过程，保证信息交换的参与者都不可能否认或抵赖曾进行的操作，类似于在发文或收文过程中的签名和签收的过程。

概括起来讲，网络信息安全就是通过计算机技术、通信技术、密码技术和安全技术保护在公用网络中存储、交换和传输信息的可靠性、可用性、保密性、完整性和不可抵赖性的技术。

从技术角度看，网络安全的内容大体包括 4 个方面。

### 1. 网络实体安全

如机房的物理条件、物理环境及设施的安全标准，计算机硬件、附属设备及网络传输线路的安装及配置等。

### 2. 软件安全

如保护网络系统不被非法侵入，系统软件与应用软件不被非法复制、篡改，不受病毒的侵害等。

### 3. 网络数据安全

如保护网络信息的数据不被非法存取，保护其完整一致等。

#### 4. 网络安全管理

如运行时突发事件的安全处理等，包括采取计算机安全技术、建立安全管理制度、开展安全审计、进行风险分析等内容。

由此可见，计算机网络安全不仅要保护计算机网络设备安全，还要保护数据安全等。其特征是针对计算机网络本身可能存在的安全问题，实施网络安全保护方案，以保证计算机网络自身的安全性为目标。

### 8.1.3 计算机网络面临的威胁

计算机网络上的通信面临的威胁主要包括：

① 截获，攻击者从网络上窃听信息；

② 中断，攻击者有意中断网络上的通信；

③ 篡改，攻击者有意更改网络上的信息；

④ 伪造，攻击者使假的信息在网络上传输。

上述的 4 种威胁可以分为两类：被动攻击和主动攻击。其中，截获信息被称为被动攻击，攻击者只是被动地观察和分析信息，而不干扰信息流，一般用于对网络上传输的信息内容进行了解。中断、篡改和伪造信息被称为主动攻击，主动攻击对信息进行各种处理，如有选择地更改、删除或伪造等。被动攻击是不容易被检测出来的，一般可以采取加密的方法，使得攻击者不能识别网络中所传输的信息内容。对于主动攻击除了进行信息加密以外，还应该采取鉴别等措施。攻击者主要是指黑客，除此之外还包括计算机病毒、蠕虫、特洛伊木马及逻辑炸弹等。

### 8.1.4 网络不安全的原因

网络不安全的原因是多方面的，主要包括以下几种。

① 来自外部的不安全因素，即网络上存在的攻击。在网络上，存在着很多敏感信息，有许多信息都是一些有关国家政府、军事、科学研究、经济以及金融方面的信息，有些别有用心的人企图通过网络攻击的手段截获信息。

② 来自网络系统本身的，如网络中存在着硬件、软件、通信、操作系统或其他方面的缺陷与漏洞，给网络攻击者以可乘之机。这是黑客能够实施攻击的根本，也是一些网络爱好者利用网络存在的漏洞，编制攻击程序的练习场所。

③ 网络应用安全管理方面的原因，网络管理者缺乏网络安全的警惕性，忽视网络安全，或对网络安全技术缺乏了解，没有制定切实可行的网络安全策略和措施。

④ 网络安全协议的原因。在互联网上使用的协议是 TCP/IP，其 IPv4 版在设计之初没有考虑网络安全问题，从协议的根本上缺乏安全的机制，这是互联网存在安全威胁的主要原因。

### 8.1.5 网络安全措施

计算机网络安全是一个涉及面非常广的问题。在技术方面包括计算机技术、通信技术和安全技术，在安全基础理论方面包括数学、密码学等多个学科。除了技术和应用层次之外，还包括管理和法律等方面。所以，计算机网络的安全性是不可判定的，不能用形式化的方法进行证明，只能针对具体的攻击来讨论其安全性。企图设计绝对安全可靠的网络也是不可能的。解决网络安全问题必须进行全面的考虑，包括采取安全的技术、加强安全检测与评估、构筑安全体系结构、加强安全管理、制定网络安全方面的法律和法规等。

① 在安全监测和评估方面，包括网络、保密性以及操作系统的检测与评估。网络操作系统的检测与评估又是首要的，国际上目前主要参照美国计算机中心于 1983 年（后来多次修订）发表的可信任计算机标准评价准则（简称 TCSEC），把计算机操作系统分为 4 个等级（A、B、C、D）和 8 个级别，D 级最低，A 级最高。一般的操作系统的安全都处于 D 与 A 级之间，例如著名的 UNIX 操作系统属于 C1 级。

② 在安全体系结构方面目前主要参照 ISO 于 1989 年制定的 OSI 网络安全体系结构，包括安全服务和安全机制，主要解决网络信息系统中的安全与保密问题。

OSI 安全服务主要包括对等实体鉴别服务、访问控制服务、数据保密服务、数据完整性服务、数据源鉴别服务和禁止否认服务等。

OSI 加密机制主要包括加密机制、数字签名机制、访问控制机制、数据完整性机制、交换鉴别机制、业务流量填充机制、路由控制机制和公证机制等。加密机制是提供数据保密最常用的方法。数字签名机制是防止网络通信中否认、伪造、冒充和篡改的常用方法之一。访问控制机制是检测按照事先规定的规则决定对系统的访问是否合法，数据完整性用于确定信息在传输过程中是否被修改过。交换鉴别机制是以交换信息的方式来确认用户的身份。业务流量填充机制是在业务信息的间隙填充伪随机序列，以对抗监听。路由控制机制是使信息发送者选择特殊的、安全的路由，以保证传输的安全。公正机制是设立一个各方都信任的公正机构提供公正服务以及仲裁服务等。

③ 安全管理可以分为技术管理和行政管理两方面。技术管理包括系统安全管理、安全服务管理、安全机制管理、安全事件处理、安全审计管理、安全恢复管理和密钥（以后介绍）管理等。行政管理的重点是设立安全组织机构、安全人事管理和安全责任管理与监督等。

## 8.1.6　网络安全策略

有一个安全策略来界定操作的正误，分析系统可能遭受的威胁，以及抵挡这些威胁的对策，并制定系统所要达到的安全目标。也就是说，安全策略规定了计算机网络与分布式系统所要达到的安全目标，没有安全策略，安全也就无从谈起。

网络安全策略目的是决定一个计算机网络的组织结构怎样来保护自己的网络及其信息，一般来说，安全策略包括两个部分——一个总体的策略和具体的规则。总体的策略用于阐明公司安全政策的总体思想，而具体的规则用于说明什么活动是被允许的，什么活动是被禁止的。

**1. 网络安全策略的等级**

网络安全策略可分为以下 4 个等级。

① 不把内部网络和外部网络相连，因此一切都被禁止。

② 除那些被明确允许之外，一切都被禁止。

③ 除那些被明确禁止之外，一切都被允许。

④ 一切都被允许，当然也包括那些本来被禁止的。

可以根据实际情况，在这 4 个等级之间找出符合自己的安全策略。当系统自身的情况发生变化时，必须注意及时修改相应的安全策略。

**2. 网络安全策略的内容**

一个好的网络安全性策略应包括如下内容。

（1）网络用户的安全责任

该策略可以要求用户每隔一段时间改变其口令；使用符合安全标准的口令形式；执行某些检

查，以了解其账户是否被别人访问过。

（2）系统管理员的安全责任

该策略可以要求在每台计算机上使用专门的安全措施，登录用户名称，检测和记录过程等，还可以限制在网络连接中所有的主机不能运行应用程序。

（3）正确利用网络资源

规定谁可以使用网络资源，他们可以做什么，不应该做什么等。对于 E-mail 和计算机活动的历史，应受到安全监视，告知有关人员。

（4）检测到网络安全问题时的对策

当检测到安全问题时，应做什么？应该通知什么部门？这些问题都要明确。

### 3. 网络安全策略

网络安全管理主要是配合行政手段，从技术上实现安全管理，从范畴上讲，涉及 4 个方面：物理安全策略、访问控制策略、信息加密策略、网络安全管理策略。

（1）物理安全策略

物理安全策略的目的是保护计算机系统、网络服务器、打印机等硬件实体和通信链路免受自然灾害、人为破坏和搭线攻击；验证用户的身份和使用权限，防止用户越权操作；确保计算机系统有一个良好的电磁兼容工作环境；建立完备的安全管理制度，防止非法进入计算机控制室和各种偷窃、破坏活动的发生。抑制和防止电磁泄漏是物理安全策略的一个主要问题。

（2）访问控制策略

访问控制是网络安全防范和保护的主要策略。它的首要任务是保证网络资源不被非法使用和非常规访问。它也是维护网络系统安全、保护网络资源的重要手段。各种网络安全策略必须相互配合才能真正起到保护作用，但访问控制可以说是保证网络安全最重要的核心策略之一。

① 入网访问控制：入网访问控制为网络访问提供了第一层访问控制，它控制哪些用户能够登录到服务器并获取网络资源，控制准许用户入网的时间和准许他们在哪台工作站入网。

用户入网访问控制可分为 3 个步骤：用户名的识别与验证、用户口令的识别和验证、用户账户的默认限制检查。三道关卡中只要任何一关未过，该用户便不能进入该网络。

② 网络的权限控制：网络的权限控制是针对网络非法操作所提出的一种安全保护措施。用户和用户组被赋予一定的权限；网络控制用户和用户组可以访问哪些目录、子目录、文件和其他资源；可以指定用户对这些文件、目录、设备能够执行哪些操作。

③ 目录级安全限制：用户在目录一级指定的权限对所有文件和子目录有效，用户还可进一步指定对目录下的子目录和文件的权限。对目录和文件的访问权限一般有 8 种：系统管理权限、读权限、写权限、创建权限、删除权限、修改权限、文件查找权限、存取控制权限。

④ 属性级安全控制：当用文件、目录和网络设备时，网络系统管理员应给文件、目录等指定访问属性。属性安全控制可以将给定的属性与网络服务器的文件、目录和网络设备联系起来。属性安全在权限安全的基础上提供更进一步的安全性。

⑤ 网络服务器安全控制：网络允许在服务器控制台上执行一系列操作。网络服务器的安全控制包括可以设置口令锁定服务器控制台，以防止非法用户修改、删除重要信息或破坏数据；可以设定服务器登录时间限制、非法访问者检测和关闭的时间间隔。

⑥ 网络监测和锁定控制：网络管理员应对网络实施监控，服务器应记录用户对网络资源的访问，对于非法的网络访问，服务器应以图形、文字或声音等形式报警，以引起网络管理员的注意。

⑦ 网络端口和结点的安全控制：网络中服务器的端口以加密的形式来识别结点的身份。

⑧ 防火墙控制：防火墙是近期发展起来的一种保护计算机网络安全的技术性措施，它是一个用于阻止网络中的黑客访问某个机构网络的屏障，在网络边界上通过建立起来的相应网络通信监控系统来隔离内部和外部网络，以阻挡外部网络的侵入。

（3）信息加密策略

信息加密的目的是保护网内的数据、文件、口令和控制信息，保护网上传输的数据。网络加密常用的方法有链路加密、端点加密和结点加密 3 种。链路加密的目的是保护网络结点之间的链路信息安全，端点加密的目的是对源端用户到目的端用户的数据提供保护；结点加密的目的是对源结点到目的结点之间的传输链路提供保护。信息加密过程是由形形色色的加密算法来具体实施的。

密码机是网络安全最有效的技术之一。一个加密网络，不但可以防止非授权用户的搭线窃听和入网，而且也是对付恶意软件的有效方法之一。

（4）网络安全管理策略

在网络安全中，加强网络的安全管理，制定有关规章制度，对于确保网络的安全、可靠的运行，将起到十分有效的作用。

网络安全管理策略包括确定安全管理等级和安全管理范围，制定有关网络操作使用规程和人员出入机房管理制度，制定网络系统的维护制度和应急措施等。

随着计算机技术和通信技术的发展，计算机网络将日益成为工业、农业和国防等方面的重要信息交换手段，渗透到社会生活的各个领域。因此，认清网络的脆弱性和潜在威胁，采取强有力的安全措施，对于保障网络的安全性将变得十分重要。

# 8.2 黑客攻击

网络存在不安全因素的主要原因是因为网络存在漏洞，给攻击者以可乘之机，因此消除漏洞、防止攻击、进行安全的检测是十分重要的。

## 8.2.1 黑客

黑客是英文 hacker 的译音，原意为热衷于电脑程序的设计者，指对于任何计算机操作系统的奥秘都有强烈兴趣的人。黑客大都是程序员，他们具有操作系统和编程语言方面的高级知识，知道系统中的漏洞及其原因所在，他们不断追求更深的知识，并公开他们的发现，与其他人分享，并且从来没有破坏数据的企图。黑客在微观的层次上考察系统，发现软件漏洞和逻辑缺陷。他们编程去检查软件的完整性。黑客出于改进的愿望，编写程序去检查远程机器的安全体系，这种分析过程是创造和提高的过程。

入侵者（攻击者）指怀着不良的企图，闯入远程计算机系统甚至破坏远程计算机系统完整性的人。入侵者利用获得的非法访问权，破坏重要数据，拒绝合法用户的服务请求，或为了自己的目的故意制造麻烦。入侵者的行为是恶意的，入侵者可能技术水平很高，也可能是个初学者。

黑客攻击者指利用通信软件通过网络非法进入他人系统，截获或篡改计算机数据，危害信息安全的电脑入侵者。黑客攻击者通过猜测程序对截获的用户账户和口令进行破译，以便进入系统后做更进一步的操作。

黑客攻击的步骤如下。

### 1. 收集目标计算机的信息

信息收集的目的是为了进入所要攻击的目标网络的数据库。黑客会利用下列的公开协议或工具，收集驻留在网络系统中的各个主机系统的相关信息。

用到的工具是端口扫描器和一些常用的网络命令。端口扫描在下一小节有详细介绍。常用的网络命令：SNMP 协议、TraceRoute 程序、Whois 协议、DNS 服务器、Finger 协议、Ping 程序、自动 Wardialing 软件等。

### 2. 寻求目标计算机的漏洞和选择合适的入侵方法

在收集到攻击目标的一批网络信息之后，黑客攻击者会探测网络上的每台主机，以寻求该系统的安全漏洞或安全弱点。

① 通过发现目标计算机的漏洞进入系统或者利用口令猜测进入系统。

② 利用和发现目标计算机的漏洞，直接顺利进入。

发现计算机漏洞的方法用得最多的就是缓冲区溢出法。发现系统漏洞的第二个方法是平时参加一些网络安全列表。还有一些入侵的方法是采用 IP 地址欺骗等手段。

### 3. 留下"后门"

后门一般是一个特洛伊木马程序，它在系统运行的同时运行，而且能在系统以后的重新启动时自动运行这个程序。

### 4. 清除入侵记录

清除入侵记录是把入侵系统时的各种登录信息都删除，以防被目标系统的管理员发现。

## 8.2.2 扫描

扫描是网络攻击的第一步，通过扫描可以直接截获数据报进行信息分析、密码分析或流量分析等。通过扫描查找漏洞如开放端口、注册用户及口令、系统漏洞等。

扫描有手工扫描和利用端口扫描软件。手工扫描是利用各种命令，如 Ping、Tracert、Host 等；使用端口扫描软件是利用扫描器进行扫描。

扫描器是自动检测远程或本地主机安全性弱点的程序。通过使用扫描器可以不留痕迹地发现远程服务器的各种 TCP 端口的分配、提供的服务和软件版本，这就能间接或直观地了解到远程主机所存在的安全问题。

真正的扫描器是 TCP 端口扫描器，扫描器可以搜集到关于目标主机的有用信息（比如，一个匿名用户是否可以登录等）。而其他所谓的扫描器仅仅是 UNIX 网络应用程序，UNIX 平台上通用的 rusers 和 host 命令就是这类程序。

扫描器可以选用远程 TCP/IP 不同端口的服务，并记录目标给予的回答，通过这种方法，可以搜集到很多关于目标主机的各种有用信息。

常用的扫描器软件如下。

### 1. PortScan

PortScan 是一款端口扫描程序，下载后不需要安装，可以直接运行，是一个窗口环境软件。

### 2. SATAN

SATAN 是一个分析网络的安全管理和测试、报告工具。用它可收集网络上主机的许多信息，并可以识别组的报告与网络相关的安全问题。SATAN 扫描的一些系统漏洞和具体扫描的内容有 FTPD 脆弱性、NFS 脆弱性、NIS 脆弱性、NIS 口令文件可被任何主机访问、RSH 脆弱性、Sendmail

服务器脆弱性、X 服务器访问控制无效、借助 TFTP 对任意文件的访问、对写匿名 FTP 根目录可进行写操作。

### 3. 网络安全扫描器（NSS）

NSS 是一个非常隐蔽的扫描器，它运行速度非常快，可以执行的常规检查主要有 Sendmail、匿名 FTP、NFS 出口、TFTP、Hosts.equiv、Xhost 等。

### 4. Strobe

超级优化 TCP 端口检测程序 Strobe 是一个 TCP 端口扫描器，它可以记录指定机器的所有开放端口。Strobe 运行速度快，其作者声称在适当的时间内，便可扫描整个小国家的机器。Strobe 的主要特点是，它能快速识别指定机器上正在运行哪些服务。

Strobe 的主要不足是这类信息很有限，一次 Strobe 攻击充其量可以提供给"入侵者"一个粗略的指南，告诉哪些服务可以被攻击。

## 8.2.3 Sniffer

Sniffer，中文可以翻译为嗅探器，是一种威胁性极大的被动攻击工具。使用这种工具可以监视网络的状态、数据流动情况以及网络上传输的信息。当信息以明文的形式在网络上传输时，便可以使用网络监听的方式来进行攻击。将网络接口设置在监听模式，便可以将网上传输的源源不断的信息截获。黑客们常常用它来截获用户的口令，据说某个骨干网络的路由器曾经被黑客攻击，并嗅探到大量的用户口令。

### 1. 网络技术与设备简介

数据在网络上是以很小的称为帧（Frame）的单位传输的，帧由几部分组成，不同的部分执行不同的功能。帧通过特定的称为网络驱动程序的软件进行成型，然后通过网卡发送到网线上，通过网线到达它们的目的机器，在目的机器的一端执行相反的过程。接收端机器的以太网卡捕获到这些帧，并告诉操作系统帧已到达，然后对其进行存储。就是在这个传输和接收的过程中，嗅探器会带来安全方面的问题。

每一个在局域网（LAN）上的工作站都有其硬件地址，这些地址唯一地表示了网络上的机器（这一点与 Internet 地址系统比较相似）。当用户发送一个数据报时，这些数据报就会发送给 LAN 上所有可用的机器。

在一般情况下，网络上所有的机器都可以"听"到通过的流量，但对不属于自己的数据报则不予响应（换句话说，工作站 A 不会捕获属于工作站 B 的数据，而是简单地忽略这些数据）。如果某个工作站的网络接口处于混杂模式（关于混杂模式的概念会在后面解释），那么它就可以捕获网络上所有的数据报和帧。

### 2. 网络监听原理

Sniffer 程序是一种利用以太网的特性把网络适配卡（NIC，一般为以太网卡）置为混杂（promiscuous）模式状态的工具，一旦网卡设置为这种模式，它就能接收传输在网络上的每一个信息包。

普通的情况下，网卡只接收和自己的地址有关的信息包，即传输到本地主机的信息包。要使 Sniffer 能接收并处理这种方式的信息，系统需要支持 BPF。但一般情况下，网络硬件和 TCP/IP 协议栈不支持接收或者发送与本地计算机无关的数据报，所以，为了绕过标准的 TCP/IP 协议栈，网卡就必须设置为我们刚开始讲的混杂模式。一般情况下，要激活这种方式，内核必须支持这种伪设备 Bpfilter，而且需要 root 权限来运行这种程序，所以 Sniffer 需要 root 身份安装，如果只是以本地用户的身份进入了系统，那么不可能嗅探到 root 的密码，因为不能运行 Sniffer。基于 Sniffer 这样的模式，可以分析各种信息包并描述出网络的结构和使用的机器，由于它接收任何一个在同一网段上传输的数据报，因此也就存在着捕获密码、各种信息、秘密文档等一些没有加密的信息的可能性。这成为黑客们常用的扩大战果的方法，用来夺取其他主机的控制权。

### 3. Snifffer 的分类

Sniffer 分为软件和硬件两种，软件的 Sniffer 有 NetXray、Packetboy、Net monitor 等，其优点是物美价廉，易于学习使用，同时也易于交流；缺点是无法抓取网络上所有的传输，某些情况下也就无法真正了解网络的故障和运行情况。硬件的 Sniffer 通常称为协议分析仪，一般都是商业性的，价格也比较贵。

## 8.2.4 特洛伊木马

"特洛伊木马"（Trojan Horse）简称"木马"，是一种计算机程序，它驻留在目标计算机里。在目标计算机系统启动的时候，自然启动，然后在某一端口进行监听。在该端口收到数据，对这些数据进行识别，然后按识别后的命令，在目标计算机上执行一些操作，比如，窃取口令、复制或删除文件或重新启动计算机。特洛伊木马隐藏着可以控制用户计算机系统、危害系统安全的功能，它可能造成用户资料泄露，破坏或使整个系统崩溃。完整的木马程序一般由两部分组成，一是服务器程序，二是控制器程序。"中了木马"就是指安装了木马的服务器程序，若你的电脑被安装了服务器程序，则拥有控制器程序的人就可以通过网络控制你的电脑，为所欲为，这时你电脑上的各种文件、程序，以及在你电脑上使用的账户、密码就无安全可言了。

## 8.2.5 常见的黑客攻击方法

信息收集是突破网络系统的第一步，有了第一步的信息搜集，黑客就可以采取进一步的攻击步骤。

### 1. 口令攻击

当前，无论是计算机用户，还是一个银行的户头，都由口令来维护它的安全，通过口令来验证用户的身份。发生在 Internet 上的入侵，许多都是因为系统没有口令，或者用户使用了一个容易猜测的口令，或者口令被破译。

对付口令攻击的有效手段是加强口令管理，选取特殊的不容易猜测的口令，口令长度不要少于 8 个字符。

### 2. 拒绝服务的攻击

一个拒绝服务的攻击是指占据了大量的系统资源，没有剩余的资源给其他用户，系统不能为其他用户提供正常的服务。拒绝服务攻击降低资源的可用性，这些资源可以是处理器、磁盘空间、CPU 使用的时间、打印机、调制解调器，甚至是系统管理员的时间，攻击的结果是减低或失去服务。

有两种类型的拒绝服务的攻击，第一种攻击试图去破坏或者毁坏资源，使得无人可以使用这个资源，例如删除 UNIX 系统的某个服务，这样也就不会为合法的用户提供正常服务。第二种类型是过载一些系统服务，或者消耗一些资源，这样阻止其他用户使用这些服务。一个最简单的例子是，填满一个磁盘分区，让用户和系统程序无法再生成新的文件。

对拒绝服务攻击，目前还没有好的解决办法。限制使用系统资源，可以部分防止拒绝服务。管理员还可以使用网络监视工具来发现这种类型的攻击，甚至发现攻击的来源。这时候可以通过网络管理软件设置网络设备来丢弃这种类型的数据报。

### 3. 网络监听

网络监听工具是黑客们常用的一类工具。使用这种工具，可以监视网络的状态、数据流动情况以及网络上传输的信息。网络监听可以在网上的任何一个位置，如局域网中的一台主机、网关上，路由设备或交换设备上或远程网的调制解调器之间等。黑客们用得最多的是通过监听截获用户的口令。当前，网上的数据绝大多数都是以明文的形式传输的。而且，口令通常都很短，容易辨认。当口令被截获，则可以非常容易地登录到另一台主机上。对付监听的最有效的办法是采取加密手段。

### 4. 缓冲区溢出

缓冲区溢出是一个非常普遍、非常危险的漏洞，在各种操作系统、应用软件中广泛存在。产生缓冲区溢出的根本原因在于，将一个超过缓冲区长度的字符串复制到缓冲区。溢出带来了两种后果，一是过长的字符串覆盖了相邻的存储单元，引起程序运行失败，严重的可引起宕机、系统重新启动等后果；二是利用这种漏洞可以执行任意指令，甚至可以取得系统特权，在 UNIX 系统中，利用 SUID 程序中存在的这种错误，使用一类精心编写的程序，可以很轻易地取得系统的超级用户权限。

### 5. 电子邮件攻击

电子邮件系统面临着巨大的安全风险，它不但要遭受前面所述的许多攻击，如恶意入侵者破坏系统文件，或者对端口 25（默认 SMTP 口）进行 SYN-Flood 攻击，它们还容易成为某些专门面向邮件攻击的目标。

① 窃取/篡改数据：通过监听数据报或者截取正在传输的信息，攻击者能够读取，甚至修改数据。

② 伪造邮件：发送方黑客伪造电子邮件，使它们看起来似乎发自某人/某地。

③ 拒绝服务（Denial of Service Attack）：黑客可以让你的系统或者网络充斥邮件信息（即邮件炸弹攻击）而瘫痪。这些邮件信息塞满队列，占用宝贵的 CPU 资源和网络带宽，甚至让邮件服务器完全瘫痪。

④ 病毒：现代电子邮件可以使得传输文件附件更加容易。如果用户毫不提防地去执行文件附件，病毒就会感染他们的系统。

### 6. 其他攻击方法

其他的攻击方法主要是利用一些程序进行攻击，比如后门、程序中有逻辑炸弹和时间炸弹、病毒、蠕虫、特洛伊木马程序等。陷门（Trap Door）和后门（Back Door）是一段非法的操作系统程序，其目的是为闯入者提供后门。逻辑炸弹和时间炸弹是当满足某个条件或到预定的时间时发作，破坏计算机系统。

# 8.3　网络安全解决方案

一个完整的网络安全解决方案所考虑的问题应当是非常全面的。保证网络安全需要靠一些安全技术，但是最重要的是要有详细的安全策略和良好的内部管理。

在确立网络安全的目标和策略之后，还要确定实施网络安全所应付出的代价，然后选择确实可行的技术方案，方案实施完成之后最重要的是要加强管理，制订培训计划和网络安全管理措施。

完整的安全解决方案应该覆盖网络的各个层次，并且与安全管理相结合。

● 物理层的安全防护：在物理层上主要通过制订物理层面的管理规范和措施来提供安全解决方案。

● 链路层安全保护：主要是链路加密设备对数据加密保护。它对所有用户数据一起加密，用户数据通过通信线路送到另一结点后解密。

● 网络层和安全防护：网络层的安全防护是面向 IP 包的。网络层主要采用防火墙作为安全防护手段，实现初级的安全防护；在网络层也可以根据一些安全协议实施加密保护；在网络层也可实施相应的入侵检测。

● 传输层的安全防护：传输层处于通信子网和资源子网之间，起着承上启下的作用。传输层也支持多种安全服务，包括对等实体认证服务、访问控制服务、数据保密服务、数据完整性服务、数据源点认证服务等。

● 应用层的安全防护：原则上讲所有安全服务均可在应用层提供。在应用层可以实施强大的基于用户的身份认证；在应用层也是实施数据加密、访问控制的理想位置；在应用层还可加强数据的备份和恢复措施；应用层可以对资源的有效性进行控制，资源包括各种数据和服务。应用层的安全防护是面向用户和应用程序的，因此可以实施细粒度的安全控制。

要建立一个安全的内部网，一个完整的解决方案必须从多方面入手。首先要加强主机本身的安全，减少漏洞；其次要用系统漏洞检测软件定期对网络内部系统进行扫描分析，找出可能存在的安全隐患；建立完善的访问控制措施，安装防火墙，加强授权管理和认证；加强数据备份和恢复措施；对敏感的设备和数据要建立必要的隔离措施；对在公共网络上传输的敏感数据要加密；加强内部网的整体防病毒措施；建立详细的安全审计日志等。

## 8.3.1　操作系统安全使用

操作系统是网络管理与控制的系统软件，是使用网络的入口点，因此操作系统的安全使用对于网络安全来说是至关重要的。而且网络的漏洞大多数都是因为操作系统引起的，网络的安全问题也大都是因为操作系统没有正确地配置和使用引起的。因此，安全地使用操作系统是一个不容忽视的问题。

### 1. 安全使用

以 Windows 2003 Server 为例，正确地使用操作系统应该注意：设置好超级用户的口令，采用 NTFS 文件系统，关闭不需要的服务程序、端口等，尽量不用操作系统的新版本，关闭 Guest 用户，降低 Everyone 的权限，正确设置文件夹、文件等资源访问的权限等。

### 2. 消除漏洞

Windows 2003 Server 等操作系统一般都存在许多漏洞，在使用某种操作系统时，应经常进行安全检测及查找漏洞，关注系统漏洞的发布以及补丁程序的发布，并及时下载、安装在系统中。

### 3. 安全策略配置

以 Windows 2003 Server 为例，运行"开始程序管理工具本地安全策略"，进入安全策略设置界面进行安全策略设置，包括账户密码策略、账户锁定策略、审核策略、用户权力指派、安全选项等。

## 8.3.2　防火墙

在网络中，防火墙是一种用来加强网络之间访问控制的特殊网络互连设备，如路由器、网关等。如图 8.1 所示，它对两个或多个网络之间传输的数据报和连接方式按照一定的安全策略进行检查，以决定网络之间的通信是否被允许。其中被保护的网络称为内部网络，另一方则称为外部网络或公用网络。它能有效地控制内部网络与外部网络之间的访问及数据传输，从而达到保护内部网络的信息不受外部非授权用户的访问和过滤不良信息的目的。

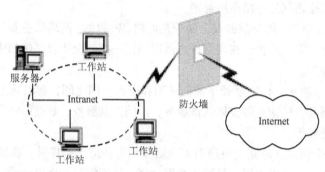

图 8.1　防火墙

防火墙是一个或一组在两个网络之间执行访问控制策略的系统，包括硬件和软件，目的是保护网络不被可疑人侵扰。本质上，它遵从的是一种允许或阻止业务来往的网络通信安全机制，也就是提供可控的过滤网络通信，只允许授权的通信。

通常，防火墙就是位于内部网或 Web 站点与 Internet 之间的一个路由器或一台计算机，又称为堡垒主机。其作用如同一个安全门，为门内的部门提供安全，控制那些可被允许出入该受保护环境的人或物，就像工作在前门的安全卫士，控制并检查站点的访问者。

**1．防火墙的功能**

防火墙是由管理员为保护自己的网络免遭外界非授权访问但又允许与 Internet 连接而发展起来的。从网际角度看，防火墙可以看成是安装在两个网络之间的一道栅栏，根据安全计划和安全策略中的定义来保护其后面的网络。

由软件和硬件组成的防火墙应该具有以下功能。

① 所有进出网络的通信流都应该通过防火墙。

② 所有穿过防火墙的通信流都必须有安全策略和计划的确认和授权。

③ 理论上说，防火墙是穿不透的。

利用防火墙能保护站点不被任意连接，甚至能建立跟踪工具，帮助总结并记录有关正在进行的连接资源、服务器提供的通信量以及试图闯入者的任何企图。

总之，防火墙是阻止外面的人对你的网络进行访问的任何设备，此设备通常是软件和硬件的组合体，它通常根据一些规则来挑选想要或不想要的地址。

**2．防火墙的分类**

目前，根据防火墙在 ISO/OSI 模型中的逻辑位置和网络中的物理位置及其所具备的功能，可以将其分为两大类——基本型防火墙和复合型防火墙。基本型防火墙有包过滤路由器和应用型防火墙。复合型防火墙将以上两种基本型防火墙结合使用，主要包括主机屏蔽防火墙和子网屏蔽防火墙。

（1）包过滤路由器

包过滤路由器（Packet Filters）在一般路由器的基础上增加了一些新的安全控制功能，是一个检查通过它的数据报的路由器，包过滤路由器的标准由网络管理员在网络访问控制表（Access

Control List）中设定，以检查数据报的源地址、目的地址及每个 IP 数据报的端口。它是在 OSI 参考协议的下 3 层中实现的，数据报的类型可以拦截和登录，因此，此类防火墙易于实现对用户透明的访问，且费用较低。但包过滤路由器无法有效地区分同一 IP 地址的不同用户，因此安全性较差。

（2）应用型防火墙

应用型防火墙（Application Gateway，又称双宿主网关或应用层网关）的物理位置与包过滤路由器一样，但它的逻辑位置在 OSI 参考协议的应用层上，所以主要采用协议代理服务（Proxy Services）。就是在运行防火墙软件的堡垒主机（Bastion Host）上运行代理服务程序 Proxy。应用型防火墙不允许网络间的直接业务联系，而是以堡垒主机作为数据转发的中转站。堡垒主机是一个具有两个网络界面的主机，每一个网络界面与它所对应的网络进行通信。它既能作为服务器接收外来请求，又能作为客户转发请求。

（3）主机屏蔽防火墙

主机屏蔽防火墙由一个只需单个网络端口的应用型防火墙和一个包过滤路由器组成。将它的物理地址连接在网络总线上，它的逻辑功能仍工作在应用层上，所有业务通过它进行代理服务。Intranet 不能直接通过路由器和 Internet 相联系，数据报要通过路由器和堡垒主机两道防线。这个系统的第一个安全设施是过滤路由器，对到来的数据报而言，首先要经过包过滤路由器的过滤，过滤后的数据报被转发到堡垒主机上，然后由堡垒主机上应用服务代理对这些数据报进行分析，将合法的信息转发到 Intranet 的主机上。外出的数据报首先经过堡垒主机上的应用服务代理检查，然后被转发到包过滤路由器，最后由包过滤路由器转发到外部网络上。主机屏蔽防火墙设置了两层安全保护，因此相对比较安全。

（4）子网屏蔽防火墙

子网屏蔽防火墙（Screened Subnet Firewall）的保护作用比主机屏蔽防火墙更进了一步，它在被保护的 Intranet 与 Internet 之间加入了一个由两个包过滤路由器和一台堡垒机组成的子网。被保护的 Intranet 与 Internet 不能直接通信，而是通过各自的路由器和堡垒主机打交道。两台路由器也不能直接交换信息。

子网屏蔽防火墙是最为安全的一种防火墙体系结构，它具有主机屏蔽防火墙的所有优点，并且比之更加优越。

## 8.3.3 网络的安全防范建议

Internet 是一个公共网络，网络中有很多不安全的因素。一般局域网和广域网应该有以下安全措施。

① 系统要尽量与公网隔离，要有相应的安全连接措施。

② 不同工作范围的网络既要采用防火墙、安全路由器、保密网关等相互隔离，又要在政策允许时保证互通。

③ 为了提供网络安全服务，各相应的环节应根据需要配置可单独评价的加密、数字签名、访问控制、数据完整性、业务流填充、路由控制、公证、鉴别审计等安全机制，并有相应的安全管理。

④ 远程客户访问重要的应用服务要有鉴别服务器严格执行鉴别过程和访问控制。

⑤ 网络和网络安全设备要经受住相应的安全测试。

⑥ 在相应的网络层次和级别上设立密钥管理中心、访问控制中心、安全鉴别服务器、授权

服务器等，负责访问控制以及密钥、证书等安全材料的产生、更换、配置和销毁等相应的安全管理活动。

⑦ 信息传递系统要具有抗监听、抗截获能力，能对抗传输信息的篡改、删除、插入、重放、选取明文密码破译等主动攻击和被动攻击，保护信息的机密性，保证信息和系统的完整性。

⑧ 涉及保密的信息在传输过程中，在保密装置以外不以明文形式出现。

# 本章重要概念

1. 计算机网络上的通信面临的威胁可分为两大类，即被动攻击（如截获）和主动攻击。

2.（如中断、篡改、伪造）。主动攻击的类型有更改报文流、拒绝服务、伪造初始化、恶意程序（病毒、蠕虫、木马）等。

3. 计算机网络安全主要有以下一些内容：保密性、安全协议的设计和访问控制。

4. 密码编码学是密码体制的设计学，而密码分析学则是在未知密钥的情况下从密文推演出明文或密钥的技术。密码编码学与密码分析学合起来即为密码学。

5. 如果不论截取者获得了多少密文，都无法唯一地确定出对应的明文，则这一密码体制称为无条件安全的（或理论上是不可破的）。在无任何限制的条件下，目前几乎所有实用的密码体制均是可破的。如果一个密码体制中的密码不能在一定时间内被 可以使用的计算资源破译，则这一密码体制称为在计算上是安全的。

6. 对称密钥密码体制是加密密钥与解密密钥相同的密码体制（如数据加密标准 DES 和国际数据加密算法 IDEA)。这种加密的保密性仅取决于对密钥的保密，而算法是公开的。

7. 公钥密码体制（又称为公开密钥密码体制）使用不同的加密密钥与解密密钥。加密密钥（即公钥）是向公众公开的，而解密密钥（即私钥或秘钥）则是需要保密的。加密算法和解密算法也都是公开的。

8. 目前最著名的公钥密码体制是 RSA 体制，它是基于数论中的大数分解问题的体制。

9. 任何加密方法的安全性取决于密钥的长度，以及攻破密文所需的计算量，而不是简单地取决于加密的体制（公钥密码体制或传统加密体制）。

10. 在网络层可使用安全协议 IPSec,它包括鉴别首部协议 AH 和封装安全有效载荷协议 ESP。AH 协议提供源点鉴别和数据完整性，但不能保密。而 ESP 协议提供源点鉴别、数据完整性和保密。IPSec 支持 IPv4 和 IPv6。在 IPv6 中，AH 和 ESP 都是扩展首部的一部分。IPSec 数据报的工作方式有运输方式和隧道方式。

11. 防火墙是一种特殊编程的路由器，安装在一个网点和网络的其余部分之间，目的是实施访问控制策略。防火墙里面的网络称为"可信的网络"，而把防火墙外面的网络称为"不可信的网络"。防火墙的功能有两个：一个是阻止（主要的），另一个是允许。

12. 防火墙技术分为：网络级防火墙，用来防止整个网络出现外来非法的入侵（属于这类的有分组过滤和授权服务器）；应用级防火墙，用来进行访问控制（用应用网关或代理服务器来区分各种应用）。

13. 入侵检测系统 IDS 是在入侵已经开始，但还没有造成危害或在造成更大危害前，及时检测到入侵，以便尽快阻止入侵，把危害降低到最小。

# 习　题

1. 计算机网络都面临哪几种威胁？主动攻击和被动攻击的区别是什么？对于计算机网络的安全措施都有哪些？

2. 试解释以下名词：（1）重放攻击；（2）拒绝服务；（3）访问控制；（4）流量分析；（5）恶意程序。

3. 为什么说，计算机网络的安全不仅仅局限于保密性？试举例说明，仅具有保密性的计算机网络不一定是安全的。

4. 密码编码学、密码分析学和密码学都有哪些区别？

5. "无条件安全的密码体制"和"在计算上是安全的密码体制"有什么区别？

6. 试述防火墙的工作原理和所提供的功能。什么叫做网络级防火墙和应用级防火墙？

7. 对称密钥体制与公钥密码体制的特点各如何？各有何优缺点？

8. 为什么密钥分配是一个非常重要但又十分复杂的问题？试举出一种密钥分配的方法。

9. 公钥密码体制下的加密和解密过程是怎样的？为什么公钥可以公开？如果不公开是否可以提高安全性？

10. 试述数字签名的原理。

11. 为什么需要进行报文鉴别？鉴别和保密、授权有什么不同？报文鉴别和实体鉴别有什么区别？

12. 试述实现报文鉴别和实体鉴别的方法。

13. 报文的保密性与完整性有何区别？什么是 MD5？

14. 什么是重放攻击？怎样防止重放攻击？

15. 什么是"中间人攻击"？怎样防止这种攻击？

16. 因特网的网络层安全协议族 IPsec 都包含哪些主要协议？

17. 试简述 SSL 的工作过程。

# 参 考 文 献

[1] 谢希仁. 计算机网络（第 5 版）[M]. 北京：电子工业出版社，2010.

[2] 吴功宜. 计算机网络教程[M]. 北京：电子工业出版社，2009.

[3] 杨明福. 计算机网络原理[M]. 北京：经济科学出版社，2008.

[4] 高传善. 计算机网络教程（第 2 版）[M]. 北京：高等教育出版社，2008.

[5] 窦玉杰. 网络服务器配置大全[M]. 北京：科学出版社，2006.

[6] 谢钧，谢希仁. 计算机网络教程（第 4 版）[M]. 北京：人民邮电出版社，2015.

[7] 林成浴. TCP/IP 协议及其应用[M]. 北京：人民邮电出版社，2015.

[8] 高阳. 计算机网络技术及应用[M]. 北京：清华大学出版社，2011.

[9] 谭浩强. 计算机网络教程（第 5 版）[M]. 北京：电子工业出版社，2011.